Christian Berndt, Claudia Bingel, Brigitte Bittner

Tools im Problemlösungsprozess

Leitfaden und Toolbox für Moderatoren

managerSeminare Verlags GmbH

Christian Berndt, Claudia Bingel, Brigitte Bittner

Tools im Problemlösungsprozess

Leitfaden und Toolbox für Moderatoren

2. überarb. Auflage 2009
Endenicher Str. 282, D-53121 Bonn
Tel: 0228 – 977 91-0, Fax: 0228 – 977 91-99
info@managerseminare.de
www.managerseminare.de/shop

Printed in Germany

ISBN 978-3-936075-62-5

Lektorat: Ralf Muskatewitz
Cover: Silke Kowalewski
Druck: Kösel GmbH und Co. KG, Krugzell

Inhalt

Bevor es losgeht ...

Leitfaden:
Die KULT-Problemlösungsmethode

Toolbox:
Beschreibung der 27 Tools für den Problemlösungsprozess

Bevor es losgeht …

„Die ungelösten Probleme halten einen Geist lebendig und nicht die gelösten."

Erwin Guido Kolbenheyer

Auf einen Blick

Worum geht es?

Wir wollen Sie mit diesem Buch dabei unterstützen, Problemlösungsprozesse erfolgreich zu moderieren.

Für alle Menschen, die sich mit Problemlösungen beschäftigen

Aus unserer Sicht ist das Besondere an diesem Buch die praxisorientierte Aufbereitung. Für uns ist es ein Handbuch für die Prozessmoderation, geschrieben aus der Praxis für die Praxis. Der „Leitfaden" als Vorgehensmodell und die „Toolbox"[1] zur Umsetzung wenden sich an Menschen, die sich professionell mit dem Thema Problemlösungsmoderation beschäftigen. Es richtet sich somit an

- Moderatoren,
- Externe und interne Prozessbegleiter/Prozessberater,
- Trainer,
- Projekt-/Teamleiter,
- Führungskräfte und
- Change-Manager.

Wir stellen Ihnen ein erprobtes Vorgehensmodell und Tools zur Umsetzung vor. Die Tools sind auf die einzelnen Phasen und Schritte des Vorgehensmodells abgestimmt und unterstützen somit den Prozess. Vielleicht erkennen Sie Ähnlichkeiten zu SixSigma. Dort geht es allerdings um Prozessverbesserungen mit dem Ziel, das Null-Fehler-Prinzip umzusetzen. Unser KULT-Vorgehensmodell beschäftigt sich mit dem Finden von Lösungen für Probleme (das können, müssen aber nicht verbesserte Prozesse sein) in Form einer Problemlösungsmoderation.

[1] Die hier vorgestellten Tools sind teilweise eingetragene Warenzeichen – wie etwa Mind Map™, das eingetragene Warenzeichen von Tony Buzan, England. Der besseren Lesbarkeit halber wird auf die Verwendung der Warenzeichen im Text verzichtet.

Was ist KULT?

KULT hat nichts „Okkultes" an sich, sondern ist lediglich eine griffige Bezeichnung für das Vorgehensmodell, das wir Ihnen vorstellen. Es handelt sich um die Anfangsbuchstaben der vier Phasen „Klärung", „Ursachen", „Lösung" und „Transfer", die in einem systematischen Problemlösungsprozess durchlaufen werden. An ihnen orientiert sich der gezielte Einsatz der hier dargestellten Tools.

Einige der Tools kennen Sie sicherlich, manche sind neu für Sie. Wir wollen Ihnen vor allem eine anwendungsorientierte Darstellung der Tools bieten – das heißt, Sie finden alle Tools ausführlich beschrieben und immer mit Hinweisen zur Vorstellung (ob im Training oder im Problemlösungsprozess) und Anwendung im Team erläutert.

Moderation in der Praxis heißt für uns, nicht nur Tools und Techniken im Blick zu behalten, sondern auch den Gruppenprozess. Als Praktiker wissen Sie, dass Sie den Gruppenprozess steuern müssen, damit Sie in der Moderation zu Ergebnissen, also zu Problemlösungen kommen. Daher haben wir diesem Thema ein eigenes Kapitel gewidmet. Sie finden hier hoffentlich viele wertvolle Anregungen oder Bestätigungen für Ihre Rolle als Moderator.

Welchen Nutzen haben Sie von der Methode und den Tools?

Umsetzungshilfen für den Praktiker

Als praktizierender oder künftiger *Moderator, externer oder interner Prozessbegleiter/-berater, Projekt-/Teamleiter, Führungskraft oder Change-Manager* machen Sie sich zunächst mit den Grundlagen und Prinzipien des Problemlösungsprozesses vertraut. Für die praktische Anwendung in Ihrem nächsten Team-Meeting finden Sie konkrete Umsetzungsvorschläge, wie Sie Ihr Team mit den Tools vertraut machen und wie Sie diese sicher und erfolgreich anwenden können. Sie machen sich mit einem Verfahren vertraut, das einfach, systematisch und effizient ist. Sie erlernen Methoden, die Ihnen nicht nur in Arbeitsgruppen, sondern bei jedem Bemühen um eine Verbesserung von Arbeitsprozessen helfen werden. Das hier beschriebene Vorgehensmodell kann in vielen Situationen erfolgreich angewandt werden. Dabei spielt es keine Rolle, welche Tätigkeit Sie ausüben und in welcher Funktion Sie in der Hierarchie tätig sind.

Lehr-Anregungen zu Methode und Tools

Als *Trainer* beschäftigen Sie sich intensiv mit den Grundlagen und Prinzipien des Problemlösungsprozesses. Mit Hilfe des Handbuchs setzen Sie sich mit der Methode und den Tools stärker theoretisch auseinander. Sie finden neben den Beschreibungen viele Beispiele, die Ihnen beim Lehren und Vertiefen der Schritte und Tools helfen. Im Training investieren Sie mehr Zeit in den Lernprozess als in die tatsächliche Anwendung der Methode. Wenn Ihre Teilnehmer diesen Lernprozess abgeschlossen haben, verstehen sie die Methode gut genug, um Arbeitsgruppen zu moderieren und andere bei der Anwendung zu unterstützen.

Wie ist dieses Buch aufgebaut?

Dieses Praxishandbuch ist in folgende Abschnitte unterteilt:

- Leitfaden: Die KULT-Problemlösungsmethode
  - Klärung (Problem definieren)
  - Ursachen (Situation analysieren)
  - Lösung (Lösung entwickeln)
  - Transfer (Umsetzen und Nachhalten der Lösung)
- Toolbox: 27 Tools für den Problemlösungsprozess
- Moderationspraxis: KULT-Team und Steuerung des Gruppenprozesses
- Anhang: 27 Moderationskarten als Vorlagen für die praktische Anwendung

Leitfaden

Im Kapitel *„Leitfaden: Die KULT-Problemlösungsmethode"* lesen Sie zunächst eine Beschreibung des KULT-Problemlösungsprozesses. Hier erfahren Sie im Überblick etwas über die Vorteile sowie die Phasen, Schritte und Ergebnisse der KULT-Vorgehensweise. Die dahinter stehende Philosophie und ihre Anwendung werden anhand eines Alltagsbeispiels veranschaulicht.

Nachdem Sie sich so mit dem KULT-Vorgehensmodell grundsätzlich vertraut gemacht haben, finden Sie in den nächsten Abschnitten eine Beschreibung der vier Phasen. Dies geschieht zuerst mit einem Überblick, gefolgt von der Aufzählung der Phasen-Schritte und -Ergebnisse dieser Phase, samt einer Übersicht mit den empfohlenen Tools für diese Phase. Den Abschluss bildet eine Checkliste, die Ihnen in der Praxis hilft, sicherzustellen, ob Sie zur nächsten Phase übergehen können.

Damit Sie immer bestmöglich die Übersicht behalten können, finden Sie zahlreiche Bilder, Grafiken und Tabellen, die das Geschriebene nach dem Motto „Ein Bild sagt mehr als tausend Worte" zusammenfassen. Diese können Sie gleichzeitig nutzen, um einzelne Sachverhalte im Team zu präsentieren. Anhand des Beispiels der fiktiven Kindertagesstätte Sonnenschein sehen Sie, wie eine Praxisanwendung aussehen kann. Dieses Beispiel begleitet Sie durch alle vier Phasen.

Toolbox

Zu Beginn des Kapitels *„Toolbox: Beschreibung der 27 Tools für den Problemlösungsprozess"* erkennen Sie in einer Übersicht den Einsatz der Tools in den vier Phasen, differenziert nach dem Haupteinsatz und einem möglichen alternativen Einsatz der Tools. Das Kapitel bildet den Kern des Buches mit einer ausführlichen Beschreibung der 27 Tools für den Problemlösungsprozess. An dieser Stelle liegt uns die Praxisorientierung besonders am Herzen. Daher ist jedes Tool ausführlich in folgender Struktur vorgestellt und zusätzlich zum schnellen Wiederfinden durch Symbole gekennzeichnet:

Das Tool ▶ Was ist das für ein Tool? Was verbirgt sich hinter dem Namen?

Beispiel ▶ Wie sieht das Tool beispielhaft aus?

Anwendung ▶ Wie funktioniert „Step by Step" die Anwendung?

Praxistipps ▶ Was sollten Sie bei der Anwendung unbedingt beachten?

Präsentation ▶ Wie können Sie bei Bedarf das Tool in der Gruppe präsentieren?

Übung ▶ Wie können Sie die Anwendung z.B. im Training üben?

Moderatorenhinweis

- ▶ Anspruch: Wie anspruchsvoll ist das Tool in der Anwendung?
- ▶ Zeitbedarf: Wie viel Zeit benötigen Sie für Vorstellung und Anwendung?
- ▶ Gruppengröße: Für welche Teamgrößen ist das Tool geeignet?
- ▶ Phaseneinsatz: In welchen Prozessphasen können Sie das Tool einsetzen?
- ▶ Weiterarbeit: Mit welchen Tools können Sie weiterarbeiten?

Moderationspraxis

Im Kapitel *„Moderationspraxis: KULT-Team und Steuerung des Gruppenprozesses"* gehen wir zunächst näher auf die Rahmenbedingungen für eine KULT-Moderation ein:

- Wann arbeiten Sie sinnvollerweise nach der KULT-Methode?
- Welche Gemeinsamkeiten und Unterschiede gibt es zwischen der KULT-Moderation und der klassischen Moderation?
- Wann setzen Sie ein KULT-Team ein und wie setzt es sich zusammen?
- Welche Haltung und Fähigkeiten kennzeichnen einen KULT-Moderator?

Im nächsten Abschnitt erhalten Sie praxisnahe Informationen zur Steuerung des Gruppenprozesses. Der theoretische Hintergrund zu den Themen Gruppendynamik und Gruppenphasen wird immer wieder durch die Umsetzung in der Moderation konkretisiert.

- Welche Faktoren der Gruppendynamik gibt es?
- In welchen Phasen läuft der Gruppenprozess ab?
- Was bedeutet dies für Sie als Moderator?
- Welche zentralen Interventionen zur Steuerung des Gruppenprozesses gibt es?
- Wie wenden Sie diese konkret in der Moderation an?

Zum Abschluss nehmen wir Sie mit in die konkrete Vorbereitung und Durchführung eines KULT-Team-Meetings:

- Wie können Sie eine Kick-Off-Veranstaltung vorbereiten und durchführen?
- Wie können Sie ein Folge-Meeting vorbereiten und durchführen?
- Welche speziellen Aufgaben vor, während und nach der Moderation haben Sie zu beachten?

Moderationskarten

Die Serviceseiten der *„27 Moderationskarten"* sollen Ihnen die praktische Arbeit mit den Tools erleichtern. Aus eigener Erfahrung wisssen wir, wie hilfreich eine Kurzbeschreibung zum Mitnehmen in die Moderation sein kann, insbesondere, wenn Sie mit der Anwendung des Tools noch nicht so vertraut sind. Daher haben wir für Sie als Kopiervorlage alle 27 Tools auf jeweils einer Karte zusammengefasst. Sie können diese Karten außerdem kostenfrei im Internet abrufen. Der Link zum Download (PDF, 2,8 MB) lautet:

http://www.managerseminare.de/pdf/problemloesung_tools.pdf

Leitfaden

Die KULT-Problemlösungsmethode

„Es ist töricht, sich im Kummer die Haare zu raufen, denn noch niemals ist Kahlköpfigkeit ein Mittel gegen Probleme gewesen."

Mark Twain

Auf einen Blick

Beschreibung des KULT-Problemlösungsprozesses

Überblick

In Zeiten stetiger Prozessverbesserung sind das Erlernen und Anwenden wirksamer Problemlösungsmethoden wichtige Faktoren für Mitarbeiter aller Hierarchie-Ebenen. Dabei geht es um mehr als das Lösen von Problemen, nämlich um das Erlernen einer einheitlichen Denk- und Handlungsweise, die die reibungslose und effektive Zusammenarbeit in der ganzen Organisation fördert.

Vorteile des KULT-Problemlösungsprozesses

Was haben Sie von diesem Vorgehensmodell?

- **Probleme werden endgültig gelöst:** Das Problemlösungsprinzip besteht nicht darin, die Dinge nach dem Auftreten eines Problems wieder einzurenken, sondern ein wiederholtes Auftreten zu verhindern.
- **Die Qualität des Arbeitsalltags wird verbessert:** Wenn ein Problem endgültig gelöst wurde, gibt es ein Ärgernis weniger, mit dem man sich befassen muss. Mit der Beseitigung von Problemen geht die Straffung der Arbeitsabläufe und ein effektiveres Arbeiten einher.
- **Alle Beteiligten können effektiver arbeiten:** Wenn Mitarbeiter aller Ebenen und verschiedener Organisationseinheiten neue Fertigkeiten gemeinsam erlernen und anwenden und dabei feststellen, dass ihre Ideen von anderen unterstützt werden, entwickeln sie mehr Engagement für ihre Arbeit und können sie besser erledigen.

- **Kommunikation und Koordination werden verbessert:** Jede wirksame Problemlösungsmethode erfordert Koordination zwischen verschiedenen Personen und verschiedenen Organisationseinheiten. Bei der systematischen Problemlösung werden Kommunikationswege geschaffen, mit deren Hilfe die anstehenden Aufgaben identifiziert und effektive Problemlösungen erarbeitet werden.

Phasen und Ergebnisse des Problemlösungsprozesses

Vielleicht haben Sie in Ihrer Berufspraxis unterschiedliche Wege erlebt, wie Probleme gelöst werden. Nicht selten passiert es, dass eine Idee (Lösung) da ist, die begeistert umgesetzt wird, ohne zu prüfen, welches Problem gelöst werden soll. Oder das Problem ist bekannt, und die erstbeste Lösung wird umgesetzt. Immer wieder kommt es in der Praxis vor, dass Lösungen zwar umgesetzt werden, die Zielerreichung aber nicht systematisch nachgehalten wird, so dass ggf. nicht nachgesteuert werden kann.

Die vier Phasen des Problemlösungsprozesses

Genau mit diesen Aspekten setzt sich KULT als systematischer Problemlösungsprozess auseinander. Der Prozess besteht aus vier Phasen. KULT ist ein output-orientierter Prozess: Jede Phase ist abgeschlossen, wenn bestimmte Ergebnisse erzielt worden sind. Die Ergebnisse dienen dann wieder als Input für die nächste Phase. Hier sehen Sie die vier Phasen und die jeweiligen Ergebnisse im Überblick:

	Phasen	Ergebnisse
K	**Klärung** Problem auswählen und beschreiben	▶ Ausgewähltes Problem ▶ Auftrag
U	**Ursachen** Situation analysieren, Problem auf der Grundlage objektiver Daten erfassen	▶ Ausgangsdaten ▶ Hauptursachen
L	**Lösung** Eine Lösung und einen Plan zur Durchführung entwickeln	▶ Lösung ▶ Umsetzungsplan
T	**Transfer** Plan umsetzen, Ergebnisse nachhalten	▶ Umsetzung ▶ Ergebnisbericht

Sie beginnen die nächste Phase immer erst dann, wenn die Ergebnisse der letzten Phase vorliegen. In der Praxis kann die Dauer einzelner Phasen stark variieren, so kann die Klärungsphase recht schnell ablaufen, während sich die Suche nach den Ursachen schwieriger und umfangreicher gestaltet – oder umgekehrt. Wichtig ist, dass keine Phase ausgelassen wird und die Phasenergebnisse vorliegen.

Im ungünstigen Fall – etwa wenn Sie feststellen, dass Sie in eine Sackgasse geraten, die ausgewählte Lösung nicht umsetzbar ist oder wenn sie zwar umgesetzt ist, aber nicht den gewünschten Erfolg bringt – gehen Sie schrittweise im Prozess zurück.

Der KULT-Kreis

Dieses Vorgehen finden Sie als Kreis dargestellt: Sie gehen schrittweise im Uhrzeigersinn vor, mit unterschiedlichen Geschwindigkeiten und legen vielleicht auch mal den Rückwärtsgang ein.

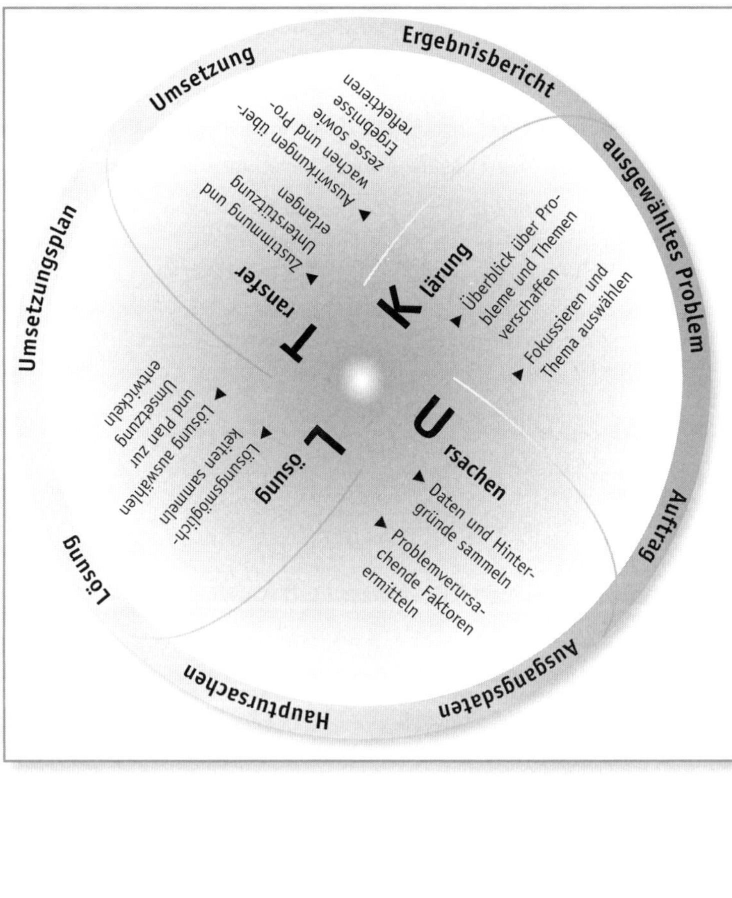

Abb.: Der KULT-Kreis

Dieses kreisförmige Logo steht als Symbol für die KULT-Philosophie und beschreibt gleichzeitig die KULT-Vorgehensweise. Im Mittelpunkt finden Sie die Namen der vier Phasen, am Rand stehen die Ergebnisse der einzelnen Phasen. Die zwei Schritte pro Phase sind in der Trichterfom aufgeführt. Der Trichter selbst symbolisiert den output-orientierten Prozess. Zu Beginn der Phase weiten Sie den Blick, um ihn am Ende der Phase zu fokussieren. Dieses Vorgehen ist für die Lösung der meisten Probleme, unabhängig von deren Komplexität, geeignet.

Beispiel

Folgendes Beispiel veranschaulicht, wie der KULT-Problemlösungsprozess auch im Alltag angewendet werden kann.

Klärung

Worin genau liegt das Problem?

Nehmen wir einmal an, dass die Software, die Sie zu Ihrer Arbeit benötigen, auf Ihrem Privat-PC immer wieder fehlerhaft läuft. Sie behelfen sich jedes Mal, indem Sie den Computer komplett neu formatieren, so dass Ihr Programm wieder einwandfrei läuft – bis zum nächsten Mal. Schließlich kommen Sie zu dem Schluss, dass Sie etwas unternehmen müssen, um sich nicht ständig über dieses Problem zu ärgern, zumal ständiges neues Formatieren des Rechners sehr aufwendig ist. Sie streben eine Lösung an, mit der verhindert wird, dass das Programm immer wieder auf Fehler läuft.

Ursachen

Was genau verursacht das Problem?

Sie ermitteln, dass das Problem im vergangenen Monat sieben Mal auftrat, davon vier Mal an einem Montag. Sie vermuten, dass das Problem immer dann auftritt, wenn Ihr Sohn zuvor am PC gespielt hat. Sie sammeln weitere Informationen, indem Sie Ihren Sohn nach der Art der Spiele befragen und austesten, ob es einen Zusammenhang gibt. Ihre Vermutung wird bestätigt: Immer, wenn Ihr Sohn „Powershoot" installiert, funktioniert anschließend Ihr Programm nicht. Sie lesen die Beschreibung von „Powershoot" und stellen fest, dass dieses Spiel die Spracheinstellungen Ihres PC auf „englisch" umstellt und dies zum Absturz Ihres Programms führt. Sie wissen nun, welche Hauptfaktoren das Problem verursachen.

Lösung

Wie kann das Problem gelöst werden?

Ausgehend von den ermittelten Ursachen denken Sie jetzt über Lösungen nach. Sie könnten Ihren Sohn bitten, dieses Spiel nicht mehr zu installieren, Sie wissen aber, dass diese Lösung nur so lange funktioniert, wie sich Ihr Sohn daran hält. Um das Problem endgültig zu lösen, wollen Sie ein Makro erstellen lassen, das jedes Mal vor Starten Ihres Programms die Spracheinstellungen Ihres PC auf „deutsch" zurücksetzt. Ein Freund Ihres Sohns würde dies für ein Taschengeld erledigen. Sie besprechen die Lösung mit Ihrem Partner und Ihrem Sohn und geben das Makro in Auftrag.

Transfer

Wie wird festgestellt, dass das Problem gelöst ist?

Sie vergewissern sich, dass Ihr Partner den Plan ebenfalls unterstützt und lassen die Arbeit vom Freund des Sohns ausführen. Sie testen die Programme und stellen erleichtert fest, dass es seitdem zu keinerlei Problemen mit der Software mehr gekommen ist. Ihre Lösung hat perfekt funktioniert.

Die Philosophie des KULT-Problemlösungsprozesses und der Einsatz der Tools kann auch am Beispiel eines Hausbaus verdeutlicht werden. Die Phasen entsprechen hier den einzelnen Gewerken wie Fundament, Mauerarbeiten, Dach und Innenausbau. Die Phasen müssen nacheinander und genau in der Reihenfolge abgearbeitet werden. Es muss mit dem Fundament begonnen werden, auch wenn das Dach schon lieferfähig wäre. Beim Einsatz der Tools gibt es eine größere Flexibilität, diese müssen auf die jeweilige Situation abgestimmt werden. Wie beim Hausbau gibt es im Problemlösungsprozess sehr spezielle Tools, die nur in bestimmten Phasen sinnvoll sind, so sind beispielsweise Kupfernägel für Arbeiten am Dachstuhl geeignet oder der Betonmischer-LKW nur für das Gießen der Decken wirtschaftlich, andere Tools wie Kran, Hammer oder Bohrmaschine können in mehreren Phasen wirksam sein.

Problem oder Ursache?

Der KULT-Prozess sorgt für Klärung und Transparenz. Sicher kennen Sie die Situation, dass ein und derselbe Sachverhalt von verschiedenen Personen äußerst unterschiedlich wahrgenommen und interpretiert wird – dies aber entweder nicht erkannt oder nicht ausgesprochen wird. Man geht davon aus, dass alle vom Gleichen reden. Die Missverständnisse kommen erst später zum Vorschein, nämlich dann, wenn schon viel Zeit (und Geld) in das Thema investiert wurde.

Nehmen Sie dazu folgendes Beispiel.

Situation:

Der Affe Dagobert

Affe Dagobert[1] ist in einer schwierigen Situation. Er hat Hunger, und sein sadistischer Wärter hat ein affenschönes Bündel Bananen vor die Gitterstäbe des Käfigs gelegt – gerade so weit weg,

---

[1] Dank an Reiner Czichos für das schöne Beispiel!

Abb.: Der Affe Dagobert

dass Dagobert es nicht erreichen kann. Im Käfig befindet sich sein Schlafhaus und ein Kletterbaum. Der Käfig ist nach allen Seiten verschlossen.

Fragen:

Bitte nehmen Sie sich kurz Zeit, um folgende Fragen zu beantworten: Angenommen, Sie wären Dagobert ...

- Was wäre Ihr Problem?
- Was wären die Ursachen?
- Was wäre Ihr Ziel?
- Welche Lösung fällt Ihnen dazu ein?

Die Auswertung der Situation in einem Team könnte folgende unterschiedliche Ansätze ergeben (vgl. Folgeseite):

Nr.	Problem	Ursache	Ziel	Lösung
1.	Hunger	Die Bananen sind nicht zu erreichen	Die Bananen erreichen	Ast vom Kletterbaum abbrechen und Bananen angeln
2.	Hunger	Der Wärter ist sadistisch	Wärter loswerden	Den Wärter krankenhausreif beißen
3.	Gefangenschaft	Leben im Zoo	Freiheit	Fliehen
4.	Der sadistische Wärter	Zoopersonal-Einsatzplanung	Anderen Wärter bekommen	Hungerstreik
5.	Die Bananen sind nicht zu erreichen	Der Wärter ist sadistisch	Essen	Besucher anbetteln
6.	Die Bananen sind nicht zu erreichen	Gitterstäbe	Schlupfloch finden	Ast vom Kletterbaum abbrechen und Gitterstäbe lockern

Zunächst ist zu beobachten, dass die „Flughöhe" oft sehr unterschiedlich ist. Manchmal wird das Problem sehr operativ und kurzfristig gesehen (Hunger, unerreichbare Bananen), manchmal sehr grundsätzlich (Gefangenschaft, Wärter). Auch die Ursache-Wirkungs-Zusammenhänge sind oft unklar – zum Beispiel wird mal der Wärter als Problem gesehen, mal als Ursache eines Problems. Interessant ist auch der Blick auf die Lösungen: Häufig werden Lösungen benannt, die das definierte Problem und die ermittelten Ursachen nicht beseitigen. So ist die Lösung bei Ansatz Nr. 5, Besucher anzubetteln, auf den ersten Blick eine viel versprechende Lösung – allerdings löst sie weder das Problem der nicht erreichbaren Bananen noch die Ursache des sadistischen Wärters.

Das Problem wird in der Ursache behoben

Der KULT-Prozess sorgt dafür, dass
- Klarheit und Einvernehmen hinsichtlich der Definition des Problems (Flughöhe) besteht,
- Ursache-Wirkungs-Beziehungen klar werden,
- durch die output-orientierte Vorgehensweise Lösungen erarbeitet werden, die das Problem in der Ursache beheben.

Übersicht: Schritte, empfohlene Tools und Ergebnisse

Phase 1: Klärung

Schritt	Empfohlene Tools	Ergebnisse
A: Überblick über Probleme und Themen verschaffen	▶ Brainstorming *(S. 76)* ▶ Affinitätendiagramm *(S. 56)* ▶ Flowchart *(S. 98)*	Ausgewähltes Problem
B: Fokussieren und Thema auswählen	▶ Mehrfachabstimmung *(S. 137)* ▶ Selektionsmatrix *(S. 199)* ▶ Paarvergleich *(S. 160)* ▶ Mind Map *(S. 143)* ▶ Auswirkungsanalyse *(S. 71)* ▶ Stakeholderanalyse *(S. 205)* ▶ Kommunikationsplan *(S. 119)* ▶ Kommunikation *(S. 109)* ▶ Auftragsklärung *(S. 66)*	Auftrag

Phase 2: Ursachen

Schritt	Empfohlene Tools	Ergebnisse
A: Daten und Hintergründe sammeln	▶ Ishikawa-Diagramm *(S. 104)* ▶ Flowchart *(S. 98)* ▶ Checkliste *(S. 81)* ▶ Datenerfassungsplan *(S. 87)* ▶ Prüfbogen *(S. 187)*	Ausgangsdaten
B: Problem verursachende Faktoren ermitteln	▶ Pareto-Analyse *(S. 176)* ▶ Papiercomputer *(S. 167)*	Hauptursachen

Phase 3: Lösung

Schritt	Empfohlene Tools	Ergebnisse
A: Lösungsmöglichkeiten sammeln	▶ Analogietransfer *(S. 61)* ▶ Umkehrdiagramm *(S. 215)* ▶ Brainstorming *(S. 76)* ▶ Flowchart *(S. 98)* ▶ Affinitätendiagramm *(S. 56)*	Lösung
B: Lösung auswählen und einen Plan zur Umsetzung entwickeln	▶ Paarvergleich *(S. 160)* ▶ Selektionsmatrix *(S. 199)* ▶ Nutzwertanalyse *(S. 147)* ▶ Kraftfeldanalyse *(S. 124)* ▶ Mind Map *(S. 143)* ▶ Maßnahmenplan *(S. 130)* ▶ Checkliste *(S. 81)*	Umsetzungsplan

Phase 4: Transfer

Schritt	Empfohlene Tools	Ergebnisse
A: Zustimmung und Unterstützung erlangen	▶ Stakeholderanalyse *(S. 205)* ▶ Kommunikationsplan *(S. 119)* ▶ Kommunikation *(S. 109)* ▶ Präsentation *(S. 182)*	Umsetzung
B: Auswirkungen überwachen und Prozess und Ergebnisse reflektieren	▶ Überwachungsplan *(S. 211)* ▶ Prüfbogen *(S. 187)* ▶ Regelkarte *(S. 193)* ▶ Ergebnisbewertung *(S. 91)*	Ergebnisbericht

Phase 1

Klärung

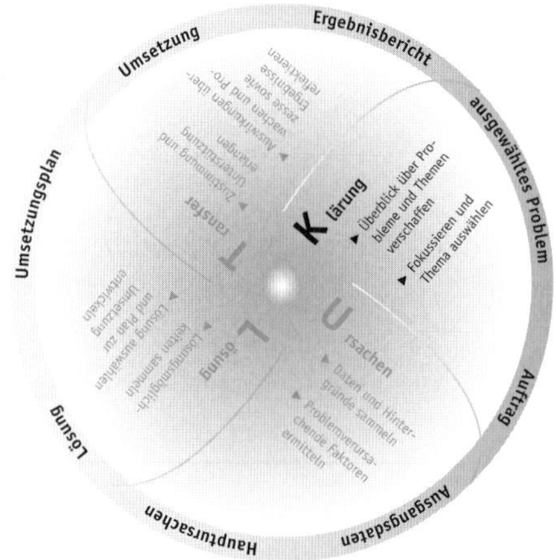

Überblick Die 1. Phase des Problemlösungsprozesses befasst sich in zwei Schritten mit der Auswahl und Definition eines Problems.

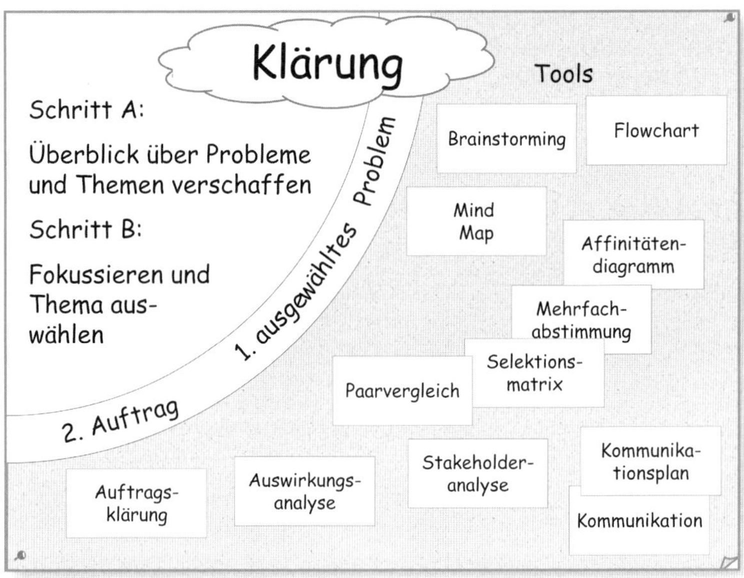

Abb.: Klärung

Schritte **Schritt A:** Überblick über Probleme und Themen verschaffen

Schritt B: Fokussieren und Thema auswählen

In dieser ersten Phase identifiziert das Team ein wichtiges Problem und grenzt es klar ab. Darüber hinaus haben die Teammitglieder in dieser Phase Gelegenheit, Gedanken auszutauschen und einen Teamzusammenhalt zu entwickeln. Es besteht kein Zweifel daran, dass die späteren Phasen des Problemlösungsprozesses erfolgreicher verlaufen, wenn die Phase 1 korrekt abgeschlossen wird.

Als unterstützendes Instrument steht dem Team das Tool Auftragsklärung zur Verfügung. Der Auftrag wird entweder vom Auftraggeber vorgegeben und vom Team ergänzt, modifiziert und bestätigt, oder er ist Ergebnis der Phase 1 (Klärung).

Ergebnisse

Wenn Sie Phase 1 beendet haben,

- haben Sie ein *ausgewähltes Problem* vorliegen: Sie haben eine schriftliche Definition des Problems mit einer Beschreibung der aktuellen Problemsituation, deren Auswirkungen und eine Beschreibung des angestrebten Zustands.
- verfügen Sie über einen *Auftrag*, an genau diesem Thema zu arbeiten und Sie haben klare Rahmenbedingungen, die Sie beachten müssen.

Tools

Für die einzelnen Schritte der Phase 1 (Klärung) stehen eine Vielzahl von Tools zur Verfügung. In dieser Phase werden folgende Tools besonders empfohlen:

Tool	**Schritt**	**Einsatz für ...**
Brainstorming *(S. 76)*	A	Themen/Probleme sammeln
Affinitätendiagramm *(S. 56)*	A	Zusammenhänge erkennen
Flowchart *(S. 98)*	A	Themen/Probleme sammeln
Mehrfachabstimmung *(S. 137)*	B	Thema/Problem auswählen
Selektionsmatrix *(S. 199)*	B	Thema/Problem auswählen
Paarvergleich *(S. 160)*	B	Thema/Problem auswählen
Mind Map *(S. 143)*	B	Facetten des Themas/Problems sammeln
Auswirkungsanalyse *(S. 71)*	B	Tragweite des Themas/Problems erfassen
Stakeholderanalyse *(S. 205)*	B	Interessengruppen/Tragweite erfassen
Kommunikationsplan *(S. 119)*	B	Chancen/Risiken erfassen
Kommunikation *(S. 109)*	B	Chancen/Risiken erfassen
Auftragsklärung *(S. 66)*	A/B	Bestätigung, Absicherung

Mögliches Zusammenspiel der Tools

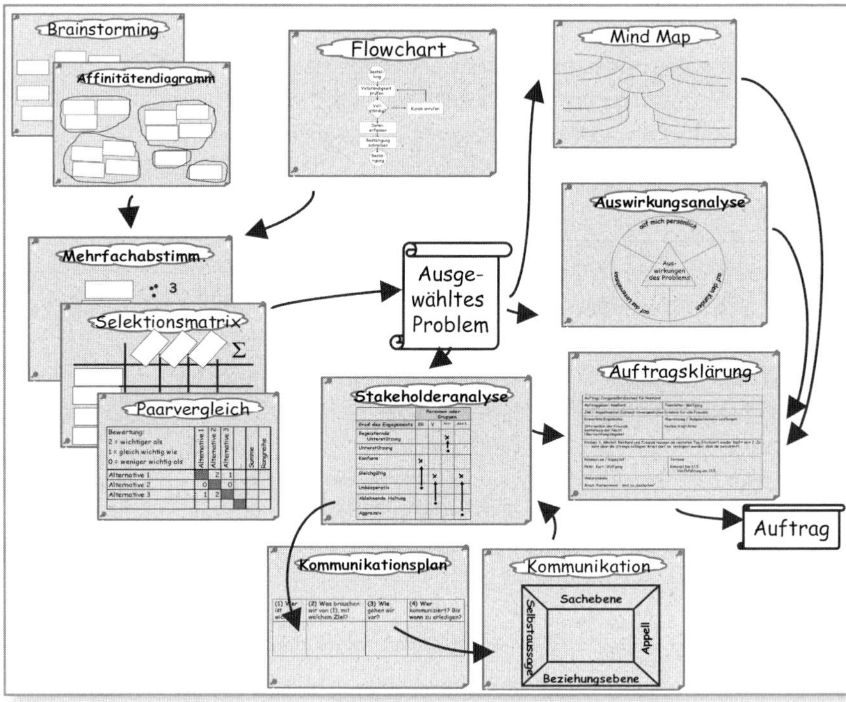

Abb.: Zusammenspiel der Tools

Auch andere Tools können in dieser Phase zum Einsatz kommen:

- Checkliste *(S. 81)*
- Maßnahmenplan *(S. 130)*
- Papiercomputer *(S. 167)*
- Präsentation *(S. 182)*

Abschluss Die Phase ist dann abgeschlossen, wenn folgende Ergebnisse („Abschlusskriterien“) vorliegen:

- Sie haben ein einzelnes Problem ausgewählt.
- Es lohnt sich, an der Lösung dieses Problems zu arbeiten.
- Das Problem kann in Ihrer Arbeitsgruppe bearbeitet/bewältigt werden.
- Die Arbeitsgruppe ist zur Auseinandersetzung mit dem Problem motiviert.
- Die Auftragsklärung liegt vor.
- Die Auftragsklärung ist überprüft und mit dem Auftraggeber abgestimmt.

Wenn über die Auftragsklärung das Problem klar ausgearbeitet ist und das Team das Problem für lösbar hält, daran arbeiten möchte und auch darf (weil der Auftrag vom Auftraggeber vorliegt), ist das Fundament zur weiteren Bearbeitung gelegt. Jetzt können Sie mit dem Team beginnen, die Problemursachen zu analysieren, um darauf aufbauend Lösungen zu entwickeln und durchzusetzen.

Beispiel KT Sonnenschein

Die Kindertagesstätte (KT) „Sonnenschein" bietet Kindergarten- und Hortplätze für insgesamt 160 Kinder an, die von 15 Voll- und Teilzeiterziehern betreut werden. In letzter Zeit kommt es vermehrt zu Unmutsäußerungen von Seiten der Eltern, und die KT gilt nicht mehr als Topadresse unter den KTs.

Die Leiterin der KT beauftragt ein kleines Team von Erziehern, dieses Thema mit Hilfe der KULT-Problemlösungsmethode zu untersuchen.

Schritt A: Überblick über Probleme und Themen verschaffen

Das Team sammelt zunächst per *Brainstorming* mögliche Problemfelder der KT und dokumentiert folgende Zurufe:

- vorzeitige Abmeldungen
- Ärger mit dem Caterer
- schlechte Essensversorgung
- rückläufige Neuanmeldungen
- altes Mobiliar

In einem *Affinitätendiagramm* bildet das Team folgende Cluster:

- Anmeldungen: vorzeitige Abmeldungen/rückläufige Neuanmeldungen
- Essensversorgung: Ärger mit dem Caterer/schlechte Essensversorgung
- Ausstattung: altes Mobiliar

Schritt B: Fokussieren und Thema auswählen

Da die drei Cluster des Affinitätendiagramms sehr unterschiedlich sind, will das Team die Entscheidung nicht nur rein intuitiv per *Mehrfachabstimmung* treffen, sondern zusätzlich eine *Selektionsmatrix* erstellen.

Die Namen der Gruppen werden übertragen. Als Entscheidungskriterien definiert das Team folgende Punkte:

- Tragweite des Problems
- Dringlichkeit
- Eignung des Themas für die Arbeitsgruppe
- Lösung/Abhilfe denkbar

Jedes Teammitglied vergibt für jedes Feld 0-5 Punkte (0 = sehr gering; 5 = sehr hoch). Im nächsten Schritt werden die Einzelwerte im Summenfeld addiert.

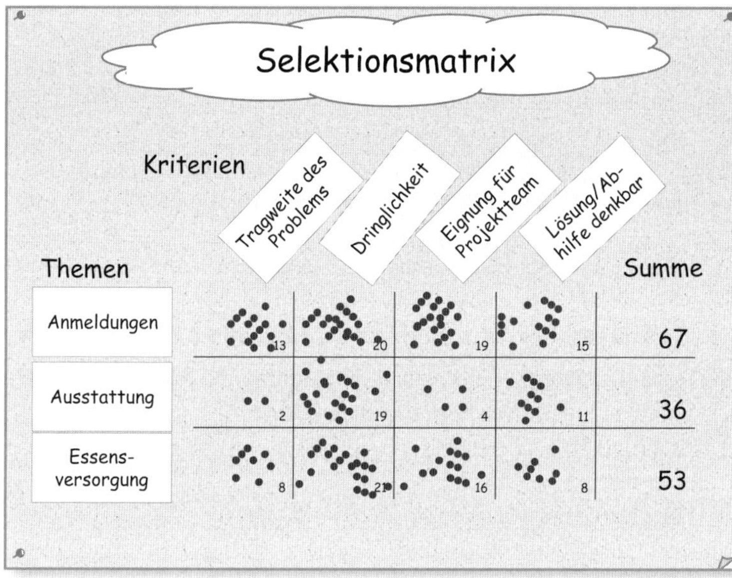

Abb.: Selektionsmatrix

Die Entscheidung kann nun auf Basis differenzierter Kriterien getroffen werden. Das Problem der Anmeldungen hat nicht nur die höchste Gesamtpunktzahl, sondern ist auch besonders gut für das Team geeignet.

Eine *Stakeholderanalyse* will das Team zu einem späteren Zeitpunkt durchführen, nämlich dann, wenn das Problem konkreter beschrieben ist.

Das Projektteam reflektiert im Rahmen der *Auswirkungsanalyse* die Auswirkungen dieses Problems in Bezug auf die einzelnen Teammitglieder, die Kunden und sich selbst. Die wichtigsten Ergebnisse werden in die *Auftragsklärung* übernommen und mit der Leiterin der KT abgestimmt.

<table>
<tr><td colspan="6">Beschreibung des Problems/Auftrags/Projekts:
Probleme mit den Anmeldungen: Viele vorzeitige Abmeldungen und gleichzeitig rückläufige Zahl von Neuanmeldungen im Viertel</td></tr>
<tr><td colspan="2">Auftraggeber:
KT-Leitung, Frau Meier</td><td colspan="2">Teamleiter:
Müller</td><td colspan="2">ggf. Moderator:
Müller</td></tr>
<tr><td colspan="6">Ziel/Angestrebter Zustand:
Die KT Sonnenschein wird wieder die TOP-Adresse in der Stadt. Es gibt wieder mehr Nachfrage nach Plätzen als Angebot. Vorzeitige Abmeldungen unter 10%.</td></tr>
<tr><td colspan="6">Auswirkungen der Problemkorrektur:
Wirtschaftliche Unabhängigkeit und gesicherte Stellen, mehr angemeldete Kinder bedeuten aber auch mehr Enge und mehr Stress</td></tr>
<tr><td colspan="3">Ressourcen/Kapazität:
Müller, Schmitt, Lehmann
je 5 Tage</td><td colspan="3">Termine:
Wöchentlicher Report an Frau Meier
Schluss-Termin 31.7.</td></tr>
<tr><td colspan="6">Projektumfeld (Stakeholder, Widerstände, Schnittstellen, Einschränkungen):
KT-Leitung, Kollegen, Eltern – noch zu untersuchen</td></tr>
</table>

Die im Beispiel eingesetzten Tools im Überblick

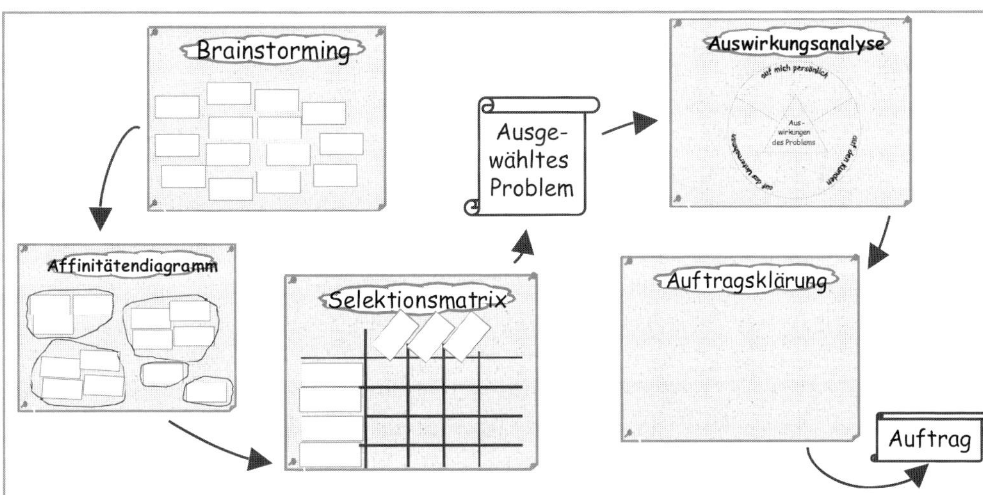

Abb.: Tools im Überblick

Phase 2

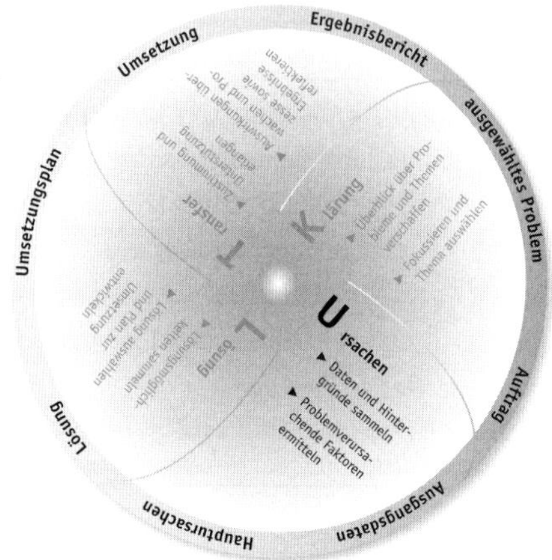

Ursachen

Überblick Die 2. Phase des Problemlösungsprozesses befasst sich in zwei Schritten mit der Sammlung und Untersuchung von Daten zur Erfassung des Problems und seiner Ursachen.

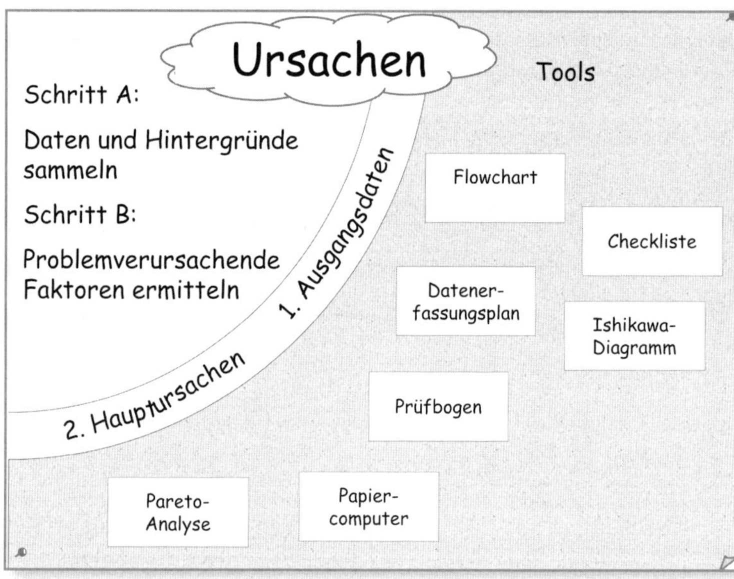

Abb.: Ursachen

Schritte **Schritt A:** Daten und Hintergründe sammeln

Schritt B: Problem verursachende Faktoren ermitteln

In Schritt A überlegen Sie, welche Daten Ihnen bei der Erfassung des Problems helfen können. Sie wollen zum Beispiel herausfinden, wo, wann und wie oft das Problem auftritt oder Sie sehen sich zunächst die Organisation des Arbeitsablaufs genauer an.

Sie sammeln die Informationen, die Ihnen Ausgangsmesswerte an die Hand geben und die Ihnen helfen, die Schlüsselfaktoren oder Grundursachen für das Problem offenzulegen. Wenn Sie diese unter Kontrolle bringen können, werden Sie auch das Problem beheben können. Häufig stehen bereits Daten zur Verfügung. In anderen Fällen müssen Daten und Informationen neu erhoben werden.

In Schritt B werten Sie die gesammelten Daten aus. Wenn Sie das Problem und die Problem verursachenden Faktoren ausreichend verstehen, gehen Sie zur dritten Phase über. Anderenfalls gehen Sie zu Schritt A zurück und stellen weitere Fragen, um mehr Daten zu sammeln oder die vorhandenen Daten anders auszuwerten.

Ergebnisse

Wenn Sie Phase 2 beendet haben,

- verfügen Sie über *Ausgangsdaten*, mit denen Sie das Ausmaß des Problems beschreiben können.
- haben Sie die *Hauptursachen* in Form der wichtigsten Problem verursachenden Faktoren identifiziert.

Tools

Für die einzelnen Schritte der Phase 2 (Ursachen) steht eine Vielzahl von Tools zur Verfügung. In dieser Phase werden folgende Tools besonders empfohlen:

Tool	**Schritt**	**Einsatz für ...**
Ishikawa-Diagramm *(S. 104)*	A/B	Ursachen erkennen/Ansatzpunkte für Datenerfassung
Flowchart *(S. 98)*	A/B	Ursachen erkennen/Ansatzpunkte für Datenerfassung
Checkliste *(S. 81)*	A	Daten vollständig erfassen
Datenerfassungsplan *(S. 87)*	A	Daten systematisch erfassen
Prüfbogen *(S. 187)*	A	Daten erheben
Pareto-Analyse *(S. 176)*	B	Hauptursachen erkennen
Papiercomputer *(S. 167)*	B	Hauptursachen erkennen

Mögliches Zusammenspiel der Tools

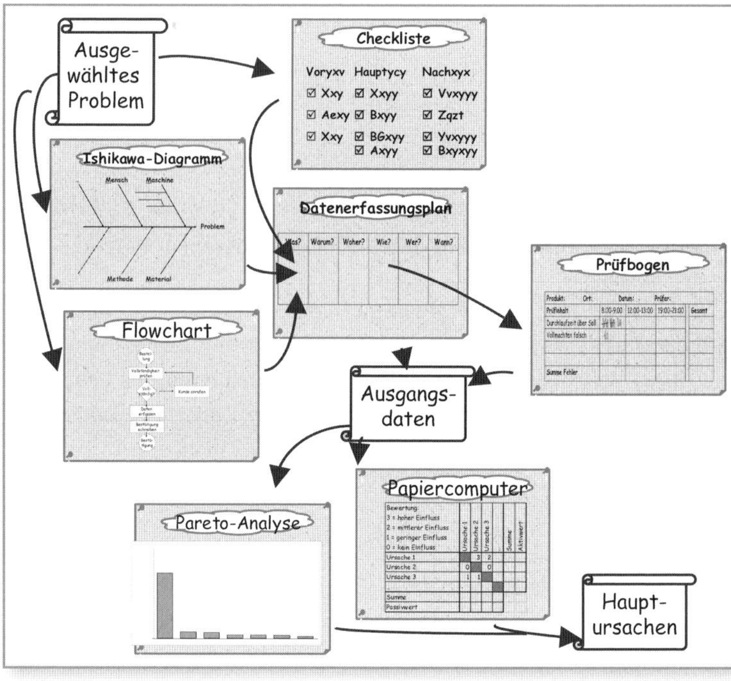

Abb.: Zusammenspiel der Tools

Auch andere Tools können in dieser Phase zum Einsatz kommen:

- Affinitätendiagramm *(S. 56)*
- Brainstorming *(S. 76)*
- Kommunikation *(S. 109)*
- Maßnahmenplan *(S. 130)*
- Mehrfachabstimmung *(S. 137)*
- Mind Map *(S. 143)*

Abschluss

Die Phase ist dann abgeschlossen, wenn folgende Ergebnisse („Abschlusskriterien“) vorliegen:

- Die relevanten Ausgangsdaten sind bekannt.
- Das Ausmaß des Problems ist klar.
- Wichtige Problem verursachende Faktoren sind erarbeitet.
- Sie bewegen sich innerhalb Ihres (ggf. aktualisierten) Auftrags.

Wenn das Ausmaß und die Ursachen klar sind, ist sichergestellt, dass die in der nächsten Phase auszuwählende Lösung das Problem an der Ursache packt und das Problem damit gesamt oder teilweise endgültig beseitigt wird.

Nach der *Auftragsklärung* mit der Teamleitung beginnt das Team der KT Sonnenschein mit der Bearbeitung von Phase 2 (Ursachen).

Beispiel KT Sonnenschein

Schritt A: Daten und Hintergründe sammeln

Das Team verschafft sich zunächst einen Überblick über mögliche Ursachen des Problems. Dazu nutzt es das *Ishikawa-Diagramm*.

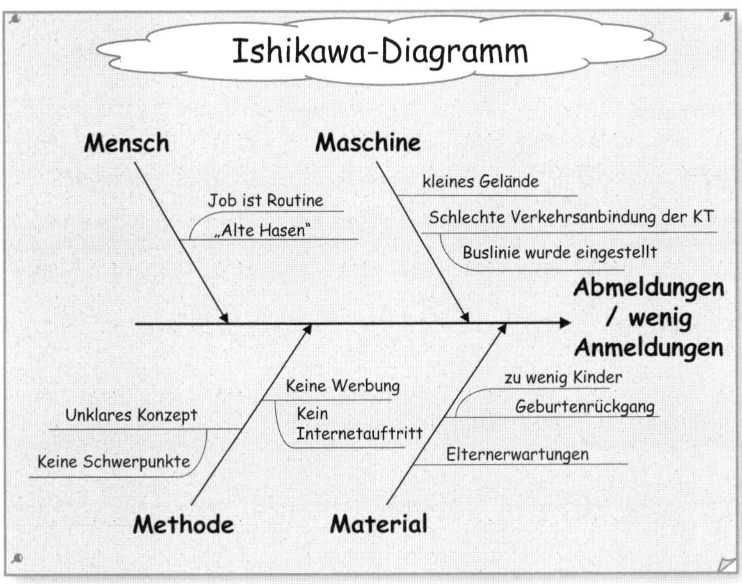

Abb.: Ishikawa-Diagramm

Das Team wertet das Diagramm aus. Verschiedene mögliche Ursachen werden ausgeschlossen, andere Facetten will das Team näher unter die Lupe nehmen und mit Daten belegen.

Das Team erstellt einen *Datenerfassungsplan*.

Was?	**Warum?**	**Woher?**	**Wie?**	**Wer?**	**Wann?**
1. Entwicklung der Anzahl der Kinder im Kindergartenalter im Viertel	Geburtenrückgang als Ursache verifizieren	Stadtschulamt	Anruf	Lehmann	bis 30.4.
2. Anzahl An-/Abmeldungen im Zeitverlauf	Klären, ob es Häufungen/ Auffälligkeiten gibt	Aktenordner der KT-Leitung	Prüfbogen/ Tabelle erstellen	Müller	20.4.
3. Gründe für vorzeitige Abmeldung	Feststellen, ob die Ursachen innerhalb der KT liegen	Eltern	Befragung/ Umfrage	Lehmann	28.4.

Zum zweiten Punkt erarbeitet das Team einen *Prüfbogen*, den Herr Müller anhand der KT-Akten ausfüllt.

Name des Kindes	Anmeldung zum	Abmeldung zum	Einschulung oder vorzeitig	Wenn vorzeitig: Vermuteter Grund
Celine Maier	01.10.200x	31.01.200x	vorzeitig	unbekannt
Tobias Fuchs	01.02.200x	31.07.200x	Einschulung	
Tom Scypinski	15.07.200x	31.01.200x	vorzeitig	unbekannt
...				

Zeitraum: 1.1.200x bis heute

Zum dritten Punkt erstellt das Team ein *Mind Map*, um die wesentlichen Punkte für die Umfrage vorzubereiten.

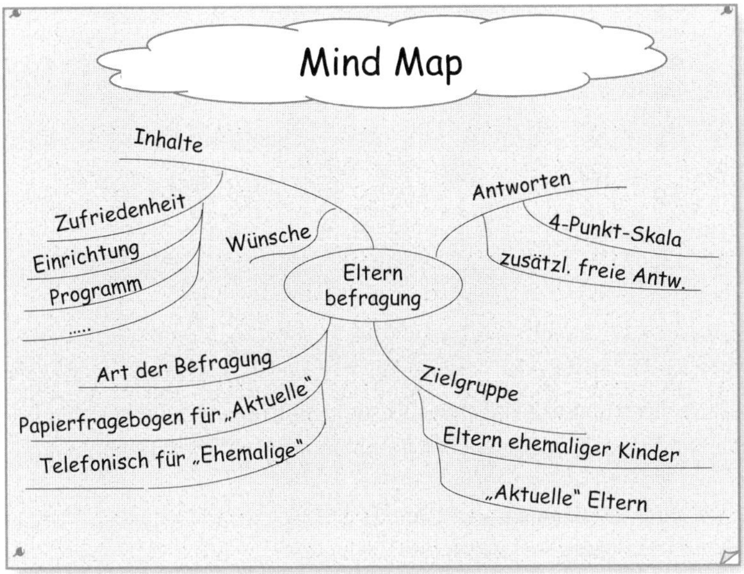

Abb.: Mind Map

Frau Lehmann erstellt aufgrund dieser Vorbereitung die Fragebogen und führt die Befragung durch.

Schritt B: Die wichtigsten Problem verursachenden Faktoren ermitteln

Nach Abschluss der Erhebungen wertet das Team die Daten auf der Suche nach den Hauptursachen aus.

Die Auswertung der Entwicklung der Kinderanzahl im Kindergartenalter im Viertel führt zu der Erkenntnis, dass die Kinderzahl durch ein nahe gelegenes Neubaugebiet sogar gestiegen ist, der generelle Geburtenrückgang somit als Ursache nicht in Frage kommt.

Bei der Analyse der vorzeitigen Abmeldungen ergibt sich keine klassische *Pareto-Struktur*, aber dennoch deutliche Häufungen zu Beginn des Jahres 200x.

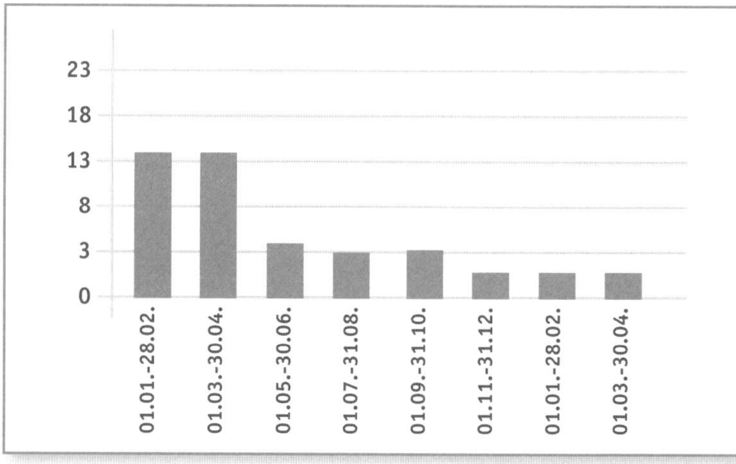

Abb.: Pareto-Analye

Die Auswertung der Fragebögen bringt Häufungen bei folgenden Ursachen für Unzufriedenheiten bzw. vorzeitige Abmeldungen hervor:

- zu wenig Förderung der Kinder
- Kinder kommen zu wenig an die Luft
- unattraktives Außengelände
- zu viel Streit/Aggressivität unter den Kindern

Die meisten Kinder, die vorzeitig abgemeldet wurden, wechselten nach Angaben der Eltern in die zu Jahresbeginn im Neubaugebiet eröffnete KT „Waldeslust".

Um den Hebel unter diesen Ursachen zu finden, wendet das Team den *Papiercomputer* an.

	wenig Förderung	wenig draußen	Außengelände	Streit/ Aggression	**A-Summe**	**Quotient A/P**
wenig Förderg.		0	1	1	2	1
wenig draußen	1		0	2	3	1,5
Außengelände	1	2		1	4	4
Streit/Aggress.	0	0	0		0	0
P-Summe	2	2	1	4		
Differenz P-A	0	-1	-3	4		

Abb.: Papiercomputer

Den höchsten Aktivwert erreicht das „unattraktive Außengelände". Wenn das Team diesen Punkt angeht, hat dies auch hohen Einfluss auf alle anderen Ursachen. Dieser Punkt sollte direkt angegangen werden: Der niedrige Passivwert bedeutet nämlich, dass sich dieser Punkt kaum indirekt über die anderen Themen bewegen lässt.

Die Anwendung weiterer Tools hält das Team für nicht nötig, da das Ausmaß des Problems klar und der wichtigste Problem verursachende Faktor, nämlich das unattraktive Außengelände, ermittelt ist. Nach Information der KT-Leitung geht das Team direkt zur nächsten Phase, um eine Lösung für die Ursachen des Problems zu entwickeln.

Die im Beispiel eingesetzten Tools im Überblick

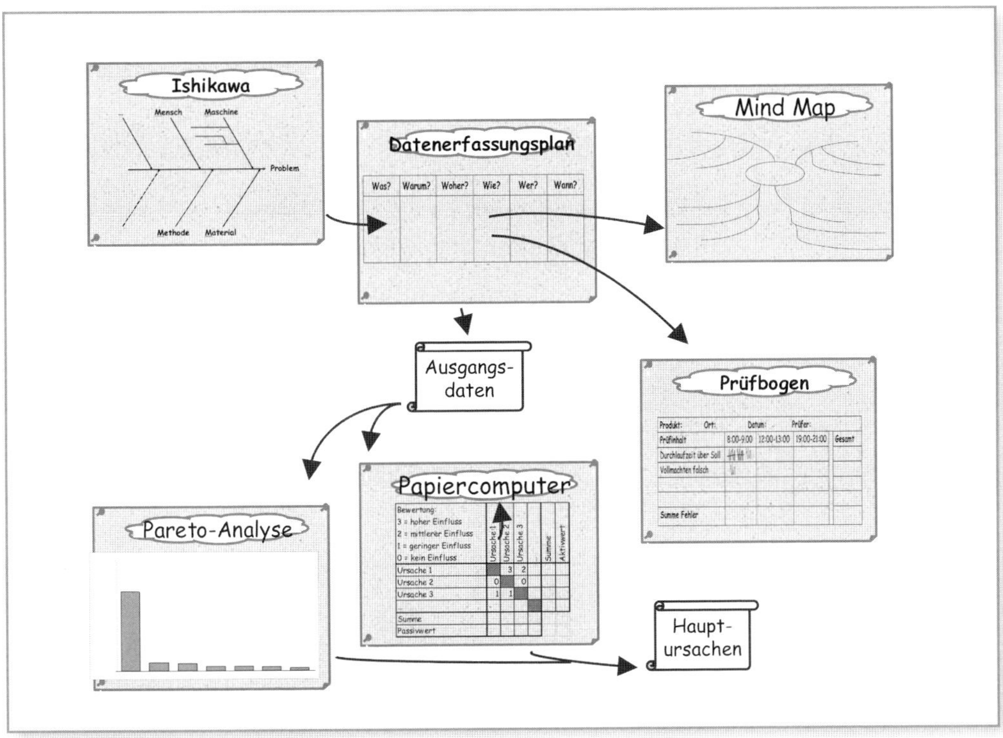

Abb.: Tools im Überblick

Phase 3

Lösung

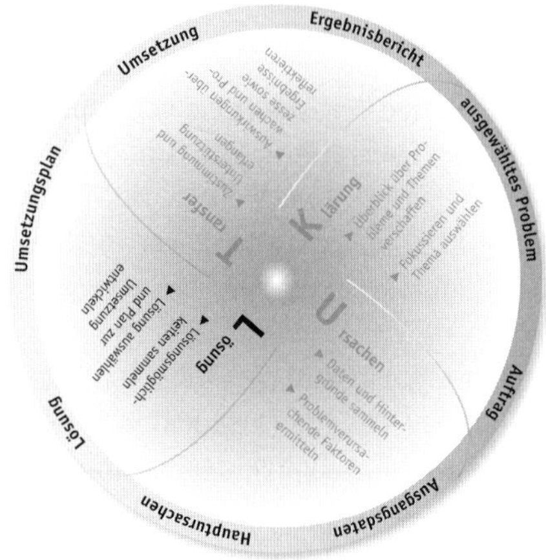

Überblick Die 3. Phase des Problemlösungsprozesses setzt direkt bei den in der 2. Phase festgestellten Hauptursachen an. Dabei stehen im Mittelpunkt das Finden und Ausarbeiten einer Lösung, die verhindert, dass das Problem erneut auftritt und das Entwickeln eines Plans zur Umsetzung.

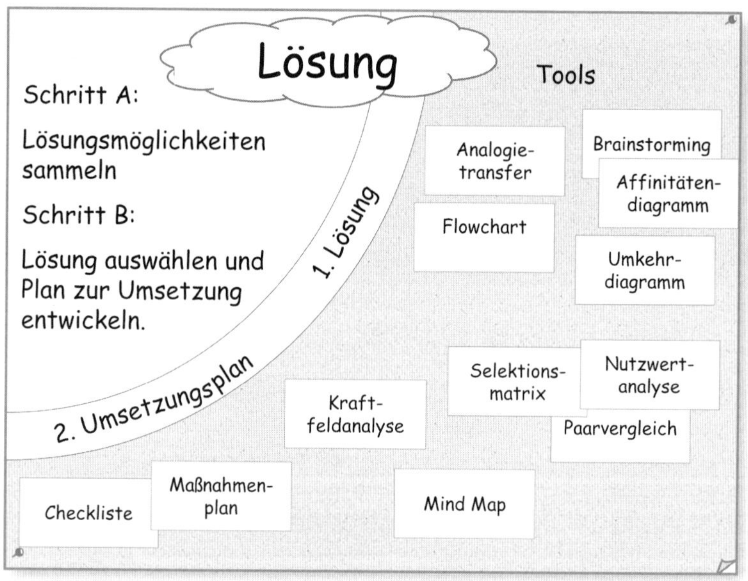

Abb.: Lösung

Schritte **Schritt A:** Lösungsmöglichkeiten sammeln

Schritt B: Lösung auswählen und Plan zur Umsetzung entwickeln

In Schritt A erarbeiten Sie verschiedene Lösungsansätze. Achten Sie darauf, bewusst nicht die „erstbeste" oder alle am nächsten liegenden Lösungen (die schon in der Vergangenheit nicht funktionierten) umzusetzen, sondern mit kreativen Techniken Lösungen zu entdecken, die nicht auf den ersten Blick zu erkennen sind.

In Schritt B werden Sie – soweit mehrere Erfolg versprechende Lösungen vorliegen – eine Lösung auswählen und näher definieren. Dabei planen Sie, wie Sie die Lösung in der 4. Phase korrekt umsetzen. Sie berücksichtigen hierbei die Maßnahmen den Kräften gegenüber, die für Ihre Lösung eher hinderlich sein können. Häufig sind auch modifizierte Arbeitsprozesse sowie ein in sich stimmiger Plan zur Kommunikation die Punkte, die hier genauestens geplant werden.

Ergebnisse

Wenn Sie Phase 3 beendet haben,
- werden Sie eine *Lösung* für die Ursache des Problems ausgewählt haben.
- verfügen Sie über einen *Umsetzungsplan*, der eine konkrete Beschreibung der Lösung sowie ihrer Umsetzung in der nächsten Phase beinhaltet.

Tools

In dieser Phase werden folgende Tools besonders empfohlen:

Tool	**Schritt**	**Einsatz für ...**
Analogietransfer *(S. 61)*	A	Vielzahl (kreativer) Lösungen finden
Umkehrdiagramm *(S. 215)*	A	Lösungen erarbeiten
Brainstorming *(S. 76)*	A	Vielzahl (kreativer) Lösungen finden
Flowchart *(S. 98)*	A	Lösungen erarbeiten
Affinitätendiagramm *(S. 56)*	A	Lösungsansätze verdichten
Paarvergleich *(S. 160)*	B	Auswahl der Lösung
Selektionsmatrix *(S. 199)*	B	Auswahl der Lösung
Nutzwertanalyse *(S. 147)*	B	Auswahl der Lösung
Kraftfeldanalyse *(S. 124)*	B	Lösung ausarbeiten
Mind Map *(S. 143)*	B	Lösung ausarbeiten
Maßnahmenplan *(S. 130)*	B	Umsetzung der Lösung planen
Checkliste *(S. 81)*	B	Umsetzung der Lösung sicherstellen

Mögliches Zusammenspiel der Tools

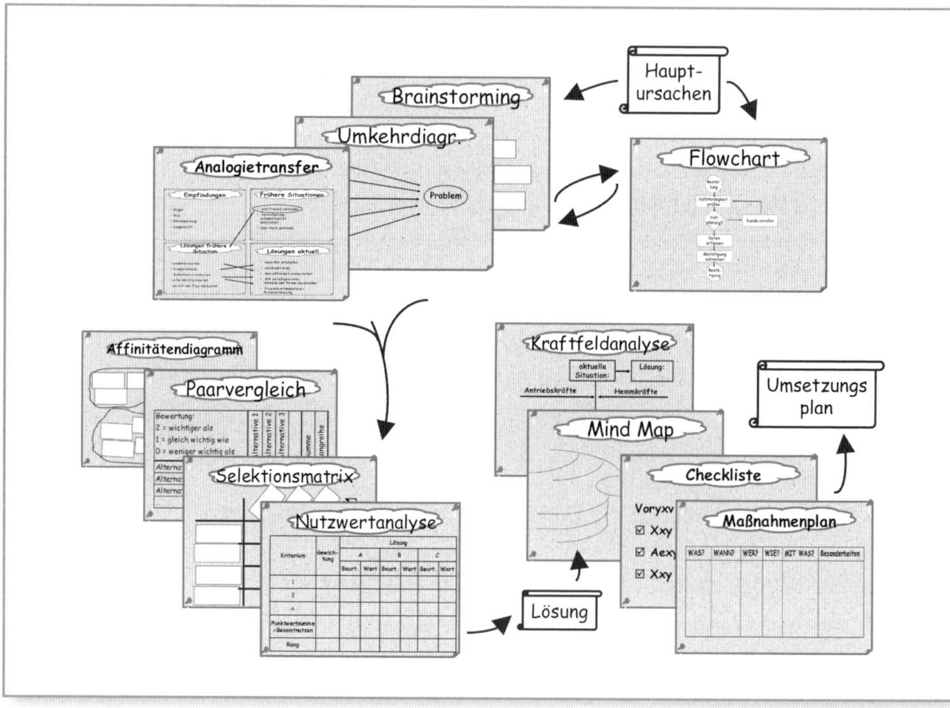

Abb.: Zusammenspiel der Tools

Auch andere Tools können in dieser Phase zum Einsatz kommen:
- Kommunikation *(S. 109)*
- Mehrfachabstimmung *(S. 137)*

Abschluss Die Phase ist dann abgeschlossen, wenn folgende Ergebnisse („Abschlusskriterien") vorliegen:

- Sie haben sich für eine Lösung entschieden.
- Die Vorteile der Lösung rechtfertigen die Zeit, die Kosten und die Anstrengungen, die für die Durchführung erforderlich sind.
- Sie verfügen über eine Beschreibung der Lösung.
- Sie verfügen über einen Plan für die Durchführung der Lösung.

Damit ist sichergestellt, dass die in dieser Phase auszuwählende Lösung auch wirklich funktioniert und das Problem vollständig oder teilweise endgültig beseitigt wird.

Beispiel KT Sonnenschein

Das Team der KT Sonnenschein hat als wichtigste Ursache des Problems das unattraktive Außengelände herausgearbeitet.

Schritt A: Lösungsmöglichkeiten sammeln

Das Thema ist für das Team nicht ganz neu. Was ihnen fehlt, sind neue Ideen und Impulse. Das Team entscheidet sich daher, sich auf einen *Analogietransfer* einzulassen.

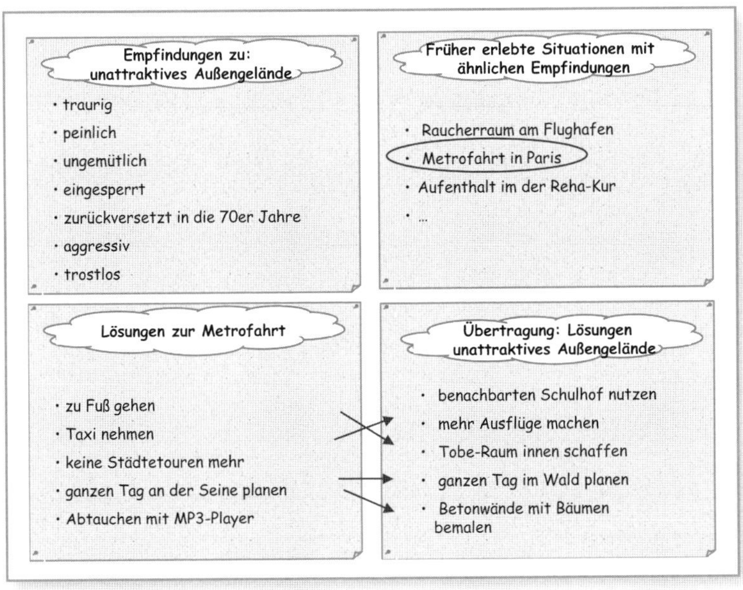

Abb.: Analogietransfer

Das Team sammelt folgende verschiedene Lösungsmöglichkeiten mittels Analogietransfer:

- benachbarten Schulhof nutzen
- mehr Ausflüge machen
- Austob-Raum innen schaffen
- ganzen Tag im Wald planen
- Betonwände mit Bäumen bemalen

Schritt B: Lösung auswählen und Plan zur Umsetzung entwickeln

In unserem Beispiel werden jetzt die möglichen Lösungen diskutiert. Das Team beschließt, eine Vorselektion mittels *Mehrfachabstimmung* vorzunehmen. Jedes Teammitglied erhält 5 Punkte.

Ergebnis:

- benachbarten Schulhof nutzen 4
- mehr Ausflüge machen 5
- Austob-Raum innen schaffen 1
- ganzen Tag im Wald planen 5
- Betonwände mit Bäumen bemalen 0

Das Team konkretisiert nun die drei Ideen mit den meisten Nennungen und unterzieht diese im Anschluss einer *Nutzwertanalyse*.

Nutzwertanalyse							
Kriterien/Ziele	**Gewichtung**	**Lösungen**					
		Schulhof		Wald		Ausflüge	
		Beurt.	Nutzwert	Beurt.	Nutzwert	Beurt.	Nutzwert
Kostengünstig	0,15	8	1,2	7	1,05	4	0,6
Förderung Kinder	0,25	6	1,5	6	1,5	7	1,75
Unterstützung Erz.	0,3	7	2,1	8	2,4	6	1,8
...	0,15	2	0,3	7	1,05	5	0,75
...	0,15	5	0,75	4	0,6	3	0,45
Nutzwertsumme	**1**		**5,85**		**6,6**		**5,35**
Rang			**2**		**1**		**3**

Nach dieser Analyse hat die Wald-Lösung den größten Nutzwert. Das Team arbeitet diese Lösung nun im Detail aus. Sie sieht vor, eine Waldgruppe einzurichten, die jeden Vormittag von 9.00 bis 12.00 Uhr mit zwei Erzieherinnen (eine fest, die zweite rollierend) im nah gelegenen Wald verbringt.

Das Team will diese Lösung noch durch eine *Kraftfeldanalyse* absichern.

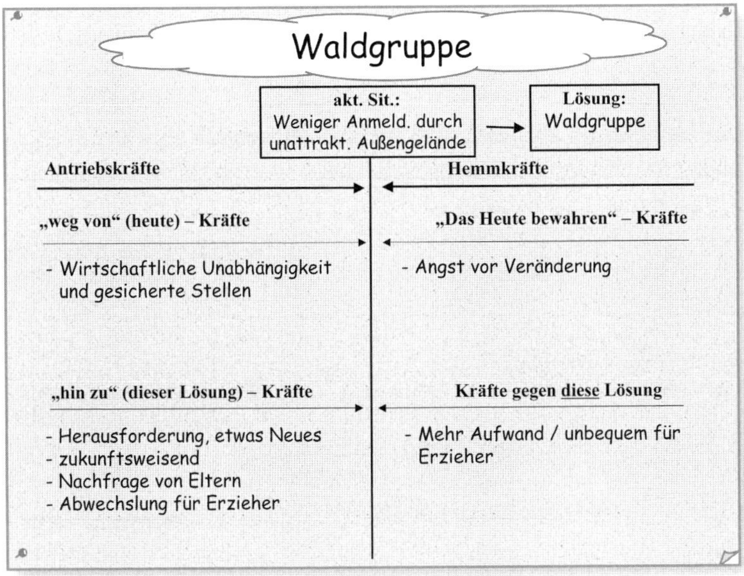

Abb.: Kraftfeldanalyse

Gegen die Hemmkräfte werden folgende Maßnahmen im *Maßnahmenplan* erarbeitet:

AKTIVITÄT **Was und womit?**	**VERANTWORTLICH** **Wer und mit wem?**	**TERMIN** **Bis wann?**	**SONSTIGES**
Gespräch im Team über Veränderungen mit Waldgruppe	Projektgruppe & Leitung mit dem Team	Nächster Konzeptionstag	
Konzept „Waldgruppe" vorstellen – konkrete Auswirkungen schildern	Projektgruppe & Leitung	Nächster Konzeptionstag	
Konzept vorab den KollegInnen zur Verfügung stellen	Lehmann	1 Woche vor Konzeptionstag	
Auswirkungen mit Stellenabbau bei Nichtstun aufzeigen	Leitung	Nächster Konzeptionstag	

Ergänzt wird dieser Maßnahmenplan im Anschluss um alle weiteren Aktivitäten zur Einführung der Waldgruppe.

Dieser Plan wird zur Durchführung in die 4. Phase übergeben.

Die im Beispiel eingesetzten Tools im Überblick

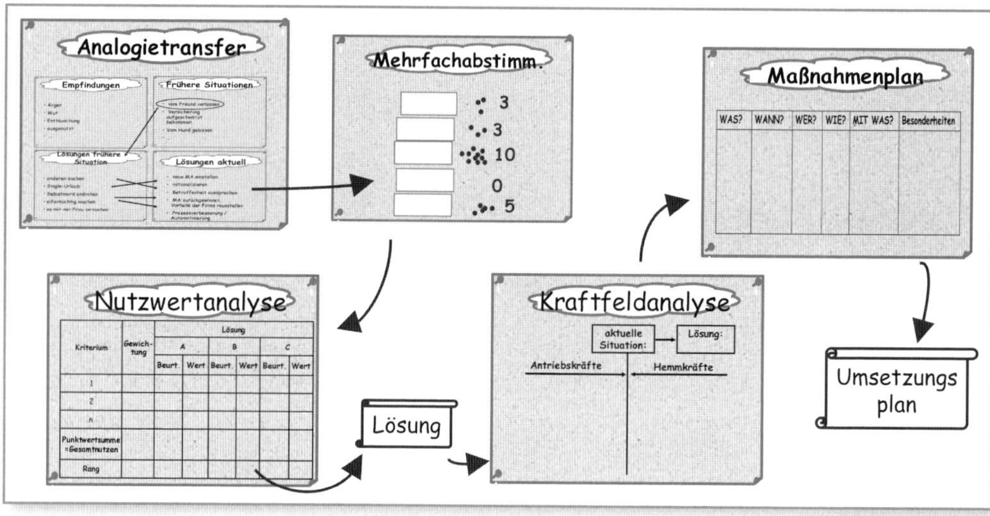

Abb.: Tools im Überblick

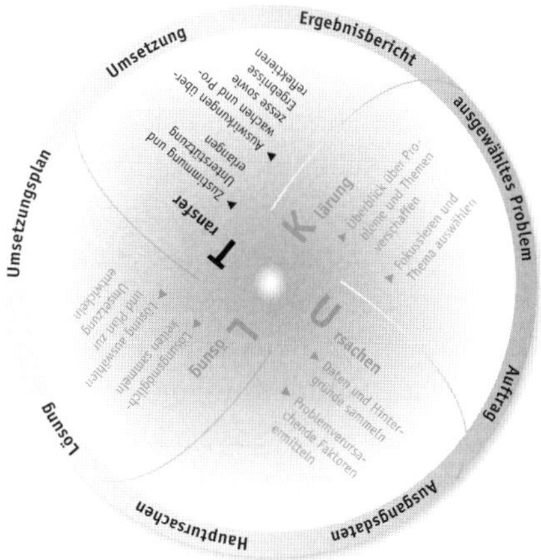

Phase 4

Transfer

Überblick

Die 4. Phase des Problemlösungsprozesses befasst sich in zwei Schritten mit der Erlangung von Zustimmung und Unterstützung, der Plandurchführung und der Überwachung seiner Auswirkungen.

Schritte

Schritt A: Zustimmung und Unterstützung erlangen

Schritt B: Auswirkungen überwachen und Prozess und Ergebnisse reflektieren

In Schritt A überlegen Sie, von welchen Personen/Gruppen Sie Zustimmung und Unterstützung benötigen und wen Sie darüber hinaus informieren/einbinden wollen. Wenn Sie dies erfolgreich geschafft haben, setzen Sie Ihren *Umsetzungsplan* um.

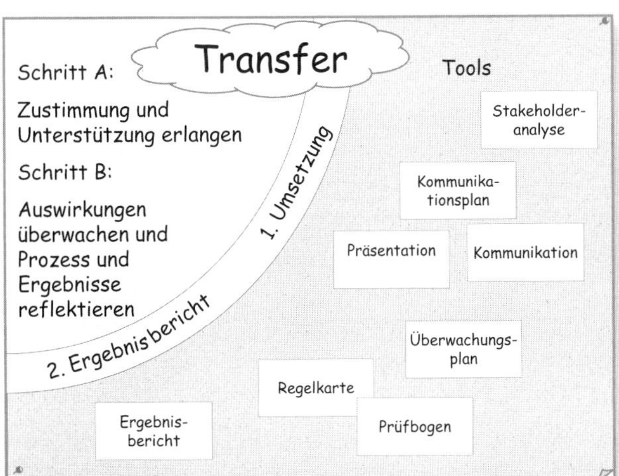

Abb.: Transfer

In Schritt B – nach der Durchführung des Plans, also nach der eigentlichen Realisierung – überwachen Sie die Auswirkungen der Umsetzung und dokumentieren die eigentliche Zielerreichung. Bei Abweichungen haben Sie die Möglichkeit, korrigierend zu handeln. Zum Abschluss erstellen Sie eine *Ergebnisbewertung*, indem Sie die Vorgehensweise und Ergebnisse sowie für die Zukunft Gelerntes festhalten. Sollten Sie nicht zu den erwünschten Ergebnissen kommen, müssen Sie ggf. wieder in Phase 3 (andere Lösung finden) oder 2 (Ursachen überprüfen) ansetzen und diese erneut – wie beschrieben – durcharbeiten.

Ergebnisse

Wenn Sie Phase 4 beendet haben,

- haben Sie die *Umsetzung* geschafft. Die Organisation unterstützt Ihre Vorgehensweise und Ihr Plan ist ausgeführt.
- verfügen Sie über einen *Ergebnisbericht*, Sie haben Ihr Ziel erreicht und die erwarteten Ergebnisse sind eingetreten.

Tools

Für die einzelnen Schritte der Phase 4 (Transfer) steht eine Vielzahl von Tools zur Verfügung. In dieser Phase werden folgende Tools besonders empfohlen:

Tool	**Schritt**	**Einsatz für ...**
Stakeholderanalyse *(S. 205)*	A	Umsetzung der Lösungen flankieren
Kommunikationsplan *(S. 119)*	A	Umsetzung der Lösungen flankieren
Kommunikation *(S. 109)*	A	Umsetzung der Lösungen flankieren
Präsentation *(S. 182)*	A	Umsetzung der Lösungen flankieren
Überwachungsplan *(S. 211)*	B	Erfolg nachhalten
Prüfbogen *(S. 187)*	B	Erfolg nachhalten
Regelkarte *(S. 193)*	B	Erfolg nachhalten
Ergebnisbewertung *(S. 91)*	B	Erfolg nachhalten

Mögliches Zusammenspiel der Tools

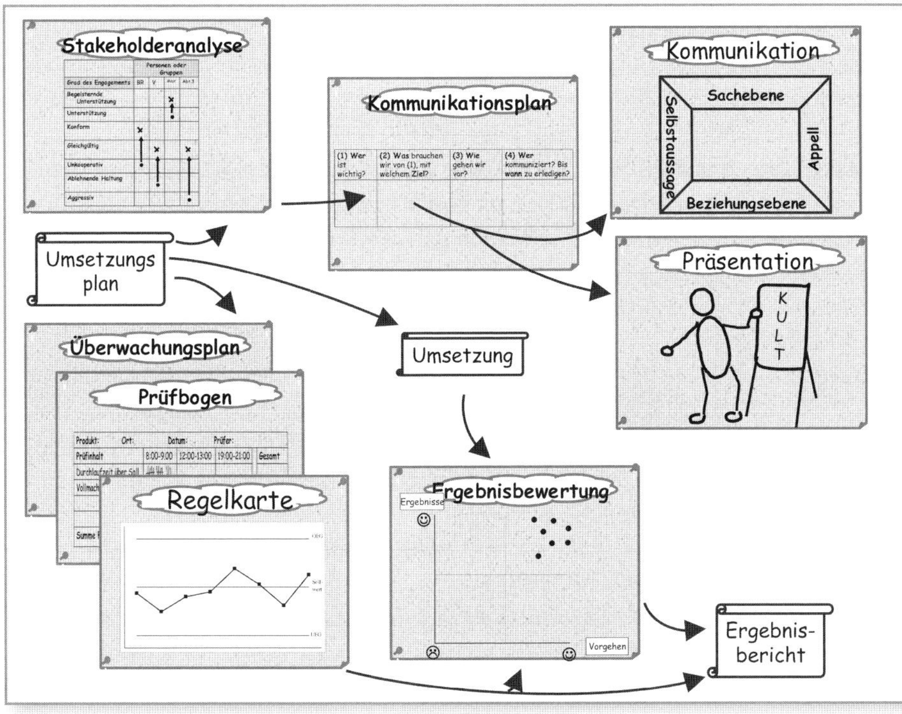

Abb.: Zusammenspiel der Tools

Auch andere Tools können in dieser Phase zum Einsatz kommen:

- Affinitätendiagramm *(S. 56)*
- Brainstorming *(S. 76)*
- Checkliste *(S. 81)*
- Maßnahmenplan *(S. 130)*

Abschluss

Die Phase ist dann abgeschlossen, wenn folgende Ergebnisse („Abschlusskriterien“) vorliegen:

- Alle relevanten Einzelpersonen und Gruppen sind von Ihrer Vorgehensweise unterrichtet und haben Ihnen ihre Unterstützung zugesagt.
- Der Plan ist vollständig durchgeführt.
- Der Erfolg der Lösung wird regelmäßig anhand von Indikatoren überprüft.
- Ggf. werden neu entstehende Probleme identifiziert und aufgegriffen.

Beispiel KT Sonnenschein

Das Team der KT Sonnenschein will nun die Waldgruppe einrichten. Zunächst ist es wichtig, Zustimmung und Unterstützung der Betroffenen zu erlangen.

Schritt A: Zustimmung und Unterstützung erlangen

Zunächst will sich das Team einen Überblick über die Interessengruppen verschaffen. Da dieser noch nicht vorliegt, führt das Team zunächst eine *Stakeholderanalyse* durch.

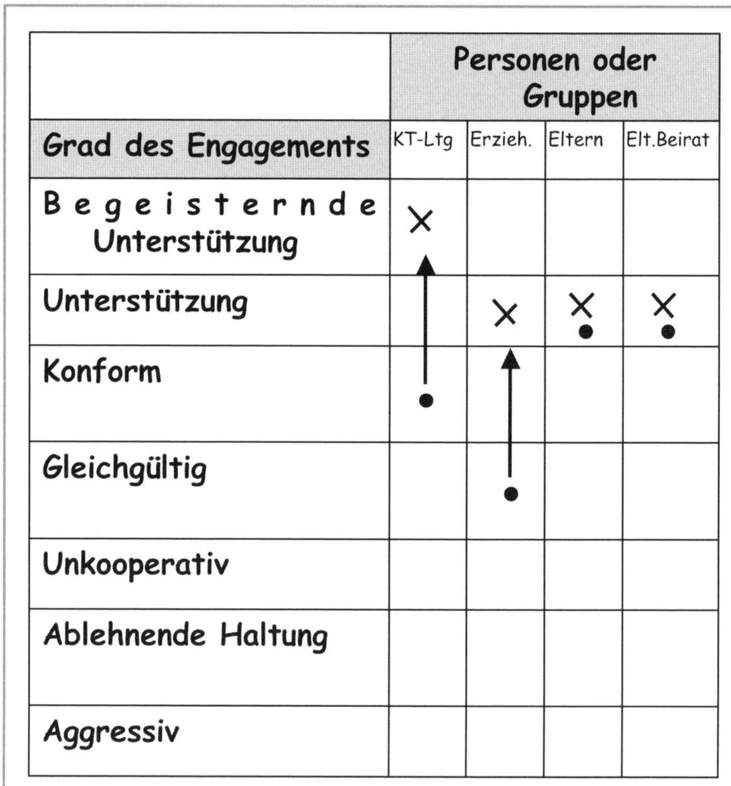

Abb.: Stakeholderanalyse

Glücklicherweise ist mit massiven Widerständen nicht zu rechnen. Dennoch hält das Team es für wichtig, dass die KT-Leitung nicht nur konform ist, sondern die Lösung begeistert unterstützt. Ebenso müssen Maßnahmen erarbeitet werden, um die Haltung der Erzieher positiv zu beeinflussen. Eltern und Elternbeirat müssen lediglich über das neue Angebot informiert werden.

Das Team erstellt hierzu einen *Kommunikationsplan*:

(1) Wer ist wichtig?	**(2) Was brauchen wir von (1), mit welchem Ziel?**	**(3) Wie gehen wir vor?**	**(4) Wer kommuniziert? Bis wann zu erledigen?**
KT-Ltg.	Begeisternde Unterstützung als Treiber der Umsetzung	Überzeugendes persönl. Gespräch, vorbereitet nach „4 Seiten einer Nachricht"	Müller xx.xx.20xx
Erzieher	Unterstützung und tageweise Betreuung der Waldgruppe	Präsentation und Workshops Chancen erarbeiten lassen	Schmitt xx.xx.20xx
Eltern	Unterstützung und Anmeldungen	Elternabend	Lehmann xx.xx.20xx
...	...	...	...

Das Team setzt die Kommunikationsmaßnahmen um. Die Rückmeldungen sind grundsätzlich positiv.

Der Plan geht nun in die Umsetzung, der *Maßnahmenplan* aus Phase 3 (Lösung) wird abgearbeitet.

Schritt B: Auswirkungen überwachen und Prozess und Ergebnisse reflektieren

Das Team beobachtet den Umsetzungserfolg. Dazu will es den Prüfbogen aus Phase 2 (Ursachen) weiter pflegen, also die Zahl der Anmeldungen und vorzeitigen Abmeldungen beobachten und kontrollieren.

Für das nächste Jahr plant das Team die Wiederholung der Elternbefragung.

Damit ist der Auftrag abgeschlossen und das Team reflektiert abschließend die Arbeit.

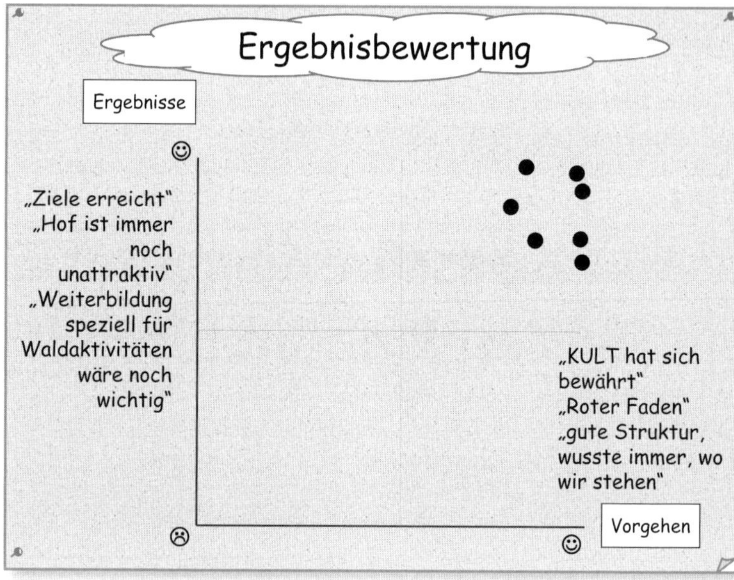

Abb.: Ergebnisbewertung

Die im Beispiel eingesetzten Tools im Überblick

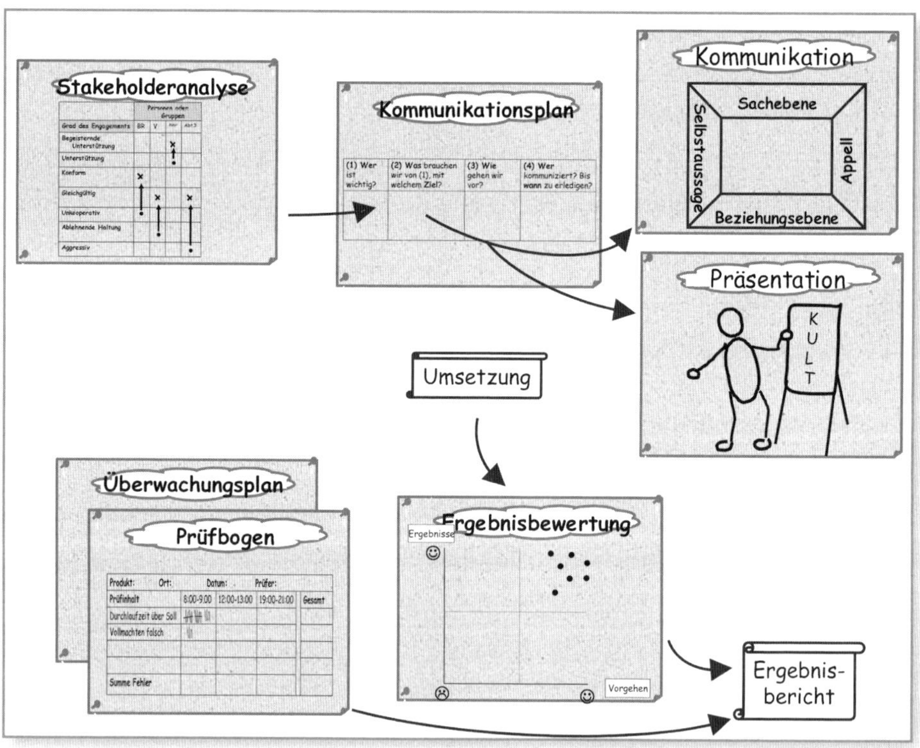

Abb.: Tools im Überblick

Beschreibung der 27 Tools für den Problemlösungsprozess

„Die Lösung ist gut,
nur passt sie nicht zum Problem."

Unbekannt

Auf einen Blick

Übersicht: Einsatz der Tools in den vier Phasen

▶ Haupteinsatz = ■ ▶ Einsatz sinnvoll = ●	Phase 1: Klärung	Phase 2: Ursachen	Phase 3: Lösung	Phase 4: Transfer
Affinitätendiagramm	■	●	■	●
Analogietransfer			■	
Auftragsklärung	■			
Auswirkungsanalyse	■			
Brainstorming	■	●	■	●
Checkliste	●	■	■	●
Datenerfassungsplan		■		
Ergebnisbewertung				■
Flowchart	■	■	■	
Ishikawa-Diagramm		■		
Kommunikation	■	●	●	■
Kommunikationsplan	■			■
Kraftfeldanalyse			■	
Maßnahmenplan	●	●	■	●
Mehrfachabstimmung	■	●	●	
Mind Map	■	●	■	
Nutzwertanalyse			■	
Paarvergleich	■		■	
Papiercomputer	●	■		
Pareto-Analyse		■		
Präsentation	●			■
Prüfbogen		■		■
Regelkarte				■
Selektionsmatrix	■		■	
Stakeholderanalyse	■			■
Überwachungsplan				■
Umkehrdiagramm			■	

Affinitätendiagramm

Das Tool

Das Affinitätendiagramm (aus lateinisch affinitas = „Verwandtschaft“) hilft, eine große Anzahl von Gedanken und Ideen in Gruppen einzuordnen – also Cluster zu bilden. Es fördert zugleich das kreative und intuitive Denken aller Teilnehmer und führt damit zu unerwartet neuen Ergebnissen. Große Datenmengen können so übersichtlich organisiert und strukturiert werden – ein „roter Faden“ kann entstehen. Ein Affinitätendiagramm eignet sich besonders zur Analyse von qualitativen Daten, beispielsweise um das Ergebnis eines Brainstormings für die Weiterverarbeitung zu strukturieren.

Beispiel

Die Beiträge eines Brainstormings werden zu Kategorien sortiert:

Abb.: Beispiel Affinitätendiagramm

Anwendung

Step 1: Ideen notieren

Schreiben Sie Gedanken und Ideen (z.B. im Rahmen von Brainstormings) jeweils auf einzelne Karten. Dabei gilt: pro Idee eine Karte. Die Karten hängen für jeden sichtbar an der Wand.

Step 2: Cluster bilden

Bitten Sie die Teammitglieder zur Pinwand zu kommen und die Karten in Cluster zu ordnen. Dies geschieht – ohne sich abzusprechen – rein intuitiv und ohne den Anspruch auf Logik. Jeder kann Karten, mit denen er nicht einverstanden ist, verschieben. Das gilt auch für schon einmal verschobene Karten. Wird dieselbe Karte mehrfach zwischen zwei Stellen hin- und hergeschoben, wird eine zweite Karte mit der entsprechenden Idee beschriftet und eingefügt. Das geschieht so lange, bis alle Teammitglieder mit den gefundenen Clustern einverstanden sind.

Bei größeren Gruppen kann diese Phase mit dem beschriebenen Vorgehen viel Zeit in Anspruch nehmen und es entsteht ein großes Gedränge vor der Pinwand. Alternativ können Sie als Moderator das Umhängen der Karten allein vornehmen. Wählen Sie dazu eine beliebige Karte aus und heften Sie diese auf eine neue Pinwand. Nehmen Sie dann die nächste Karte von der Wand und fragen Sie die Gruppe, ob die Karte thematisch zur ersten Karte passt oder zu einem neuen Cluster gehört. Heften Sie die Karte dementsprechend auf die neue Pinwand. Gehen Sie mit diesem Verfahren Karte für Karte durch, bis alle Karten in den entsprechenden Gruppen auf der neuen Pinwand hängen.

Step 3: Überschriften formulieren

Lassen Sie die Teammitglieder sinnvolle Überschriften für die einzelnen Cluster bilden. Auch eine einzelne Karte kann ein Cluster bilden, falls diese mit keiner anderen thematisch in Verbindung steht.

Praxistipps

- Bei größerer Anzahl von Karten erfolgt die Sortierung auf einer zweiten Pinwand.
- Doppelte Karten dürfen nach Zustimmung des Teammitglieds, das die Karte geschrieben hat, entfernt werden. Ansonsten sor-

tieren Sie keine Karten aus – auch scheinbar Unsinniges bleibt an der Pinwand.

- Achten Sie darauf, dass auch stillere Teammitglieder die Möglichkeit haben, sich am Prozess zu beteiligen. Lassen Sie den Teilnehmern ausreichend Zeit, die Karten zu ordnen.
- Vergewissern Sie sich am Ende der Zuordnung und nach Findung der Überschriften, dass alle im Team mit dem Ergebnis einverstanden sind.
- Stellen Sie die unsicheren, schwer zuzuordnenden Karten ans Ende, weil dann die Ordnungsstruktur deutlicher erkennbar ist und die Zuordnung leichter wird.
- Es kommt vor, dass Teammitglieder bereits in Step 2 Vorschläge für Überschriften einbringen. Greifen Sie diese Ideen auf und holen sich die Zustimmung der Gruppe hierzu.
- Entstehen Diskussionen über die Überschriften oder die Logik der Cluster, gibt es verschiedene Vorgehensweisen:
  a) Sie dokumentieren die unterschiedlichen Vorschläge auf einem Flipchart und lassen die Gruppe entscheiden, z.B. per Mehrfachabstimmung.
  b) Sie lassen die Karten doppeln und lassen nacheinander oder in zwei Halbgruppen nach den unterschiedlichen Vorschlägen clustern. Diskutieren Sie im Anschluss die Ergebnisse mit dem Team.

Präsentation

Wenn die Gruppe mit dem Tool/dem Vorgehen nicht hinreichend vertraut ist, erarbeiten oder erläutern Sie kurz die Vorgehensweise.

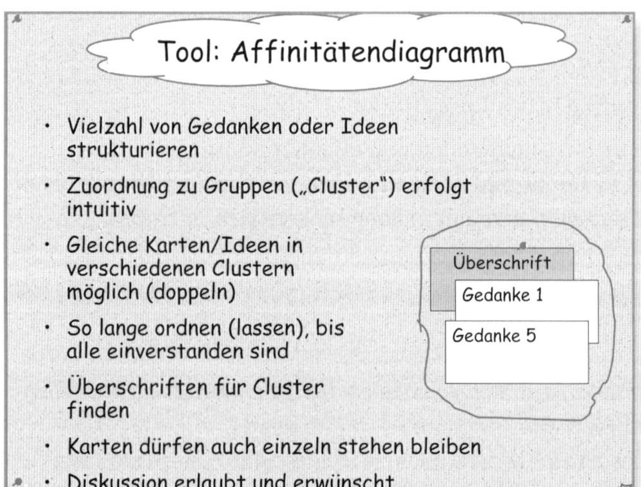

Abb.: Schlüsselpunkte

Übung

Je nach Erfahrung der Gruppe und Komplexität des Themas kann es sinnvoll sein, die Technik des Affinitätendiagramms anhand der Ergebnisse aus der Brainstorming-Übung zu vertiefen.

Möglicher Zwischenstand der Tool-Übung: Erste Cluster wurden auf eine zweite Wand gepinnt:

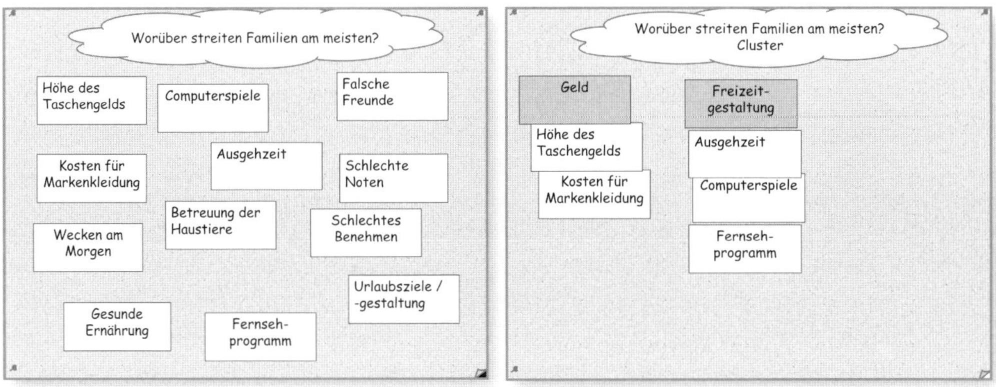

Abb.: Erste Cluster

Moderatorenhinweis

Anspruch

Mittel: Es stellt eine Herausforderung an den Moderator dar, die Aufmerksamkeit bei der Gruppe (statt der Kartenflut) zu halten.

Zeitbedarf

Vorstellung des Tools und Erarbeiten der Regeln:	3 Minuten
Anwendung des Tools je nach Anzahl Themen:	10-20 Minuten

Gruppengröße

Das Affinitätendiagramm eignet sich vor allem als Gruppenarbeit, da auf diese Weise ein von allen getragener Konsens entwickelt werden kann. Die Gruppengröße ist ideal bei 3-6 Teilnehmern, erfahrene Moderatoren steuern aber auch größere Gruppen.

Phaseneinsatz

Das Affinitätendiagramm kann immer eingesetzt werden, wenn es darum geht, eine Fülle von Informationen zu strukturieren und zu organisieren. Es wird vor allem zur Weiterverarbeitung der Ergebnisse aus dem Brainstorming eingesetzt, häufig in Phase 1 (Klärung) und Phase 3 (Lösung), aber auch in allen anderen Phasen des Problemlösungsprozesses.

Weiterarbeit

Je nach Fragestellung und Phase kommen als Folge-Tools *Mehrfachabstimmung, Selektionsmatrix, Nutzwertanalyse, Paarvergleich, Papiercomputer* in Frage.

Analogietransfer

Das Tool

Der Analogietransfer ist ein Tool, mit dem Sie vielfältige Lösungsmöglichkeiten generieren können. Es wird angewendet in Schritt A der Phase 3 (Lösung), um Lösungen für die Ursache des identifizierten Problems (= aktuelle Situation) zu sammeln. Das Besondere ist dabei, dass der Anwender aus eingefahrenen Denkmustern herausgezogen wird. Der Transfer wird dadurch eingeleitet, dass zunächst eine Liste mit möglichen Lösungen eines völlig anderen Falles (= frühere Situation) mit ähnlichen Empfindungen erstellt wird. Die Lösungen der früheren Situation sind dann Grundlage zur Ausarbeitung der möglichen Lösungen für die aktuelle Situation.

Den Analogietransfer setzen Sie im Prozess immer dann ein, wenn die Lösung nicht offensichtlich ist oder von eingefahrenen Mustern abgewichen werden soll. Es geht darum, viele – auch abwegige – Ideen zu produzieren. Die Qualität ist zunächst zweitrangig. Der Analogietransfer wird stets neu erstellt, da er von den Empfindungen und dem Erleben früherer Situationen der Teilnehmer abhängig ist.

Beispiel

Eine Führungskraft sucht mit Hilfe einiger ihrer besten Mitarbeiter Lösungen zum Umgang mit Kündigungen (siehe Abb. auf der Folgeseite).

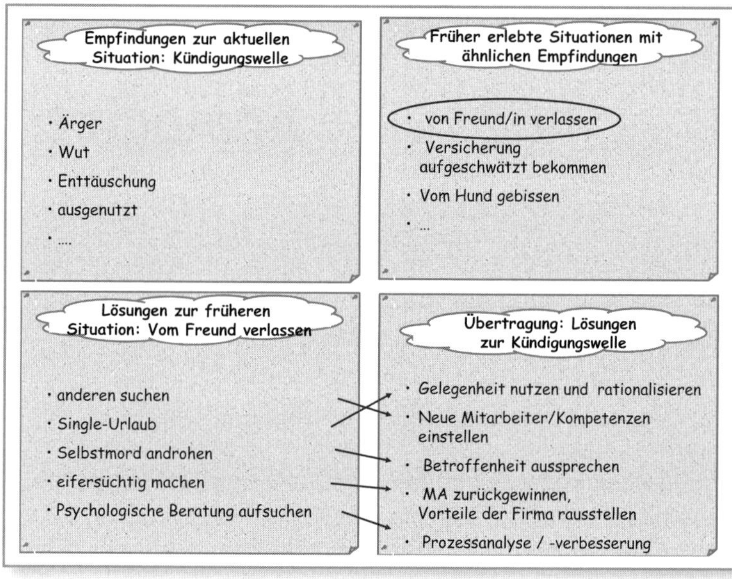

Abb.: Beispiel Analogietransfer

Anwendung

Step 1: Raster erstellen

Zu Beginn des Analogietransfers erstellen Sie Raster auf Flipcharts oder Pinwänden, wie im Beispiel dargestellt. Achten Sie darauf, dass aufeinander aufbauende Flipcharts parallel sichtbar sind.

Step 2: Empfindungen listen

Erstellen Sie eine Liste mit Empfindungen, die Sie bei der Betrachtung der aktuellen Situation bzw. Ursache haben. Hier geht es weder um ernste Gefühle noch darum, tiefe Betroffenheit zu erzeugen. Moderieren Sie diesen Step locker an und sammeln Sie die spontanen Empfindungen auf einem Flipchart mit der Überschrift: „Unsere Empfindungen zu [aktuelle Situation]" per Brainstorming.

Step 3: Erlebte Situationen sammeln

Sammeln Sie frühere Situationen, in denen Sie ähnliche Empfindungen hatten und (wichtig!) für die es eine erfolgreiche Lösung gab. Notieren Sie diese auf einem zweiten Flipchart mit der Überschrift: „Früher erlebte Situationen mit ähnlichen Empfindungen" per Brainstorming.

Step 4: Situation auswählen

Suchen Sie aus den früheren Situationen eine Situation aus, die folgende Kriterien erfüllt:

- Alle können sich mit der Situation identifizieren.
- Alle können sich vorstellen, eine Lösung für diese Situation zu finden.

Step 5: Maßnahmen sammeln

Erstellen Sie ein Flipchart mit der Überschrift „Lösungen zur früheren Situation". Sammeln Sie per Brainstorming Maßnahmen zur Behebung der früheren Situation und tragen diese ein.

Step 6: Analogietransfer

Erstellen Sie ein Flipchart mit der Überschrift „Lösungen zur heutigen Situation ..." und platzieren Sie dieses direkt neben das vorherige. Jetzt kommt der eigentliche Analogietransfer: Die Lösungen aus Step 5 werden nun auf die aktuelle Situation übertragen. Dies führt zu kreativen Ideen. In einigen Fällen könnte dieselbe Idee in beiden Situationen anwendbar sein. In anderen Fällen muss die Idee an die neue Situation angepasst werden. So wird auch Unmögliches auf eventuell Mögliches geprüft.

Praxistipp

Moderieren Sie Step 2 und 3 zügig durch. Mehr Beiträge bedeuten hier nicht unbedingt mehr Gewinn. Nutzen Sie die Zeit insbesondere für die wichtigen Steps 5 und 6.

Der Analogietransfer ist ein kreatives Tool, das Spaß macht und viele außergewöhnliche Ideen hervorbringen kann. Fragen Sie die Gruppe, ob sie Lust hat, sich auf ein „ungewöhnliches" Vorgehen einzulassen. Sie werden sehen, es funktioniert!

Präsentation

Das Tool ist einer Gruppe theoretisch nur schwer zu erklären. Es ist für die Teilnehmer auch nicht nötig, vorher alle Schritte genau zu verstehen. Erklären Sie der Gruppe, dass dieses Vorgehen dissoziiert, also Distanz zum eigentlichen Problem schafft und auf kreative Weise neue Perspektiven für Lösungsansätze ermöglicht. Fragen

Sie die Gruppe, ob sie Lust hat, sich auf ein „ungewöhnliches" Vorgehen einzulassen (siehe Abb.).

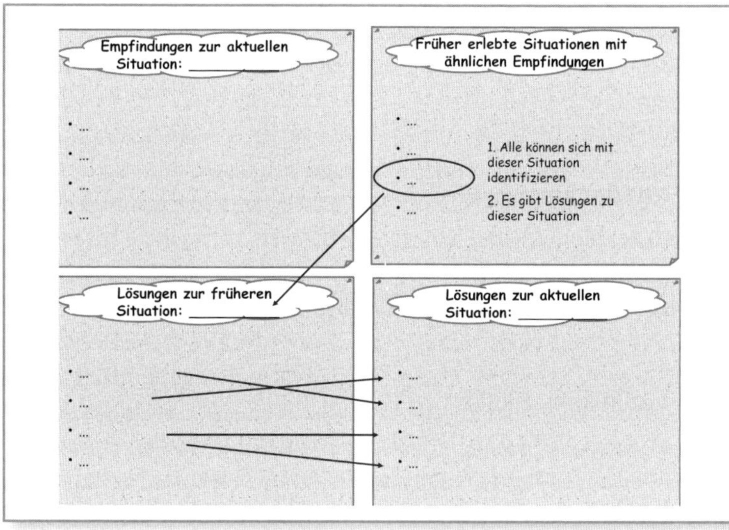

Abb.: Schlüsselpunkte

Übung

Üben Sie den Analogietransfer beispielsweise mit dem bereits oben dargestellten Beispiel: Sie sind Führungskräfte in einem mittelständischen Unternehmen und in Ihrer Abteilung kündigen in größerem Ausmaß Ihre Leistungsträger. Sie sind befangen und wissen keine Lösung, auch gegenüber Ihrem eigenen Vorgesetzten, damit umzugehen. Mögliches Ergebnis der Übung:

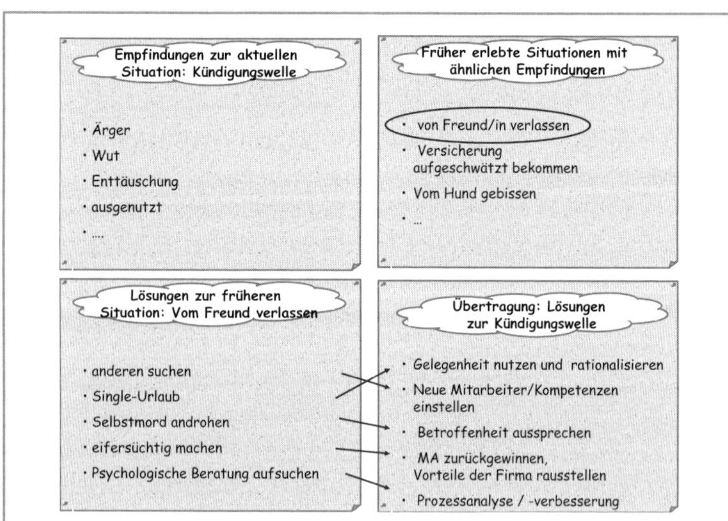

Abb.: Übung zum Analogietransfer

Moderatorenhinweis

Anspruch

Die Anwendung erfordert etwas Mut. Die Durchführung ist eher leicht.

Zeitbedarf

Vorstellung des Tools:	3 Minuten
Anwendung je nach Komplexität der Problems:	20-40 Minuten

Gruppengrößen

Mindestens vier Teilnehmer für die Gruppenarbeit, besser 6-12 Teilnehmer.

Phaseneinsatz

Der Analogietransfer eignet sich als Einstieg in die 3. Phase (Lösung). Die hiermit zu erstellende Lösungsliste bezieht sich auf die Hauptursachen des Problems aus der 2. Phase. Der Einsatz dieses Tools ist nicht immer erforderlich. Manchmal kommt die Gruppe auch auf der Grundlage herkömmlicher Denkmuster, Diskussionen oder per Brainstorming auf hervorragende Ideen.

Weiterarbeit

Eine Weiterarbeit ist mit allen denkbaren Auswahlverfahren wie *Mehrfachabstimmung, Selektionsmatrix, Paarvergleich, Nutzwertanalyse* möglich.

Auftragsklärung

Das Tool

Die Auftragsklärung beinhaltet eine Beschreibung des Problems, seiner Auswirkungen und des angestrebten Zustands. Darüber hinaus führt die Problemdefinition zu einer Konsensbildung der Teammitglieder über das Problem und stellt eine Erläuterung des Problems für Personen außerhalb der Gruppe dar.

Die Auftragsklärung ist Arbeitsgrundlage der Arbeitsgruppe und schließt den Auftragsklärungsprozess ab. Sie wird entweder vom Auftraggeber vorgegeben oder von der Arbeitsgruppe selbst erstellt und mit dem Auftraggeber abgestimmt. Die Auftragsklärung spezifiziert das Problem in Bezug auf den zu verbessernden Prozess, die Begründung der Verbesserungsnotwendigkeit, den Zusammenhang mit den Unternehmenszielen, die Bearbeitungsgrenzen, Verbesserungsziele, Ressourcen und Einschränkungen.

Das unten abgebildete Formular stellt nur eine Möglichkeit dar. Ergänzen Sie das Formular je nach Ihrem Projekt um Themen wie:

- Risiken mit Bewertung
- Außenfaktoren/Einflüsse
- Phasen und/oder Meilensteine
- Reporting-Vereinbarungen
- ...

Muster eines Formulars zur Auftragsklärung:

Beispiel

<table>
<tr><td colspan="4">Beschreibung des Problems/Auftrags/Projekts:</td></tr>
<tr><td>Auftraggeber:</td><td>Teamleiter:</td><td colspan="2">ggf. Moderator:</td></tr>
<tr><td colspan="4">Ziel/Angestrebter Zustand:</td></tr>
<tr><td colspan="4">Auswirkungen der Problemkorrektur:</td></tr>
<tr><td colspan="3">Ressourcen/Kapazität:</td><td>Termine:</td></tr>
<tr><td colspan="4">Projektumfeld (Stakeholder, Widerstände, Schnittstellen, Einschränkungen):</td></tr>
</table>

Abb.: Beispiel Auftragsklärung

Vorgehensweise, wenn der Auftrag vom Auftraggeber vorgegeben wird:

Anwendung

Step 1: Auftrag prüfen

Prüfen Sie zu Beginn oder am Ende der Phase 1 (Klärung), inwieweit Sie gemäß des Auftrags in der Lage sind, Ihre Arbeit zu beginnen.

Step 2: gegebenenfalls Änderungen abstimmen

Falls Sie überzeugt sind, dass im Auftrag alles zutreffend dargestellt ist, akzeptieren Sie ihn. Falls Sie Änderungswünsche haben, arbeiten Sie diese in den Auftrag ein und stimmen Sie diese Änderungen mit dem Auftraggeber ab.

Vorgehensweise, wenn die Auftragsklärung von der Arbeitsgruppe selbst erstellt wird:

Step 1: Klärung

Bearbeiten Sie die 1. Phase (Klärung).

Step 2: Gruppe definiert Inhalte

Erarbeiten Sie mit der Gruppe, welche Punkte unbedingt in der Auftragsklärung definiert und abgestimmt werden müssen. Orientieren Sie sich dazu ggf. an auf Seite 67 abgebildetem Muster. Erstellen Sie daraus ein Formular.

Step 3: Felder ausfüllen

Füllen Sie die Felder des Formulars aus. In größeren Gruppen übernimmt dies sinnvollerweise der Teamleiter.

Step 4: Abstimmung mit dem Auftraggeber

Stimmen Sie noch nicht geklärte Punkte mit dem Auftraggeber ab und lassen Sie sich den Auftrag von ihm bestätigen.

Praxistipps

- Häufig finden sich in der Gruppe, aber auch beim Teamleiter oder Auftraggeber, Widerstände gegen eine genaue Auftragsklärung. Nehmen Sie diese Widerstände ernst, aber lassen Sie sich nicht von der Klärung abhalten. Unklare Aufträge führen oft zu falschen/ungewollten Lösungen.
- Gehen Sie nicht zu schnell über den Punkt „Auswirkungen der Problemkorrektur“ hinweg. Hier geht es um „Nebenwirkungen“, die entstehen, wenn Sie das Problem gelöst haben. Berücksichtigen Sie, dass es häufig gute Gründe gibt, an vermeintlichen Problemen nichts zu ändern.

Präsentation

So weit es in Ihrer Organisation keine festen Vorgaben zur Auftragsklärung gibt, besprechen Sie mit der Gruppe, welche Punkte die Auftragsklärung umfassen muss (siehe Abb. auf der Folgeseite).

Abb.: Schlüsselpunkte

Übung

Je nach Erfahrung der Gruppe und Komplexität des Themas kann es sinnvoll sein, die Technik der Auftragsklärung anhand eines neutralen Themas zu üben, z.B.:

- Ausrichten des Junggesellenabschieds für einen heiratswütigen Freund. Wolfgang wird gebeten, den Abend für Reinhard vorzubereiten.

Mögliches Ergebnis der Übung – Wolfgang will folgende Punkte mit Reinhard abstimmen:

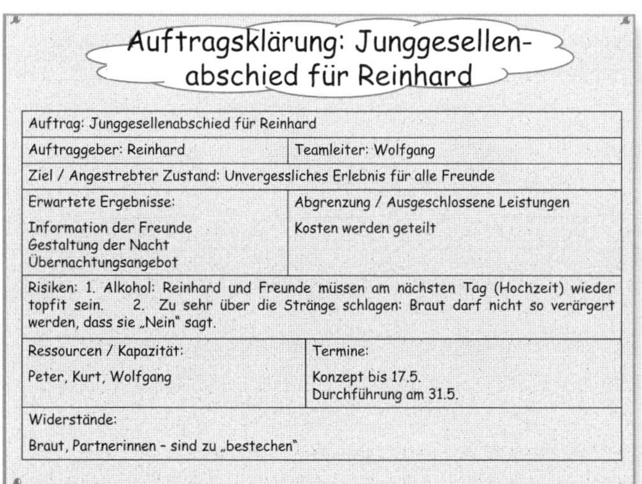

Auftrag: Junggesellenabschied für Reinhard	
Auftraggeber: Reinhard	Teamleiter: Wolfgang
Ziel / Angestrebter Zustand: Unvergessliches Erlebnis für alle Freunde	
Erwartete Ergebnisse: Information der Freunde Gestaltung der Nacht Übernachtungsangebot	Abgrenzung / Ausgeschlossene Leistungen Kosten werden geteilt
Risiken: 1. Alkohol: Reinhard und Freunde müssen am nächsten Tag (Hochzeit) wieder topfit sein. 2. Zu sehr über die Stränge schlagen: Braut darf nicht so verärgert werden, dass sie „Nein" sagt.	
Ressourcen / Kapazität: Peter, Kurt, Wolfgang	Termine: Konzept bis 17.5. Durchführung am 31.5.
Widerstände: Braut, Partnerinnen - sind zu „bestechen"	

Abb.: Übung Auftragsklärung

Moderatorenhinweis

Anspruch

Leicht: Besprechen Sie die Inhalte ggf. vorab mit dem Teamleiter und führen Sie nur Ergänzungen in der Gruppe durch.

Zeitbedarf

Vorstellung des Tools:	5 Minuten
Anwendung je nach Komplexität des Themas:	20-60 Minuten

Gruppengröße

Die Auftragsklärung lässt sich von einzelnen Personen oder einer kleinen Gruppe erarbeiten. Bei einer größeren Gruppe sollte sie vorbereitet und von der Gruppe nur ergänzt werden.

Phaseneinsatz

Die Auftragsklärung ist Bestandteil der ersten Phase. Sie kann bereits vom Auftraggeber vorgegeben sein. Liegt sie nicht vor, kann sie gleich zu Beginn der ersten Phase erstellt oder am Ende der ersten Phase nach der genaueren Betrachtung des zu bearbeitenden Themas ausgearbeitet werden. Der Auftrag muss am Ende der ersten Phase ausformuliert sein, da er als Grundlage für die Bearbeitung der weiteren Phasen zwingend notwendig ist.

Der Auftrag sollte jeweils am Ende der zweiten Phase (Ursachen) und der dritten Phase (Lösung) noch einmal überprüft werden. Ein Abgleich, ob die aktuellen Phasenergebnisse eine Weiterarbeit im Rahmen des bisherigen Auftrags bestätigen, ist unerlässlich.

Weiterarbeit

Die Weiterarbeit erfolgt in der Regel mit geeigneten Werkzeugen aus der 2. Phase (Ursachen).

Auswirkungsanalyse

Das Tool

Die Auswirkungsanalyse untersucht, welche Auswirkungen das Problem auf Menschen und ihr Umfeld hat. Sie bewertet die gegenwärtige Situation und gibt eine Bestätigung dafür, dass es sich lohnt, diese Situation zu verändern oder das aktuelle Problem zu bearbeiten. Außerdem fördert die Auswirkungsanalyse den Gedankenaustausch zwischen den Teammitgliedern über eine aktuelle Situation oder ein zu bearbeitendes Problem. Bei Problemen im beruflichen Kontext werden in der Regel die Auswirkungen des Problems/der aktuellen Situation auf die einzelne Person, auf das Unternehmen und auf die Kunden herausgearbeitet.

Beispiel

Leeres Chart zur Erarbeitung der Auswirkungsanalyse:

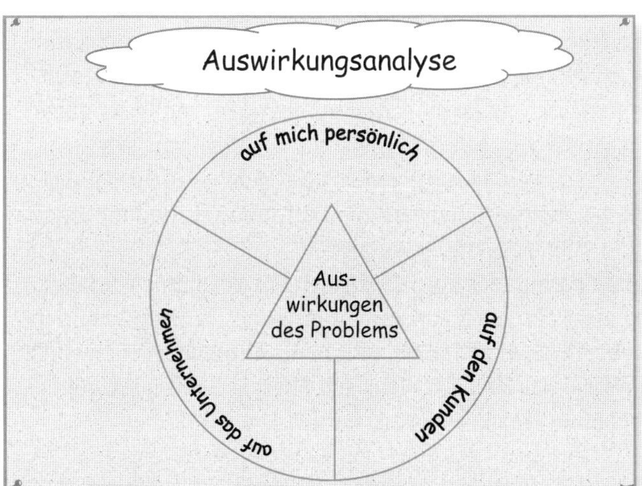

Abb.: Beispiel Auswirkungsanalyse

Anwendung

Step 1: Vorbereitung

Bereiten Sie eine Moderationswand für die Auswirkungsanalyse vor. Teilen Sie dazu zum Beispiel einen Kreis in drei gleiche Felder auf und schreiben Sie in je ein Feld:

- Auswirkungen auf mich persönlich
- Auswirkungen auf das Unternehmen
- Auswirkungen auf die Kunden

Step 2: Themenabfrage

Erarbeiten Sie die Themen per Zuruf oder per Kartenabfrage. Bei größeren Gruppen ist auch eine Kleingruppenarbeit denkbar. Bitten Sie die Teammitglieder, ihre Beiträge auf Karten zu schreiben und lassen Sie die Karten mit einer kurzen Erläuterung an die Moderationswand heften.

Step 3: Ergebnisauswertung

Diskutieren Sie die einzelnen Beiträge in der Gruppe und versuchen Sie, Gemeinsamkeiten bzw. Unterschiede zu entdecken. Werten Sie die Ergebnisse mit Blick auf die folgenden Fragestellungen aus:

- Wie ist die Tragweite des Problems?
- Gibt es neue Aspekte?
- Lohnt es sich, dieses Problem zu bearbeiten?
- Ist das Team richtig zusammengesetzt?

Praxistipps

- Die Auswirkungsanalyse führt oft zur Offenlegung neuer Informationen und Ideen. Es ist daher wichtig, die Teammitglieder konsequent auch zu Einzelheiten zu befragen. Die Frage nach den Auswirkungen „auf mich persönlich" sollte von jedem Teammitglied beantwortet werden. Hier geht es nicht darum, Konsens herzustellen, sondern die Betroffenheit und die Frage der Teamzusammensetzung zu prüfen.
- Sorgen Sie dafür, dass über die beiden Fragestellungen „Lohnt es sich, dieses Problem zu bearbeiten?" und „Ist das Team richtig zusammengesetzt?" nicht zu schnell hinweggegangen wird. Damit vermeiden Sie, Zeit, Geld und Energie in nicht Erfolg versprechende Projekte zu verschwenden.

Präsentation

Stellen Sie der Gruppe kurz Inhalt und Ziele der Auswirkungsanalyse vor.

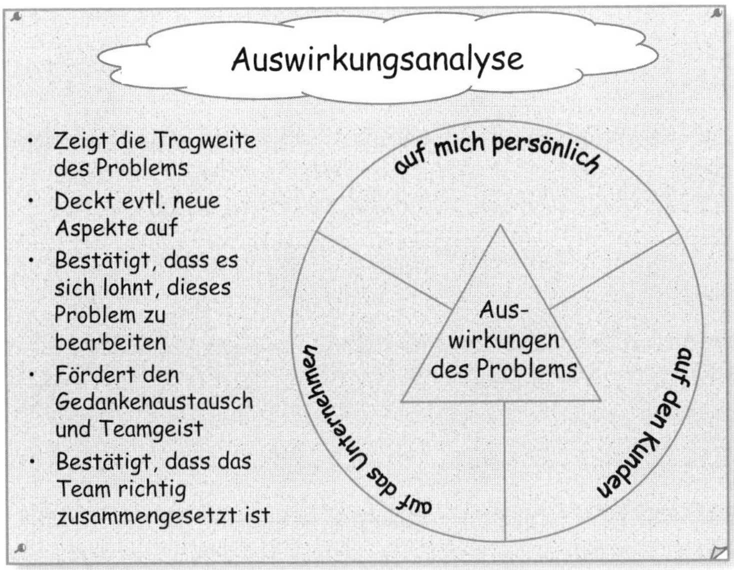

Abb.: Schlüsselpunkte

Übung

Je nach Erfahrung der Gruppe und Komplexität des Themas kann es sinnvoll sein, die Technik der Auswirkungsanalyse anhand eines neutralen Themas zu üben, z.B.:

- Die Post kommt nie vor 12.00 Uhr mittags.
- Auf dem Weg zur Arbeit stehe ich jeden Tag im Stau.
- Der Gammelfleischskandal führt zu Umsatzeinbußen in Ihrem Döner-Imbiss von 50%.

Mögliches Ergebnis der Übung (siehe Abb. auf der Folgeseite).

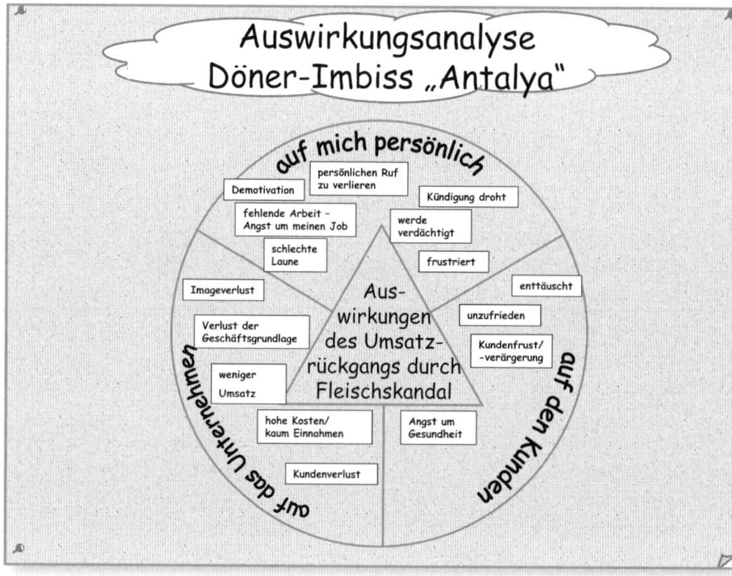

Abb.: Übung Auswirkungsanalyse

Moderatorenhinweis

Anspruch

Leicht.

Zeitbedarf

Vorstellung des Tools:	5 Minuten
Anwendung je nach Komplexität des Problems:	15-30 Minuten

Gruppengröße

Die Auswirkungsanalyse eignet sich sowohl für Einzel- als auch für Gruppenarbeit. Die Gruppengröße ist ideal bei 8 Teilnehmern und sollte 14 nicht übersteigen.

Phaseneinsatz

Die Auswirkungsanalyse findet ihren Platz in der Phase 1 (Klärung). Dort hilft sie, das Problem konkreter darzustellen und greifbar zu machen. So kann die Gruppe sich auch besser in die Situation der anderen Beteiligten hineinversetzen und deren Position verstehen. Dieses Verständnis erleichtert die Bearbeitung und Lösung des Problems bzw. der aktuellen Situation.

Weiterarbeit

Wenn die Auswirkungen die Bearbeitung des Problems rechtfertigen, folgt in der Regel die *Auftragsklärung*. Die wichtigsten Auswirkungen werden in die Auftragsklärung übernommen.

Rechtfertigen die Auswirkungen die Bearbeitung des Problems nicht, gehen Sie die Prozessschritte zurück bis zur Auswahl dieses Problems.

Brainstorming

Das Tool

Brainstorming ist eine einfache Methode, um zu einem beliebigen Thema in kurzer Zeit eine große Anzahl von Gedanken, Ideen oder Argumenten zu sammeln. Es fördert die Kreativität, bezieht alle Teilnehmer mit ein und bringt Energie und Spannung in die Gruppe. Der Schwerpunkt des Brainstormings liegt in der Quantität der Beiträge; Kritik oder lange Diskussionen sind nicht gefragt. Dieses Tool ermöglicht es, völlig neue Denkansätze einzubringen, auch wenn diese zuerst abwegig erscheinen. Zentrale Idee des Brainstormings ist, dass eine von einem Teilnehmer angeregte Idee von anderen Teilnehmern aufgegriffen und ergänzt oder weiter ausgebaut werden kann.

Beispiel

Das Team eines Handy-Shops sammelt Brennpunkte.

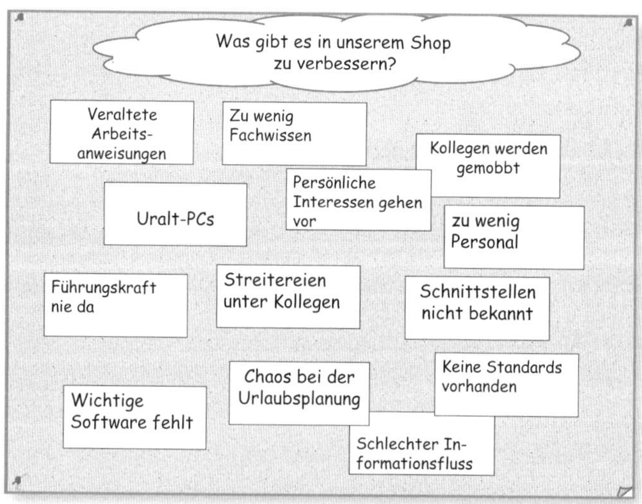

Abb.: Beispiel Brainstorming

Anwendung

Step 1: Thema definieren

Definieren Sie genau das Thema des Brainstormings und erläutern Sie es. Stellen Sie sicher, dass jedes Teammitglied die Fragestellung verstanden hat und schreiben Sie diese auf eine Pinwand.

Step 2: Ideen sammeln

Bitten Sie die Teammitglieder, Gedanken und Ideen zum Thema vorzubringen. Dies kann auf verschiedene Arten durchgeführt werden:

- **Karten-Methode:** Jeder Teilnehmer erhält mehrere Karten, auf die er jeweils eine Idee schreibt. Wichtige Regel: Mindestens drei, maximal sieben Worte pro Karte in Druckschrift. Jede Karte wird direkt vom Teammitglied selbst oder vom Moderator laut vorgelesen und in der Mitte des Raums (z.B. bei Stuhlkreis) oder an einer Pinwand gesammelt.
- **Zuruf-Methode:** Die Ideen werden von den Teilnehmern mündlich vorgetragen. Bei Teilnehmerzahlen über sechs Personen empfiehlt es sich, dazu eine Reihenfolge festzulegen, bei der jeder Teilnehmer nacheinander eine Idee äußert. Dies wird so lange wiederholt, bis keine Ideen mehr gefunden werden. Alle Ideen oder Weiterentwicklung von Ideen werden vom Moderator auf der Pinwand notiert. Wenn die Beiträge im nächsten Schritt gruppiert werden sollen (Tool: *Affinitätendiagramm*), schreibt der Moderator die Ideen auf Karten und heftet diese direkt an die Pinwand.

Step 3: Ideen klären

Stellen Sie sicher, dass allen Teilnehmern klar ist, was mit den einzelnen Ideen gesagt werden soll. Falls nötig, bitten Sie den Teilnehmer, der die Idee eingebracht hat, diese für die anderen zu erläutern.

Praxistipps

- Formulieren Sie die Brainstorming-Frage sehr sorgfältig – ungenaue Fragestellungen führen unter Umständen ungewollt vom Thema weg.
- Bei größeren Gruppen und spannendem Thema erwartet Sie als Moderator eine enorme „Zettelflut“. Möchten Sie die Anzahl der

Beiträge stärker steuern oder Doppelnennungen reduzieren, empfiehlt sich die Zuruf-Methode.

- Die kreative Phase der Ideenfindung sollte ohne Zeitdruck stattfinden. Halten Sie als Moderator erste Ruhephasen aus. Meistens kommen nach einer ersten kurzen Pause weitere Ideen.
- Sorgen Sie als Moderator dafür, dass alle Vorschläge aufgenommen werden. Teilnehmer werten es möglicherweise als Verletzung, wenn ihre Beiträge überhört werden.
- Achten Sie auf absolutes Kritik- und Kommentierungsverbot während der Ideenfindung.
- Die Karten-Methode beim Brainstorming unterscheidet sich von einer reinen Kartenabfrage dadurch, dass die Teammitglieder nicht stapelweise Karten „im stillen Kämmerlein" produzieren, sondern dass jeder Beitrag sofort laut benannt und sichtbar gemacht wird. Nur auf diese Art kann die zentrale Idee des Brainstormings, dass eine von einem Teilnehmer angeregte Idee von anderen Teilnehmern aufgegriffen und ergänzt oder weiter ausgebaut werden kann, verwirklicht werden.

Präsentation

Wenn die Gruppe mit dem Tool bzw. dem Vorgehen nicht hinreichend vertraut ist, erarbeiten Sie mit der Gruppe per Zuruf die Regeln für das Brainstorming oder präsentieren Sie diese. Folgende Aspekte sollten mindestens besprochen/geklärt sein:

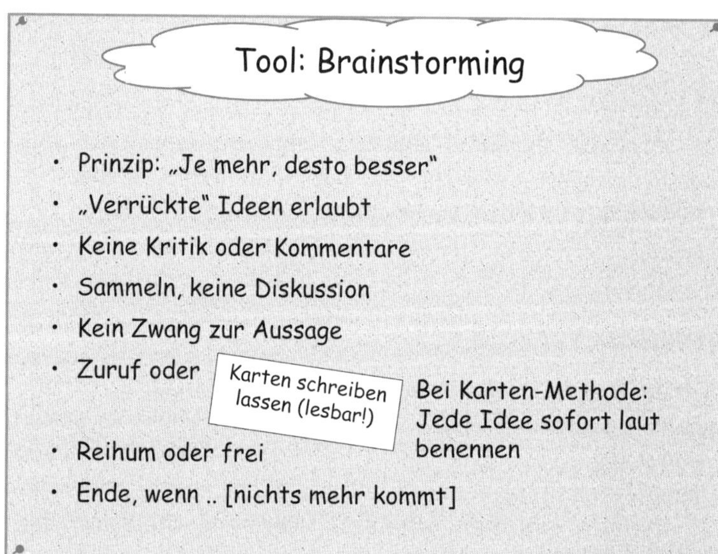

Abb.: Schlüsselpunkte

Übung

Je nach Erfahrung der Gruppe und Komplexität des Themas kann es sinnvoll sein, die Technik des Brainstormings anhand eines neutralen Themas zu üben, z.B.:

- Worüber streiten Familien am häufigsten?
- Verkaufsargumente für den neuen Schokoriegel „Schmecko"?

Mögliches Ergebnis der Übung:

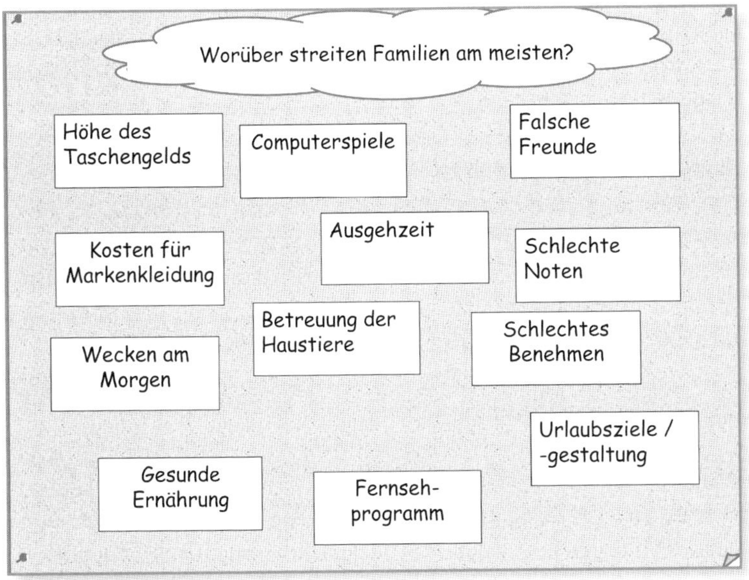

Abb.: Mögliches Ergebnis der Übung

Reflektieren Sie anschließend die Übung mit der Gruppe. Diskutieren Sie zum Beispiel folgende Frage:

- Welche Regeln haben die Kreativität und den Gruppenprozess unterstützt?

Moderatorenhinweis

Anspruch

Mittel: Es ist ein verbreitetes Tool. Scheinbar einfach, jedoch mit Tücken (siehe Praxistipps).

Zeitbedarf

Vorstellung des Tools und Erarbeiten der Regeln:	5-10 Minuten
Anwendung des Tools:	15 Minuten

Gruppengröße

Brainstorming eignet sich wegen der anzustrebenden Ideenvielfalt insbesondere als Gruppenarbeit. Die Gruppengröße sollte zwischen 6 und 12 Teilnehmern liegen.

Phaseneinsatz

Brainstorming eignet sich besonders als Einstieg in den Problemlösungsprozess zum Erkennen von Problemen (Phase 1: Klärung) sowie in Phase 3 (Lösung) zur Findung zahlreicher Lösungsansätze, aus denen dann beispielsweise mit der *Nutzwertanalyse* eine Lösung ausgewählt werden kann.

Darüber hinaus kann Brainstorming in allen Phasen an verschiedenen Stellen eingesetzt werden. In der Phase 2 (Ursachen) lässt es sich zur Sammlung von Themen für den *Datenerfassungsplan* einsetzen. Anhand des Brainstormings können hier auch Daten, Personen, mit denen Kontakt aufgenommen werden sollte und mögliche wichtige Faktoren aufgelistet werden. In der Phase 4 (Transfer) eignet sich das Brainstorming zur Sammlung möglicher Messgrößen für den *Überwachungsplan*.

Weiterarbeit

Je nach Fragestellung und Phase heißen die Folge-Tools beispielsweise *Affinitätendiagramm, Mehrfachabstimmung, Checkliste* oder *Maßnahmenplan*.

Checkliste

Das Tool

Das Ziel von Checklisten oder Prüflisten ist es, keine wichtigen Punkte zu vergessen beziehungsweise alle notwendigen Punkte zu beachten. Die Checkliste ist eine Liste erforderlicher oder zu prüfender Punkte oder Aktivitäten. Damit ist sie ein Werkzeug zur Gewährleistung der Vollständigkeit. Checklisten setzen Sie im Prozess immer dann ein, wenn Sie erforderliche Aktivitäten auswählen und/oder deren Ausführung überwachen müssen.

Für viele Themen finden Sie in der Literatur oder im Internet fertige Checklisten. Auch in diesem Buch finden Sie Beispiele, die Sie direkt anwenden können. Häufig müssen Checklisten auch selbst erstellt werden.

Es gibt Checklisten, die immer wieder verwendet werden, beispielsweise Arbeits-/Prüfschritte in einem Routineprozess, oder aber Checklisten, die genau einmal verwendet werden, etwa bei der Umsetzung eines Projekts oder eine Einkaufsliste.

Beispiel

Beispiel 1

Am Ende der Phasenbeschreibungen im Buch finden Sie jeweils eine Checkliste zur Überprüfung der Ergebnisse. Die Auftragsklärung stellt ebenfalls eine Checkliste dar. Erst wenn Sie alle Punkte abgehakt haben, gehen Sie zur nächsten Phase.

Beispiel 2

Die Osborn-Checkliste nach Alex Osborn, dem Erfinder des Brainstormings. Die Osborn-Checkliste dient als Anleitung zu angewandtem Einfallsreichtum insbesondere bei der systematischen Generierung von neuen Produkten und Prozessen. Alle Fragen können in der gegebenen oder in willkürlicher Reihenfolge abgearbeitet werden. Diese Fragen sind geeignet, aus bereits vorhandenen Lösungsansätzen weitere, neue Ideen zu entwicklen oder vorhandene Lösungen nötigenfalls zu optimieren. Sie können diese Checkliste bei Bedarf auch in Phase 3 (Lösung) nutzen.

Abb.: Beispiel Checkliste

Ausgangspunkt: ______________________	**Idee/Möglichkeit**
1. Andere Verwendung? ▶ Gibt es alternative Verwendungen, so wie es ist? ▶ Gibt es alternative Verwendungen, wenn es angepasst wird?	
2. Anpassen? ▶ Was anderes ist so wie dies? ▶ Zu welchen anderen Ideen/Verwendungen regt es an? ▶ Gibt es Parallelen in der Vergangenheit? ▶ Was kann ich kopieren? ▶ Wen kann ich nachahmen, was kann ich nachbilden?	
3. Abwandeln/Ändern? ▶ Neue Wendung, Drall, Richtung? ▶ Ändere Bedeutung, Farbe, Bewegung, Richtung, Ton, Geruch, Form, Ausformung! ▶ Gib ihm andere Formen, Geometrien!	
4. Vergrößern? ▶ Was kann ich hinzufügen/vervielfältigen (duplizieren, übertreiben, aufbauschen)? ▶ Was entsteht in längererem Zeitraum, -zyklus; größeren Zeitrahmen? Höhere Frequenz, häufigeres Auftreten? ▶ Was kann ich vergrößern (stabiler, fester, stärker, höher, länger, dicker, wertiger, fähiger machen)?	
5. Verkleinern? ▶ Was kann ich verkleinern (miniaturisieren, verflachen, verkürzen, weglassen, auslassen, abspecken, leichter machen, kompakter machen, kondensieren)? ▶ Was kann ich untertreiben, unterbewerten, abwerten? ▶ Was ist abziehbar/aufteilbar (rationalisieren, windschlüpfiger machen)?	
6. Ersetzen? ▶ Wen oder was stattdessen? ▶ Andere Zutaten, Ingredienzien, Inhaltsstoffe, Betriebsstoffe, Materialien? ▶ Anderer Prozess, Herstellung, Abbau? ▶ Andere Energie, Antriebsquelle? ▶ Anderer Ort? ▶ Bedingungen? ▶ Anderer Klang, Ton, Stimme?	

7. Umordnen? ▶ Komponentenaustausch? ▶ Anderes Schema, Dekor, Modell, Erscheinung? ▶ Anderes Layout? ▶ Andere Reihenfolge? ▶ Ursache und Wirkung vertauschen? ▶ Schritte, Stufen, Tempo wechseln? ▶ Ablauf, Raster verändern?	
8. Kombinieren? ▶ Kann ich daraus größere oder kleinere Einheiten bilden? ▶ Kann ich dies mit anderen Personen (Absichten, Ziele, Einsatzbereiche, Ansprüche) umsetzen? ▶ Kann ich die Idee mit anderen Ideen, Ansätze, Teillösungen kombinieren?	
9. Umkehren? ▶ Positiv und negativ umgruppieren? ▶ Was ist mit dem Gegenteil? ▶ Von hinten aufzäumen? ▶ Auf den Kopf stellen? ▶ Rollen oder Aufgaben vertauschen? ▶ Die Schuhe des anderen anziehen? ▶ Den Spieß umdrehen? ▶ Einweg zu Mehrweg? Mehrweg zu Einweg? ▶ Was ist mit einer Mischung, einer Legierung, einer Auswahl, einer Ansammlung?	
10. Transformieren? ▶ Kann ich es ausdehnen, durchleuchten, zusammenpressen, härten, verflüssigen, in Gas verwandeln?	

Step 1: Punkte zusammenstellen

Anwendung

Für Checklisten, die nur einmal verwendet werden, etwa für die Umsetzung eines Projekts, erarbeiten Sie mit Hilfe des *Brainstormings* oder auf der Grundlage von Diskussionen, welche Punkte oder Aktivitäten erforderlich sind. Dabei empfiehlt es sich, mit W-Fragen zu arbeiten:

- Wann? (z.B.: Wann tritt das Problem auf?)
- Wo? (z.B.: Wo tritt das Problem auf?)
- Wie? (z.B.: Wie tritt das Problem auf? Wie oft tritt das Problem auf?)
- Was? (z.B.: Was wird beschädigt?)
- Wer? (z.B.: Wer ist am Problem beteiligt? Wer ist von dem Problem betroffen?)
- Welche?

Für Checklisten, die Arbeits-/Prüfschritte in einem Routineprozess beschreiben, empfiehlt es sich, den Prozess einmal durchzuführen und dabei alle wichtigen Punkte zu notieren.

Step 2: Liste erstellen

Stellen Sie aus den Punkten, die Sie für wichtig erachten, ggf. nach Kategorien sortiert, eine Liste zusammen.

Step 3: Bearbeitung

Prüfen Sie die einzelnen Punkte bzw. arbeiten Sie diese ab.

Praxistipp

▶ Im Gegensatz zum Brainstorming geht es bei der Erarbeitung der Checkliste um die Erstellung einer präzisen, vollständigen Liste. Diskussionen, ob ein Punkt auf die Liste gehört oder nicht, sind hier ausgesprochen wichtig.

Präsentation

Checklisten sind gängige Instrumente und Teammitgliedern in der Regel bekannt. Sie können das Tool kurz anhand des Flipcharts mit den Schlüsselpunkten zur Präsentation des Werkzeugs darstellen.

Abb.: Schlüsselpunkte

Übung

Übung 1

Fragen Sie die Teilnehmer, welche Checklisten sie aus ihrem (Berufs-)Alltag kennen. Wie wurden diese erstellt? Was war bei der Erstellung wichtig/hilfreich?

Übung 2

Lassen Sie die Teilnehmer eine Checkliste zur Vorbereitung der Einkommensteuererklärung erstellen.

Übung 3

Lassen Sie die Teilnehmer eine Checkliste für einen Strand- und Badeausflug im Sommer erstellen. Mögliches Ergebnis der Übung:

Kleidung	Kosmetik	Sonstiges	Verpflegung
▶ Badesachen ▶ Jeans ▶ Schuhe ▶ Strandschuhe ▶ Unterwäsche ▶ Socken ▶ Sonnenhut	▶ Sonnencreme ▶ After-Sun-Lotion ▶ Shampoo	▶ Walkman ▶ 2 Handtücher ▶ Taucherbrille ▶ Bücher ▶ Sonnenbrille ▶ Geld ▶ Kreditkarte ▶ Sonnenschirm ▶ Wasserball	▶ Obst ▶ Wasserflasche

Folgende W-Fragen waren dabei behilflich:

- Was muss ich mitnehmen?
- Was möchte ich mitnehmen?
- Was möchte ich am Strand tun (z.B. Faulenzen, Lesen, Baden, Spielen, Essen)?
- Wie lange soll der Ausflug dauern?
- Wer kommt mit (ich allein oder ganze Familie)?

Moderatorenhinweis

Anspruch

Leicht: Checklisten sind sehr verbreitete Werkzeuge. Anspruchsvoll ist bei der Erarbeitung, die Vollständigkeit sicherzustellen (siehe Praxistipp).

Zeitbedarf

Vorstellung des Tools:	5-10 Minuten
Anwendung des Tools:	15 - 30 Minuten; je nach Komplexität des Themas.

Gruppengröße

Die Erarbeitung einer Checkliste eignet sich je nach Komplexität des Themas für eine Einzelarbeit oder eine Gruppenarbeit mit 3-6 Teilnehmern.

Phaseneinsatz

Checklisten sind in jeder Phase der Problemlösungsmoderation einsetzbar. Besonders eignen sie sich als Basis für den *Datenerfassungsplan* (Phase 2) oder für den *Maßnahmenplan* bei der Planung der Durchführung der Lösung (Phase 3).

Weiterarbeit

Je nach Fragestellung und Phase sind Folge-Tools wie *Datenerfassungsplan, Kommunikationsplan* oder *Maßnahmenplan* denkbar.

Datenerfassungsplan

Das Tool

Die Sammlung und Erhebung von Daten zur Problemanalyse ist sehr aufwendig. Bei der Erhebung von Daten ist daher strukturiertes, systematisches Vorgehen notwendig. Bevor ein Team mit der eigentlichen Datensammlung beginnt, sollte es sich klar machen, welche Daten in welcher Form tatsächlich benötigt werden. Dazu eignet sich das Tool „Datenerfassungsplan".

Die zu erfassenden Daten sollten folgende Merkmale aufweisen:
- ausreichend/aussagefähig
- relevant
- repräsentativ

Beispiel

Muster für einen Datenerfassungsplan:

Was?	Warum?	Woher?	Wie?	Wer?	Wann?

Abb.: Beispiel Datenerfassungsplan

Anwendung

Step 1: Was?

Legen Sie, zum Beispiel anhand einer Checkliste, fest, welche Informationen Sie benötigen. (Was?)

Step 2: Warum?

Überprüfen Sie, warum Sie diese Daten benötigen. Wenn Sie sich darüber im Klaren sind, können Sie sicher sein, dass Sie auch die richtigen Daten erfassen. (Warum?)

Step 3: Woher?

Stellen Sie fest, woher Sie die benötigten Daten bekommen. Erfinden Sie das Rad nicht neu, sondern arbeiten Sie so viel wie möglich mit Daten, die bereits erfasst worden sind. (Woher?)

Step 4: Was fehlt?

Bei Daten, die noch fehlen, legen Sie fest, wie diese zu erheben sind. Entwerfen Sie entsprechende Formulare zur manuellen Erfassung (Tool: *Prüfbogen*) oder Vorgaben für den IT-Bereich.

Step 5: Wer, wann?

Vereinbaren Sie Termine und benennen Sie Verantwortliche aus dem Team für die einzelnen Aufgaben (Wer? Wann?)

Praxistipps

Denken Sie bei der Erfassung von Daten (Was?) nicht nur an quantitative Größen. Es gibt unterschiedliche Arten von Daten:

- Zahlen: Zahlen sind gut für Mess- und Vergleichszwecke geeignet, z.B. Umsatzzahlen, Durchlaufzeiten, Service-Levels.
- Worte: Beschreibungen von Prozessen, Beschlüssen, Anleitungen, Protokollen etc. sind ebenfalls wichtige Informationsträger.
- Bilder: Bilder können Abläufe, Strukturen und Beziehungen oft besser visualsieren und stellen ebenfalls wichtige Informationsträger dar.

Präsentieren Sie das Tool/die Vorgehensweise wie folgt:

Präsentation

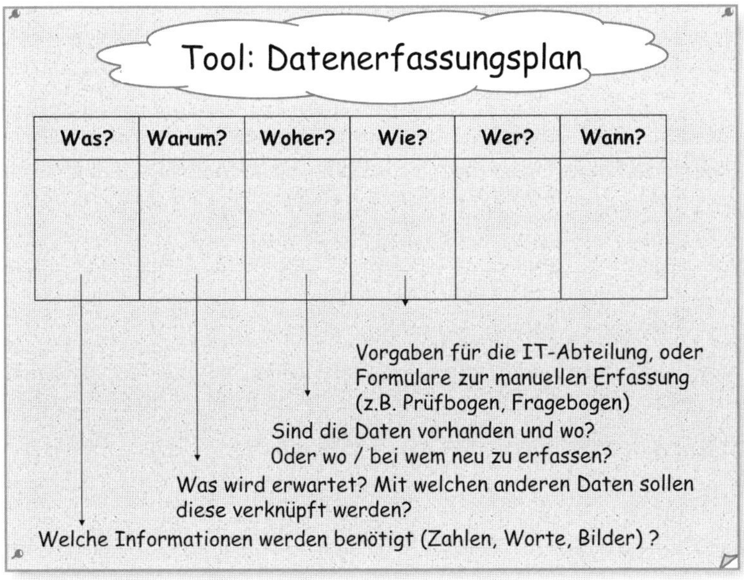

Abb.: Schlüsselpunkte

Übung

Je nach Erfahrung der Gruppe und Komplexität des Themas kann es sinnvoll sein, die Anwendung des Datenerfassungsplans anhand eines neutralen Themas zu üben.

Beispiel 1: Wartezeiten

Sie sind Mitglieder einer Qualitätsarbeitsgruppe in einem Supermarkt. Das Geschäft läuft gut, aber in letzter Zeit kam es immer häufiger zu Kundenbeschwerden über zu lange Wartezeiten an den Kassen.

Beispiel 2: Raumnot

Als Mitarbeiter der Inosys GmbH beschäftigen Sie sich mit Platzmangel in Ihrem Büro. Ihre Verwaltungsräume platzen aus allen Nähten. Die 20 Mitarbeiter und Führungskräfte sind auf engstem Raum untergebracht. Darüber hinaus gibt es Probleme mit Unordnung und dem Müll. Alle Ablageflächen sind bedeckt mit Akten, Unterlagen, Kartons, Wasserflaschen und Gläsern.

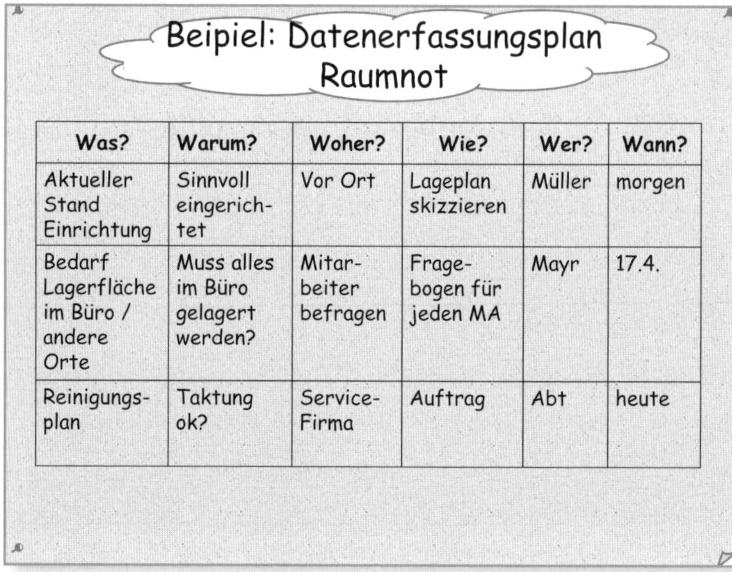

Beipiel: Datenerfassungsplan Raumnot

Was?	Warum?	Woher?	Wie?	Wer?	Wann?
Aktueller Stand Einrichtung	Sinnvoll eingerich-tet	Vor Ort	Lageplan skizzieren	Müller	morgen
Bedarf Lagerfläche im Büro / andere Orte	Muss alles im Büro gelagert werden?	Mitar-beiter befragen	Frage-bogen für jeden MA	Mayr	17.4.
Reinigungs-plan	Taktung ok?	Service-Firma	Auftrag	Abt	heute

Abb.: Mögliches Ergebnis der Übung

Moderatorenhinweis

Anspruch

Mittel: Die Analyse und Ursachenermittlung kann nur so gut sein, wie intelligent Daten erhoben wurden. Lückenhaft oder falsch erhobene Daten können an den wahren Ursachen vorbeiführen.

Zeitbedarf

Vorstellung des Tools:	5 Minuten
Anwendung je nach Komplexität der Problems:	15-60 Minuten

Gruppengröße

Der Datenerfassungsplan eignet sich gut für Einzelarbeit oder (Klein-)Gruppenarbeit.

Phaseneinsatz

Der Datenerfassungsplan ist Basiswerkzeug in Phase 2 (Ursachen). Tools, auf denen der Datenerfassungsplan sinnvoll aufbaut, sind neben der *Checkliste* insbesondere das *Ishikawa-Diagramm* oder das *Flowchart*.

Weiterarbeit

Nach der Erfassung der Daten werden die Ursachen mit der *Pareto-Analyse* oder dem *Papiercomputer* herausgearbeitet.

Ergebnisbewertung

Das Tool

Bei der Ergebnisbewertung stellen Sie fest, ob Sie wie geplant vorgegangen sind und die gewünschten Ergebnisse erzielt haben. Darüber hinaus erhalten Sie Anhaltspunkte, was Sie beim nächsten Mal besser machen können („Lessons Learned“).

Beispiel

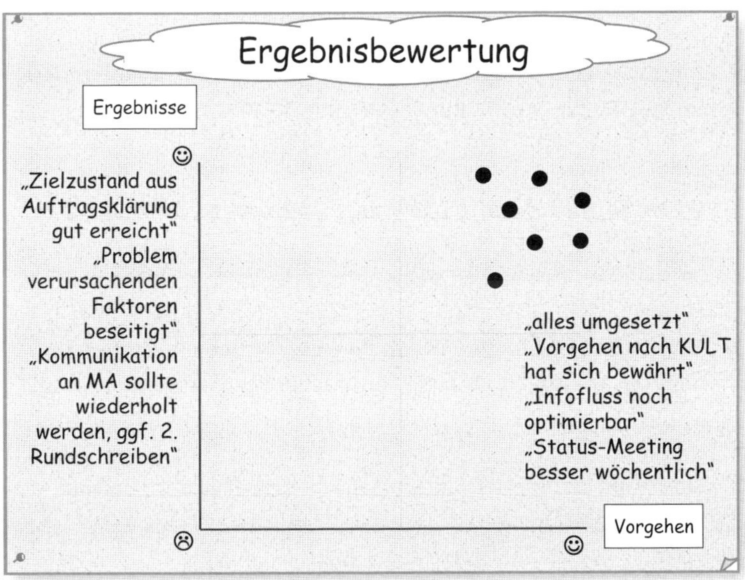

Abb.: Beispiel Ergebnisbewertung

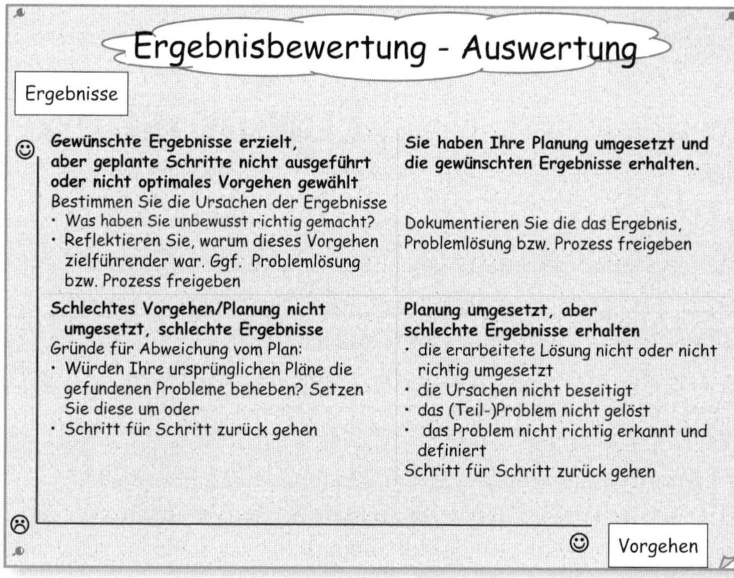

Abb.: Auswertung

Anwendung

Step 1: Diskussion und Einzelarbeit

Erarbeiten Sie mit dem Team, welche Ergebnisse Sie erzielt haben. Bitten Sie jedes Teammitglied, hierzu zunächst in Einzelarbeit folgende Leitfragen mit Stichpunkten zu beantworten:

Ergebnis:
- Wurde der in der Auftragsklärung beschriebene Zielzustand erreicht?
- Wurden die Rahmenbedingungen aus der Auftragsklärung eingehalten?
- Wurden mit der Lösung die in Phase 2 (Ursachen) herausgearbeiteten wichtigen Problem verursachenden Faktoren beseitigt?

Vorgehen:
- Wurde der in Phase 3 (Lösung) erarbeitete Plan hinreichend kommuniziert?
- Wurden alle Maßnahmen umgesetzt?
- War die Vorgehensweise effizient?

Bewerten Sie die Ergebnisse (je nach Komplexität) einzeln oder insgesamt auf einer Skala, z.B. ++/–– oder 1-10. Nutzen Sie hierzu das auf Seite 94 abgebildete Formular.

Step 2: Auswertung im Plenum

Bitten Sie die Teammitglieder, die individuellen Sichtweisen zu benennen und die eigene Bewertung auf einer Pinwand sichtbar zu machen. Halten Sie „O-Töne" (Aussagen der Teammitglieder) fest. Reflektieren Sie mit dem Team die einzelnen Bewertungen.

Step 3: Maßnahmen ableiten

Leiten Sie ggf. die nächsten Schritte aus der auf Seite 95 abgebildeten Matrix zur Ergebnisbewertung ab.

Step 4: Ergebnisbericht

„Lessons Learned" – Fassen Sie in einem Ergebnisbericht zusammen, welche Ergebnisse Sie erreicht und welche Erkenntnisse Sie für das nächste Projekt gewonnen haben.

Einzelarbeit: Ergebnisbewertung

Ergebnis:

- Wurde der in der Auftragsklärung beschriebene Zielzustand erreicht?

  ____

- Wurden die Rahmenbedingungen aus der Auftragsklärung eingehalten?

  ____

- Wurden mit der Lösung die in Phase 2 (Ursachen) herausgearbeiteten wichtigen Problem verursachenden Faktoren beseitigt?

  ____

Persönliche Bewertung des Ergebnisses:

-- |—|—|—|—|—|—|—|—|—|—|—| ++

Vorgehen:

- Wurde der in Phase 3 (Lösung) erarbeitete Plan hinreichend kommuniziert?

  ____

- Wurden alle Maßnahmen umgesetzt?

  ____

- War die Vorgehensweise effizient?

  ____

Persönliche Bewertung des Vorgehens:

-- |—|—|—|—|—|—|—|—|—|—|—| ++

Matrix zur Ergebnisbewertung

Ergebnisse gut, Ziel erreicht?

JA	Sie haben die gewünschten Ergebnisse erzielt, aber die geplanten Schritte nicht ausgeführt oder kein optimales Vorgehen gewählt. Bestimmen Sie die Ursachen der Ergebnisse: ▶ Was haben Sie unbewusst richtig gemacht? Reflektieren Sie, warum dieses Vorgehen zielführender war. Ggf. Problemlösung/Prozess freigeben (Definition des Ergebnisses als Standardprozess).	Sie haben Ihre Planung umgesetzt und die gewünschten Ergebnisse erhalten. ▶ Dokumentieren Sie das Ergebnis. Problemlösung/Prozess freigeben (Definition als Standardprozess).
NEIN	Sie sind nicht sinnvoll vorgegangen, haben nicht umgesetzt, was Sie geplant hatten, und Sie haben schlechte Ergebnisse erhalten. ▶ Was hat dazu geführt, nicht nach Plan vorzugehen? ▶ Würden Ihre ursprünglichen Pläne die gefundenen Probleme beheben? Setzen Sie diese um oder: ▶ Gehen Sie Schritt für Schritt bis zu dem Punkt zurück, der in die falsche Richtung führte, im ungünstigsten Fall bis zum Beginn.	Sie haben getan, was Sie zu tun geplant hatten, haben aber schlechte Ergebnisse erhalten, z.B. haben Sie: ▶ die erarbeitete Lösung nicht oder nicht richtig umgesetzt. ▶ die Ursachen nicht beseitigt. ▶ das (Teil-)Problem nicht gelöst. ▶ das Problem nicht richtig erkannt und definiert. Gehen Sie Schritt für Schritt bis zu dem Punkt zurück, der in die falsche Richtung führte, im ungünstigsten Fall bis zum Beginn.
	NEIN	**JA**

War das Vorgehen sinnvoll?
Sind Sie entsprechend Ihrer Planung vorgegangen?

Praxistipp ▶ Bei weniger komplexen Themen überspringen Sie Step 1 und bitten Sie die Teilnehmer direkt um die Bewertung. Achten Sie dann darauf, dass nicht der Wortführer die erste Bewertung durchführt, da damit die folgenden Beiträge beeinflusst werden.

Präsentation Stellen Sie der Gruppe kurz Ziel, Vorgehensweise, Leitfragen und Auswertung der Ergebnisbewertung vor.

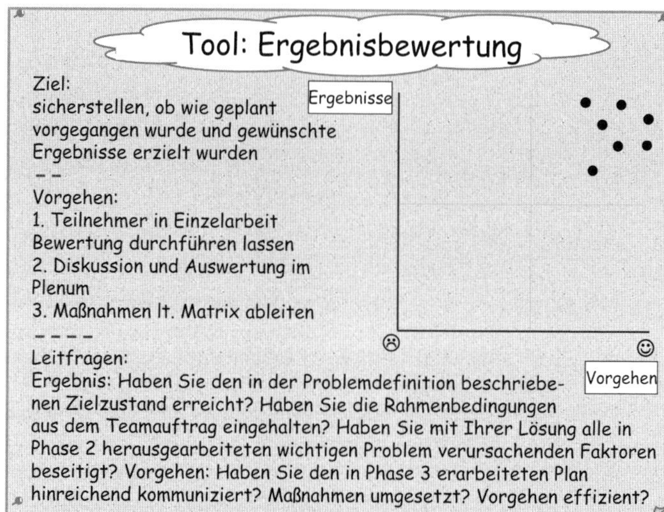

Abb.: Schlüsselpunkte

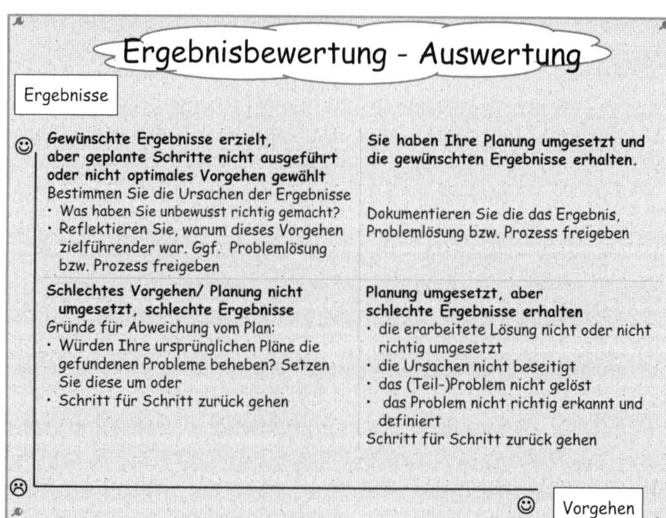

Abb.: Auswertung

Übung

Dieses Tool lässt sich nur schwer an einem fiktiven Beispiel üben. Bitten Sie stattdessen die Teilnehmer, übungshalber eine kurze Sequenz ihrer Zusammenarbeit, z.B. das letzte Meeting, die letzte halbe Stunde der Zusammenarbeit, zu reflektieren.

Moderatorenhinweis

Anspruch

Leicht.

Zeitbedarf

Vorstellung des Tools:	10-15 Minuten
Anwendung je nach Komplexität des Problems:	30-60 Minuten

Gruppengröße

Die Ergebnisbewertung sollte vom gesamten Team durchgeführt werden.

Phaseneinsatz

Die Ergebnisbewertung kommt unmittelbar vor dem Abschluss der 4. Phase (Transfer). Bei negativer Ergebnisbewertung gehen Sie wieder in die entsprechenden Phasen zurück.

Weiterarbeit

Die Phase wird abgeschlossen. Dieser Umstand darf mit dem Team gefeiert werden und bildet möglicherweise den Einstieg in einen neuen KULT-Prozess.

Flowchart

Das Tool

Zu den wichtigsten Instrumenten der Prozessverbesserung gehören Flowcharts (Ablaufpläne/Flussdiagramme). Sie zeigen Arbeitsschritte in der tatsächlichen oder geplanten Reihenfolge. Sie bestehen aus den einfachen Elementen:

Symbol		**Bedeutung**
Rechteck		Aufgabe/Aktivität/Prozessschritt
Raute		Abfrage/Ja-Nein-Entscheidung
Pfeil		Arbeitsfluss/Richtung
Kreis		Beginn/Ende bzw. Input/Output

Flowcharts tragen zum Verständnis von Prozessen bei und helfen, Probleme offenzulegen und Optimierungspotenziale zu bestimmen.

Beispiel

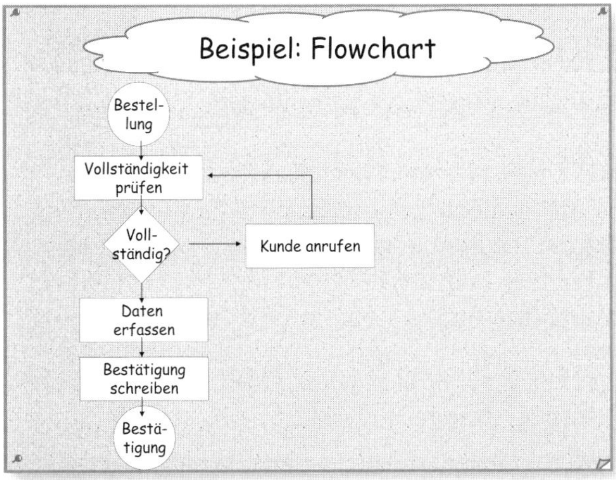

Abb.: Beispiel Flowchart

Ein weiteres – nicht ganz ernst gemeintes – Beispiel:

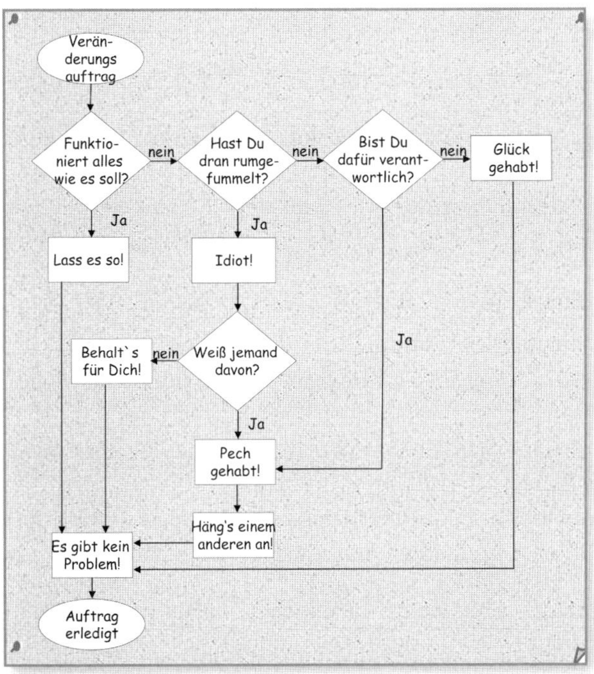

Abb.: Beispiel Flowchart

Step 1: Beginn und Ende festlegen

Anwendung

Legen Sie zuerst Beginn und Ende des zu untersuchenden Prozesses genau fest (Input und Output).

Step 2: Aktivitäten und Entscheidungspunkte sammeln

Sammeln Sie zunächst alle Aktivitäten und Entscheidungspunkte ohne Rücksicht auf die tatsächliche Reihenfolge.

Wichtig: Fragen Sie bei unklaren Teilnehmerbeiträgen immer zurück: Handelt es sich um eine Entscheidung oder um eine Aktivität? Notieren Sie nur die Punkte auf Karten, die

- Entscheidungen sind (mit „?“)
- Aktivitäten sind (mit Verb)

Step 3: In Reihenfolge bringen

Ordnen Sie Aktivitäten und Entscheidungspunkte entsprechend der tatsächlichen Reihenfolge. Markieren Sie die Ablaufrichtung mit Pfeilen. Bei Entscheidungspunkten geht der Standardprozess immer nach unten, die Abfrage wird so formuliert, dass der JA-Pfeil immer nach unten weitergeht und der NEIN-Pfeil immer nach rechts.“

Prüfen Sie das Ergebnis auf

- Vollständigkeit (alle Schritte und Entscheidungen aufgeführt) und
- Richtigkeit (z.B. Reihenfolge).

Step 4: Interpretation

Interpretieren Sie das Diagramm.

- Achten Sie auf ineffiziente Strukturen, Verzögerungen, Engpässe.
- Prüfen Sie, welche Schritte/Entscheidungen wertschöpfend sind und welche nicht.
  Wertschöpfende Schritte bedeuten eine physische Änderung des Produkts, für den die Kunden den Mehrwert zu zahlen bereit sind. „Wertschöpfend“ bedeutet auch, die Leistung wird sofort ordnungsgemäß erbracht.
  Nichtwertschöpfende Schritte sind nicht output-relevant, z.B. Fehler, Versäumnisse, Wartezeiten.

Haben Sie ineffiziente Strukturen, Verzögerungen, Engpässe oder nichtwertschöpfende Schritte entdeckt, prüfen Sie, ob Sie dazu Daten (Mengen, Zeiten, ...) erheben müssen (*Datenerfassungsplan*). Nötigenfalls erarbeiten Sie bei komplexen Aktivitäten weitere Detailschritte.

Praxistipps

- Es ist wichtig, dass die Teammitglieder den zu untersuchenden Prozess genau kennen. Laden Sie, falls erforderlich, weitere Experten dazu ein.
- Achten Sie auf eine einheitliche „Flughöhe" der Aktivitäten. Bei umfangreichen Prozessen wählen Sie zunächst eine abstraktere Ebene, und beschreiben erst im zweiten Durchlauf wichtige Schritte detailliert in getrennten Flowcharts.
- Flowcharts haben eine klare Laufrichtung von oben nach unten.
- Ja-Verzweigungen gehen immer nach unten, Nein-Verzweigungen immer nach rechts.
- Notieren Sie die Aktivitäten und Entscheidungspunkte auf Moderationskarten oder Klebezetteln. Dies erlaubt einfache nachträgliche Änderungen. Die Linien ziehen Sie erst am Schluss, wenn der Ablauf klar ist.

Präsentation

In der Regel ist dieses Tool einigen Teammitgliedern bekannt. Erarbeiten Sie in diesem Fall die Schlüsselpunkte gemeinsam mit dem Team, anderenfalls präsentieren Sie das Tool/die Vorgehensweise wie folgt:

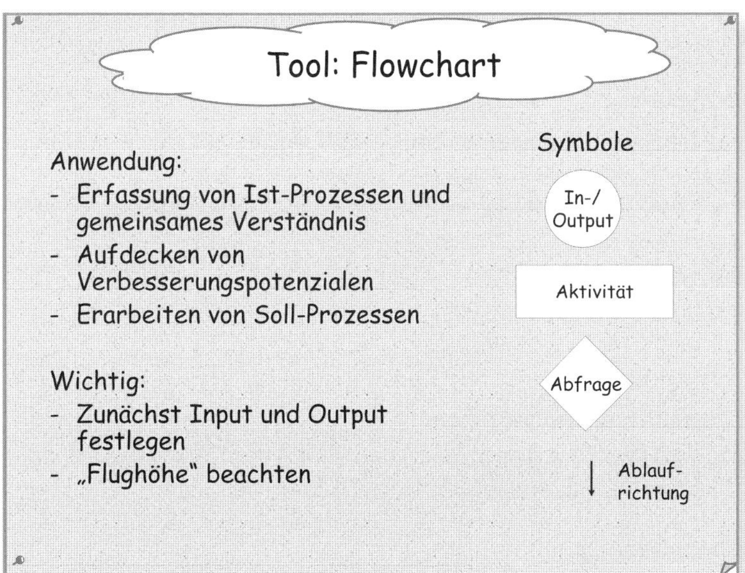

Abb.: Schlüsselpunkte

Übung Je nach Erfahrung der Gruppe kann es sinnvoll sein, die Technik des Flowcharts zunächst zu üben. Themen könnten sein: „Hausbau von der Idee bis zum Einzug" oder „Teilnehmern das Tool Flowchart erklären".

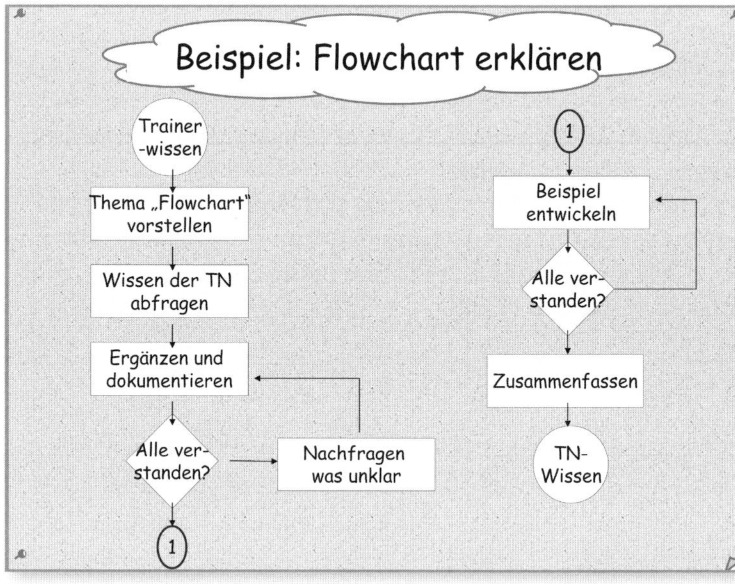

Abb.: Übung – Flowchart erklären

Moderatorenhinweis

Anspruch

Leicht, soweit der Moderator und idealerweise auch die Teammitglieder Verständnis für Prozesse mitbringen.

Zeitbedarf

Vorstellung des Tools:	5 Minuten
Anwendung je nach Komplexität des Problems:	15-60 Minuten

Gruppengröße

Flowcharts werden am besten in Kleingruppen erarbeitet. Wichtig ist, dass für jeden Prozessschritt mindestens ein Teammitglied vertreten ist, das diesen Prozessschritt hinreichend kennt.

Phaseneinsatz

Flowcharts sind vielseitig einsetzbar. In Phase 2 (Ursachen) helfen sie als Einstieg und sind Basis für den *Datenerfassungsplan* oder führen direkt zu den Problem verursachenden Faktoren.

Sie eignen sich auch für den Einstieg in den Problemlösungsprozess in Phase 1 (Klärung), um Probleme zu identifizieren oder zur Definition eines Sollprozesses bei der Beschreibung der Lösung (Phase 3).

Weiterarbeit

Aufgrund der vielfältigen Einsatzmöglichkeiten kommen die unterschiedlichsten Tools zur Weiterbearbeitung in Frage. In Phase 1 (Klärung) kann dies die *Mehrfachabstimmung* zur Auswahl des Problems, in Phase 2 (Ursachen) der *Datenerfassungsplan*, in Phase 3 (Lösung) z.B. die *Kraftfeldanalyse* sein.

Ishikawa-Diagramm

Das Tool Die Erarbeitung des Ishikawa-Diagramms gleicht einem strukturierten Brainstorming-Prozess.

Das Ishikawa-Diagramm visualisiert die möglichen Ursachen eines Problems. Die Einzelursachen werden fischgrätenartig mit einigen wenigen Hauptursachen verbunden. Es wird immer dann eingesetzt, wenn ein Problem viele mögliche Ursachen hat, wenn die Analyse schwer einzugrenzen ist und die Beziehungen zwischen den möglichen Ursachen nicht deutlich sind.

Häufig werden während der Arbeit an Optimierungsprojekten die erstbesten Schlussfolgerungen als Arbeitsgrundlage angenommen, ohne die Ursachen wirklich gründlich untersucht zu haben. Die abzuleitenden Maßnahmen können damit nur auf offensichtliche Ursachen ausgerichtet werden und das Problem nicht abschließend lösen. Das Ishikawa-Diagramm kann diesem Fehler entgegenwirken.

Das Ishikawa-Diagramm (benannt nach seinem Erfinder, dem japanischen Chemiker und „Qualitäts-Guru“ Dr. Kaoru Ishikawa) findet man in der Literatur auch unter:

- Ursache-Wirkungs-Diagramm (nach seinen Inhalten)
- Fishbone- oder nach der deutschen Übersetzung Fischgräten-Diagramm (nach seinem Aussehen)

Nach Ishikawa sind die gängigsten Ursachenkategorien die „4Ms“ – Menschen, Maschinen, Methoden und Materialien. Diese Kategorien sind – zumindest im übertragenen Sinn – auf die meisten Probleme anwendbar und gewährleisten, dass die wichtigsten Ursachen im Diagramm berücksichtigt werden. Weitere Ursachenkategorien können

„Mutter Natur" sein, also der weitere Kontext oder die Umgebung, die Einfluss auf das Problem nimmt oder „Management"-Themen wie Führung, Unternehmenspolitik ...

Beispiel

Das KULT-Team eines Automobilherstellers untersucht das Problem der so genannten Montagsautos:

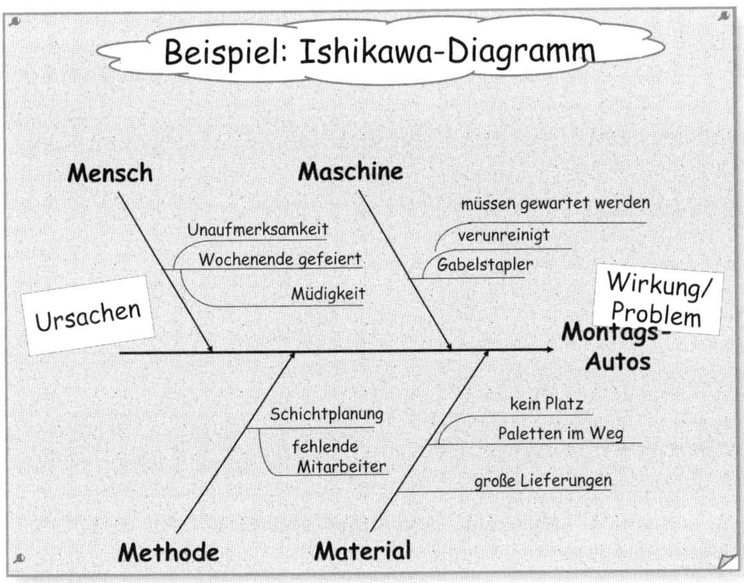

Abb.: Beispiel Ishikawa-Diagramm

Anwendung

Step 1: Diagramm erstellen

Erstellen Sie ein leeres Diagramm auf einer Pinwand. Schreiben Sie das Problem oder die Problembeschreibung auf die rechte Seite. Zeichnen Sie einen langen, waagerechten Pfeil auf das Problem. Für die Hauptursachen zeichnen Sie im Winkel von 45° angeordnete Abzweigungen, die das eigentliche Fischskelett bilden.

Step 2: Hauptursachen bestimmen

Bestimmen Sie die möglichen Hauptursachen (Ursachenkategorien). Nutzen Sie dazu die „4Ms" oder erarbeiten Sie mit der Gruppe andere/weitere Hauptkategorien.

Step 3: Einzelursachen zuordnen

Sammeln Sie mit der Brainstorming-Technik einzelne Ursachen und ordnen diese den Hauptursachen zu. Fügen Sie weitere Gräten hinzu, um Ursachen tieferer Ebenen zu ergänzen.

Step 4: Ergebnisse auswerten

Werten Sie das Ergebnis aus:

- Betrachten Sie die möglichen Ursachen und identifizieren Sie diejenigen, die am wahrscheinlichsten zu Ihrem Problem beitragen.
- Müssen diese möglichen Ursachen näher analysiert werden? Sind Messungen nötig?
- Prüfen Sie, zu welcher dieser Ursachen Sie tatsächlich Maßnahmen ergreifen würden/können.
- Wenn Ihnen diese Überlegungen nicht bei der Eingrenzung Ihrer Ursachenliste helfen, treffen Sie einen Mehrheitsentscheid (Tools: *Affinitätendiagramm/Mehrfachabstimmung*).

Praxistipps

- Die „4Ms" sind – zumindest im übertragenen Sinn – auf die meisten Probleme anwendbar. Wir empfehlen, mit diesen Hauptkategorien zu arbeiten. Sie sind frei, weitere Hauptkategorien zu ergänzen. Wenn Sie die Hauptkategorien mit der Gruppe erarbeiten, achten Sie darauf, dass alle aufgelistet sind und orientieren Sie sich anschließend zur Prüfung der Vollständigkeit an den „4Ms".

- In den meisten Fällen ist es nicht wichtig, welcher Kategorie eine bestimmte Ursache zugeordnet wird, sondern dass sie überhaupt benannt wird.

Präsentation

Stellen Sie kurz die Besonderheiten des Ishikawa-Diagramms vor, z.B. mit unten abgebildeter Vorlage, die Sie im Anschluss für die Anwendung des Tools weiternutzen können.

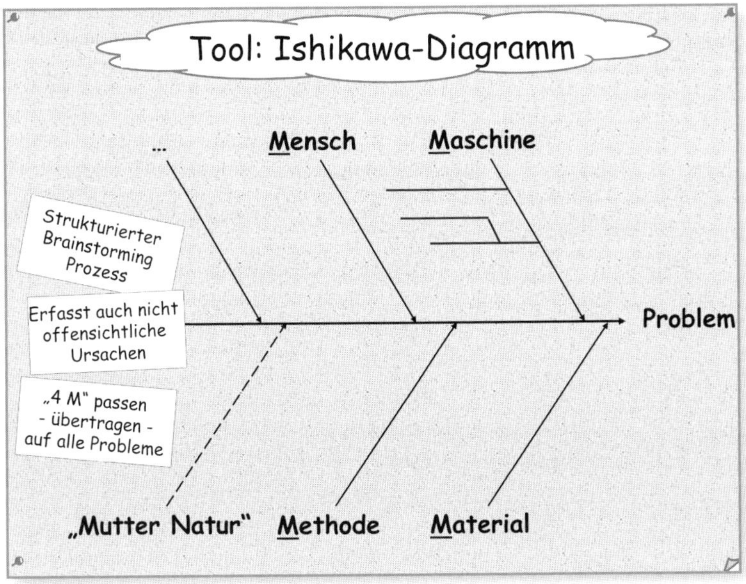

Abb.: Schlüsselpunkte

Übung

Je nach Erfahrung der Gruppe und Komplexität des Themas kann es sinnvoll sein, die Anwendung des Ishikawa-Diagramms anhand eines neutralen Themas zu üben.

- Täglich um 10.30 Uhr sinkt die Produktivität in der Großgärtnerei „Roses and more" auf ein Minimum ab. Tragen Sie die möglichen Problem verursachenden Faktoren in ein Ishikawa-Diagramm ein.
- Erstellen Sie ein Ishikawa-Diagramm, das die Gründe für den morgendlichen Stau am Elzer Berg verdeutlicht.
- Analysieren Sie mit Hilfe eines Ishikawa-Diagramms, warum Alcopops bei Jugendlichen so beliebt sind.

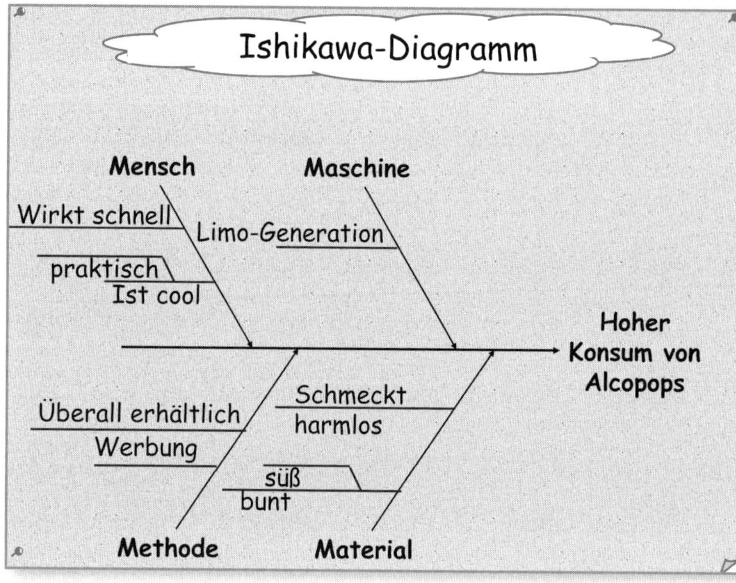

Abb: Übung – Ishikawa-Diagramm

Moderatorenhinweis

Anspruch

Leicht.

Zeitbedarf

Vorstellung des Tools:	5 Minuten
Anwendung je nach Umfang der Daten:	10-30 Minuten

Gruppengröße

Die Erarbeitung eines Ishikawa-Diagramms eignet sich gut für die Gruppenarbeit. Die Gruppengröße ist ideal bei 6 und sollte 12 Teilnehmer nicht übersteigen.

Phaseneinsatz

Ishikawa-Diagramme werden insbesondere in Phase 2 (Ursachen) verwendet, als Einstieg und Basis für den *Datenerfassungsplan* oder im letzten Schritt (wichtigste Problem verursachende Faktoren), um das Problem und die verursachenden Faktoren zu verstehen.

Weiterarbeit

Es gibt vielfältige Möglichkeiten, um mit den Ergebnissen des Ishikawa-Diagramms weiterzuarbeiten, z.B. mit Hilfe des *Datenerfassungsplans* oder über *Mehrfachabstimmung*.

Kommunikation

Das Tool

Kommunikation wird immer dann eingesetzt, wenn es darum geht, Stakeholder (Anspruchsberechtigte) in Zweiergesprächen oder kleinen Gruppen zu informieren oder deren Zustimmung und Unterstützung zu gewinnen. Es ist somit Grundlage für die Vorbereitung der die Problemlösemoderation begleitenden Kommunikationsprozesse, insbesondere in Phase 1 (Klärung) und Phase 4 (Transfer).

Auch wenn es selbstverständlich erscheint, zu kommunizieren, erlebt man häufig in der Praxis – auch im Problemlösungsprozess –, dass Kommunikation zu selten, zu spät oder zu unstrukturiert erfolgt. Deshalb wird Kommunikation hier als ein eigenständiges Tool beschrieben. Die zu kommunizierenden Inhalte sind die Ergebnisse der bisherigen KULT-Phasen.

Die Vorbereitung kann sich an dem Modell der 4 Seiten einer Nachricht von Friedemann Schulz von Thun orientieren. Schulz von Thun hat Paul Watzlawicks Thesen „Man kann nicht nicht kommunizieren" und „Kommunikation hat stets einen Inhalts- und Beziehungsaspekt" zu dem Modell der vier Seiten einer Nachricht weiterentwickelt, welches folgende Aspekte enthält:

- Die Sachinformation (worüber spreche ich)
- Die Selbstaussage (was sage ich dabei über mich)
- Die Beziehungsebene (was halte ich von meinem Gesprächspartner und wie stehe ich zu ihm)
- Den Appell (was will ich bei meinem Gesprächspartner erreichen)

Beispiel

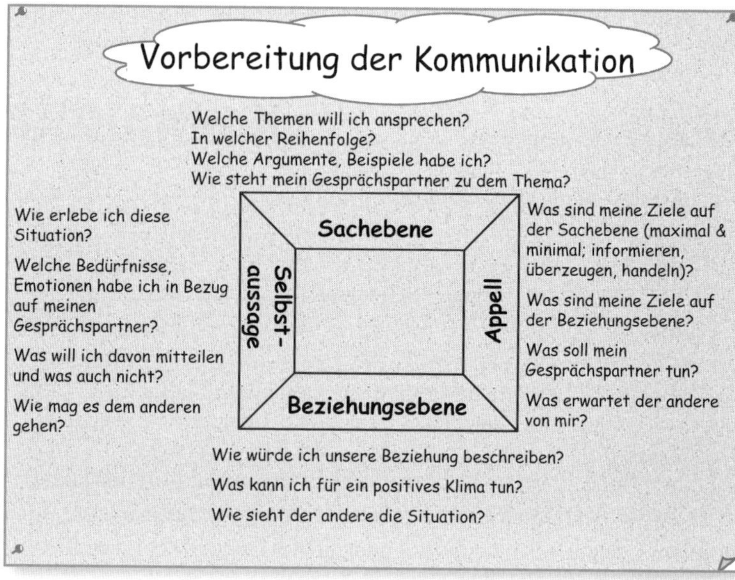

Abb.: Beispiel Kommunikation

Stellen Sie sich vor, Sie müssen einen Abteilungsleiter A von einer Änderung eines Arbeitsprozesses überzeugen, die auch seinen Bereich betrifft. Sie bereiten sich mit Hilfe des Modells der vier Seiten einer Nachricht auf das Gespräch vor.

Sachebene

Blick auf mich
Welche Themen will ich ansprechen?
- Änderung des Arbeitsprozesses X
- Zeitlicher Ablauf
- Anforderungen an die Mitarbeiter von A

Blick auf meinen Gesprächspartner
Wie steht mein Gesprächspartner zu dem Thema?
- Abteilungsleiter A hat ...
  - vermutlich noch wenig Informationen zu dem Thema.
  - schlechte Erfahrungen mit Prozessänderungen gemacht.

Beziehungsebene

Blick auf mich
Wie erlebe ich die Beziehung?
- Freundlich-distanziert – bislang haben wir wenig miteinander zu tun gehabt.

Was könnte ich für die Beziehung tun?
- Nicht gleich mit der Tür ins Haus fallen – Infos vorab zusenden.
- Kennenlernen und integrieren; Aufgabe des anderen würdigen.
- Im Gespräch frage ich die Führungskraft zunächst nach ihrer Meinung und ihren bisherigen Erfahrungen.
- Viel zuhören und Zeit nehmen, damit er sich ernst genommen fühlt.

Blick auf meinen Gesprächspartner
Wie würde mein Gesprächspartner unsere Beziehung beschreiben?
- Skeptisch, bezogen auf meine Funktion, aber nicht auf mich als Person.

Selbstaussage

Blick auf mich
Wie geht es mir?
- Eher unwohl in der Rolle, den anderen überzeugen und das Gespräch führen zu müssen, weil von dessen Unterstützung viel abhängt.
- Ich halte die Pläne für richtig, stehe hinter dem Auftrag.
- Ich verstehe, dass A von der Änderung nicht begeistert ist.

Was davon möchte ich mitteilen?
- Nur die beiden letzten Punkte.

Blick auf meinen Gesprächspartner
Wie geht es meinem Gesprächspartner?
- Er ist verärgert aufgrund der schlechten Erfahrungen.
- Er weiß nicht genau, wie er die Änderungen seinen Mitarbeitern kommunizieren soll.

Appell

Blick auf mich
Was sind meine Sach-Ziele?
- Zustimmung von A zu meiner Lösung.

Was sind meine Ziele auf der Beziehungsebene?
- Ich will das Vertrauen von A gewinnen und ihm Sicherheit geben.

Blick auf meinen Gesprächspartner
Was erwartet der andere von mir?
- Er will ernst genommen werden.
- Er erwartet konkrete Unterstützung bei der Umsetzung.
- Er erwartet evtl. Zugeständnisse (mehr Zeit, mehr Kapazität, ...).

Anwendung

Step 1: Kommunikation festlegen

Entnehmen Sie der Stakeholderanalyse und dem Kommunikationsplan, mit wem Sie mit welchem Ziel in welcher Reihenfolge kommunizieren wollen.

Step 2: Leitfaden bearbeiten

Nutzen Sie die Leitfragen der Vorlage „Vorbereitung der Kommunikation" zur Gesprächsvorbereitung. Erarbeiten Sie folgende Punkte mit der Gruppe, und dokumentieren Sie die Ergebnisse. Hilfreich kann hier die Verwendung eines *Mind Maps* sein.

Sachebene

Blick auf mich	*Blick auf meinen Gesprächspartner*
Welche Themen will ich ansprechen? ▶ ... In welcher Reihenfolge? ▶ ... Welche Argumente, Beispiele habe ich? ▶ ...	Wie steht mein Gesprächspartner zu dem Thema? ▶ ...

Beziehungsebene

Blick auf mich	*Blick auf meinen Gesprächspartner*
Wie würde ich unsere Beziehung beschreiben? ▶ ... Was könnte ich für die Beziehung tun? ▶ ...	Wie würde mein Gesprächspartner unsere Beziehung beschreiben? ▶ ...

Selbstaussage	
Blick auf mich Wie erlebe ich diese Situation? ▶ ... Wie geht es mir? ▶ ... Welche Bedürfnisse, Emotionen habe ich in Bezug auf meinen Gesprächspartner? ▶ ... Was davon möchte ich mitteilen? ▶ ...	*Blick auf meinen Gesprächspartner* Wie geht es meinem Gesprächspartner? ▶ ...

Appell	
Blick auf mich Was sind meine Sach-Ziele (maximal & minimal; informieren, überzeugen, handeln)? ▶ ... Was sind meine Ziele auf der Beziehungsebene? ▶ ... Was soll mein Gesprächspartner tun? ▶ ...	*Blick auf meinen Gesprächspartner* Was erwartet der andere von mir? ▶ ...

Step 3: Gesprächsführung

Orientieren Sie sich bei der Gesprächsführung an folgenden Phasen:

- Einstieg
  - Begrüßung
  - Small Talk – dient der Einstellung auf den Gesprächspartner und das anstehende Gespräch
  - Rahmen (Passt es jetzt?) und voraussichtliche Gesprächsdauer erklären
  - Thema und Ziele auf Sachebene ansprechen
- Hauptteil
  - Eigene Standpunkte/Themen darstellen und dabei immer gleichzeitig ...

- Standpunkte des anderen verstehen: Zuhören auf Sachebene und Selbstaussage

▶ Abschluss
  - Offene Punkte klären (Welche Fragen gibt es noch von Ihrer Seite?)
  - Vereinbarungen wiederholen und bestätigen lassen
  - Gesprächsergebnis zusammenfassen
  - Danke für die Zeit und das Gespräch
  - Gespräch in positiver Atmosphäre beenden

Step 4: Gesprächsauswertung

Werten Sie das Gespräch aus:

▶ Appell
  - Habe ich meine Ziele erreicht?

▶ Sachebene
  - Welche inhaltlichen Aspekte will ich berücksichtigen/ändern/anpassen?
  - Welche Aktivitäten folgen aus dem Gespräch?

▶ Beziehungsebene
  - War mein Gesprächsverhalten konstruktiv und zielführend?
  - Welche Erkenntnisse habe ich über die Sichtweisen meines Gesprächspartners zur Sache, zu ihm gewonnen?

▶ Selbstaussage
  - Wie erlebte ich die Situation?
  - Welche Bedürfnisse, Emotionen habe ich in Bezug auf meinen Gesprächspartner?
  - Was will ich davon mitteilen und was auch nicht?
  - Wie mag es dem anderen gehen?

Praxistipps

Zur Gesprächsvorbereitung

▶ Versuchen Sie unbedingt durch einen Perspektivenwechsel wesentliche Aspekte der Sichtweise Ihres Gesprächspartners zu erkennen.

Im Gespräch

▶ Erklären Sie Hintergründe, denn transparente Informationen schaffen nicht nur Sicherheit, sondern auch Verständnis für Ihre Situation und Vorgehensweise.

- Stellen Sie Ihre Sachverhalte nutzenorientiert, verständlich, kurz und knapp dar.
- Hören Sie Ihrem Gesprächspartner erst einmal zu und lassen Sie ihn ausreden. Sie nehmen sich für ihn Zeit und erhöhen so die Chance, dass Ihr Gesprächspartner auch Ihnen zuhört. Zudem schaffen Sie so eine Atmosphäre von Vertrauen und Zuversicht.
- Bleiben Sie auch bei Widerständen und Einwänden verständnisvoll, indem Sie aktiv zuhören (Erläuterung ab S. 260).
- Fragen Sie den Gesprächspartner nach seinem Ziel und nach seinen Vorschlägen bzw. Vorstellungen. So zeigen Sie, dass Sie ihn ernst nehmen und sein Misstrauen schwindet.
- Stellen Sie Fragen zum Verständnis der Situation und der Bedürfnisse des anderen.

Präsentation

Folgendes Arbeitsblatt und folgende Pinwand mit Schlüsselpunkten zur Präsentation des Tools können Sie nutzen:

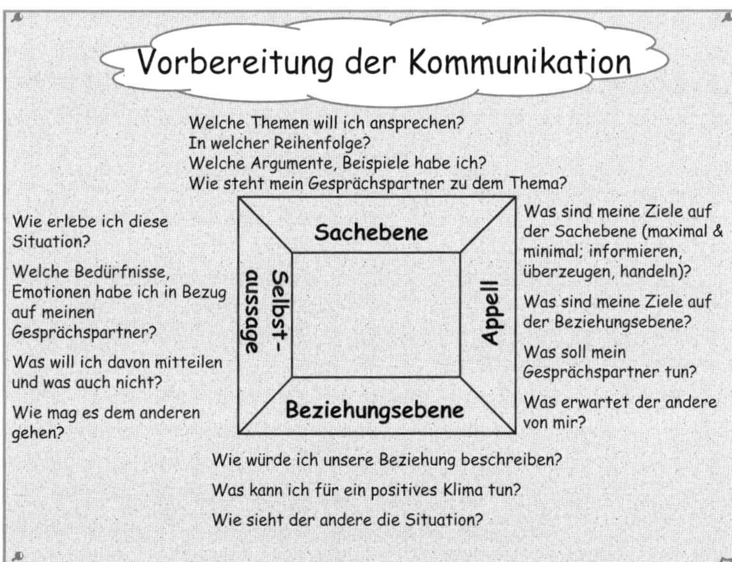

Abb.: Schlüsselpunkte

Übung Führen Sie mit der Gruppe eine Vorbereitung der Kommunikation mit dem Modell der 4 Seiten einer Nachricht zu einem frei gewählten Thema, z.B.:

- Sie wollen Ihre/n Partner/in davon überzeugen, dieses Jahr getrennt Urlaub zu machen
- Sie wollen bei Ihrer Führungskraft eine Gehaltserhöhung erreichen

Sachebene

Blick auf mich	*Blick auf meinen Gesprächspartner*
Welche Themen will ich ansprechen? ▶ ... In welcher Reihenfolge? ▶ ... Welche Argumente, Beispiele habe ich? ▶ ...	Wie steht mein Gesprächspartner zu dem Thema? ▶ ...

Beziehungsebene

Blick auf mich	*Blick auf meinen Gesprächspartner*
Wie würde ich unsere Beziehung beschreiben? ▶ ... Was könnte ich für die Beziehung tun? ▶ ...	Wie würde mein Gesprächspartner unsere Beziehung beschreiben? ▶ ...

Selbstaussage

Blick auf mich
Wie erlebe ich diese Situation?
- ...

Wie geht es mir?
- ...

Welche Bedürfnisse, Emotionen habe ich in Bezug auf meinen Gesprächspartner?
- ...

Was davon möchte ich mitteilen?
- ...

Blick auf meinen Gesprächspartner
Wie geht es meinem Gesprächspartner?
- ...

Appell

Blick auf mich
Was sind meine Sach-Ziele (maximal & minimal; informieren, überzeugen, handeln)?
- ...

Was sind meine Ziele auf der Beziehungsebene?
- ...

Was soll mein Gesprächspartner tun?
- ...

Blick auf meinen Gesprächspartner
Was erwartet der andere von mir?
- ...

Moderatorenhinweis

Anspruch

Einfach und schwer: Jeder kommuniziert laufend mit anderen und verfolgt dabei Ziele und trotzdem kann nichts schwerer sein, als andere von eigenen Ideen zu überzeugen.

Zeitbedarf

Vorstellung des Tools:	10 Minuten
Anwendung des Tools:	
Vorbereitung	10-30 Minuten
Durchführung	20-60 Minuten

Gruppengröße

Die Vorbereitung der Kommunikation kann in Einzel-, aber auch in Gruppenarbeit durchgeführt werden. Die Gruppe kann hier für alle 4 Seiten und den Perspektivenwechsel bereichernde Aspekte bringen. Die Gruppengröße ist ideal bei drei Personen und sollte sechs Personen nicht überschreiten. Bei der Durchführung der Gespräche sollten Sie sich der Anzahl Ihrer Gesprächspartner anpassen: haben Sie nur einen Gesprächspartner, sollten Sie auch nur als Einzelperson auftreten.

Phaseneinsatz

Grundsätzlich ist Kommunikation in allen Phasen wichtig. Das Tool Kommunikation ist eng verbunden mit dem *Kommunikationsplan* und greift auf Erkenntnisse der *Kraftfeldanalyse* und der *Stakeholderanalyse* zurück. Es ist somit Grundlage für die Vorbereitung der die Problemlösungsmoderation begleitenden Kommunikationsprozesse, insbesondere in Phase 1 (Klärung) und Phase 4 (Transfer).

Weiterarbeit

Die Ergebnisse der Kommunikation sollten im *Kommunikationsplan* festgehalten werden. In Abhängigkeit vom Erfolg der Kommunikation können weitere Gespräche oder *Präsentationen* erfolgen oder es kann die Umsetzung des *Maßnahmenplans* gestartet werden.

Bei Misserfolg kann die Identifizierung anderer Lösungsansätze in Phase 3 (Lösung) notwendig werden.

Kommunikationsplan

Das Tool

Veränderungsprojekte scheitern häufig an der fehlenden Einbindung der Entscheider und der betroffenen Personen. Ein Kommunikationsplan sorgt dafür, dass Sie alle notwendigen Kommunikationsmaßnahmen im Überblick haben. Ziele sind vor allem, die Stakeholder (Anspruchsgruppen – von der Durchführung Betroffene und Entscheider)

- in hinreichendem Maße zu informieren,
- fürs Mitmachen zu gewinnen,
- bei der Umsetzung flankierend zu unterstützen.

Nachdem Sie sich über die Zielgruppe, den Anlass, verbunden mit den Zielen, im Klaren sind, planen Sie einen zeitlich abgestimmten Maßnahmenmix.

Beispiel

Die Personalabteilung (PA) erarbeitet für das neue Zeiterfassungssystem einen Kommunikationsplan zur Einbindung der Mitarbeiter und Führungskräfte. Die Tabelle finden Sie auf der Folgeseite.

Wer soll informiert/ eingebunden werden?	Zu was und mit welchem Ziel?	Wie werden Sie informieren/einbinden?	Durch wen? Bis wann?
Führungskräfte (4)	Information über das neue Zeiterfassungssystem, verbunden mit dem Auftrag, die direkt geführten MA zu informieren	Veranstaltung	Vorstand, Personalabteilung am 05.04.
Führungskräfte (2)	Infopaket zur Information/Einbindung/Motivation der MA	Informationsschreiben	Vorstand 23.04.
Mitarbeiter (3)	Neue Regeln Vorteile des neuen Systems Akzeptanz und Ängste nehmen	Betriebsversammlung	Betriebsrat 07.04.
Betriebsrat (1)	Alle Details/Zustimmung	Vorab schriftliche Unterlagen, dann Sitzung	Personalabteilung 12.01.

Anwendung

Step 1: Personen auswählen

Erarbeiten Sie mit dem Team, wer informiert bzw. eingebunden werden muss. Nutzen Sie das *Brainstorming* oder – so weit vorhanden – greifen Sie auf Ergebnisse der *Kraftfeldanalyse* und der *Stakeholderanalyse* zurück. Legen Sie auch fest, in welcher Reihenfolge diese Personen/Gruppen informiert werden (wer?).

Step2 : Ziele bestimmen

Besprechen Sie im Team, welche Inhalte für die Person/Gruppe wichtig sind und was Sie erreichen wollen (über was und mit welchem Ziel?).

Step 3: Medium festlegen

Legen Sie fest, welches Medium Ihnen für diesen Zweck geeigent erscheint, z.B. E-Mail; Intranet; Rundschreiben; Informationsveranstaltung; schriftliche Unterlagen; Aufsteller; Give-aways etc. (wie?).

Step 4: Verantwortliche festlegen

Legen Sie fest, wer für welche Aktivität verantwortlich ist und bis wann informiert werden muss. Berücksichtigen Sie dabei die in Step 1 festgelegte Reihenfolge (durch wen und bis wann?).

Praxistipps

- Menschen möchten mitreden, mitdenken, einbezogen werden. Wenn Sie dies unberücksichtigt lassen, kann Ihre Lösung unter Umständen scheitern oder Sie benötigen noch mehr Energie, um im Nachhinein mit den Betroffenen zu sprechen.
- Machen Sie sich klar, mit welchen Personen Sie es zu tun haben. Sie sollten wissen, was den Einzelnen oder die Gruppe bewegt. Nutzen Sie hierfür Ihre Erkenntnisse aus der *Kraftfeldanalyse* und der *Stakeholderanalyse*.

Präsentation

Die Notwendigkeit von Information und Kommunikation wird von Mitarbeitern häufig bestätigt, die Nutzung eines Kommunikationsplans meist jedoch für unnötig gehalten. Erarbeiten Sie mit der Gruppe die Vorteile eines solchen Plans, etwa anhand folgenden Musters:

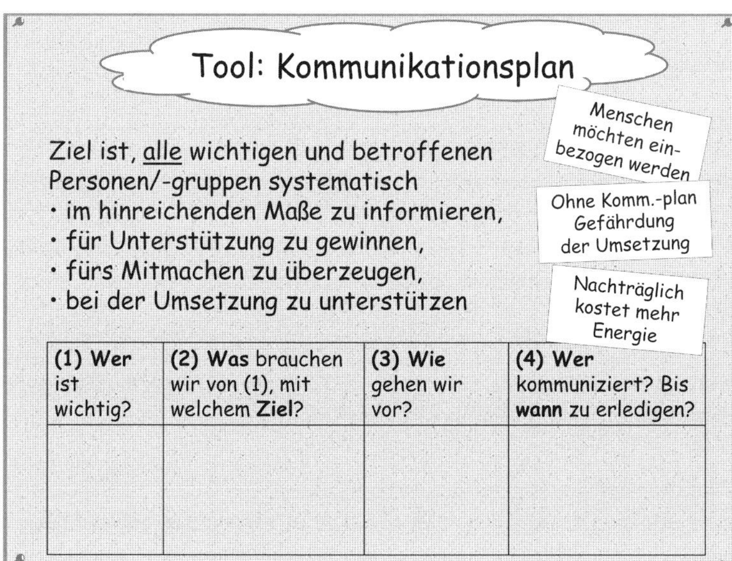

Abb.: Schlüsselpunkte

Übung

Je nach Erfahrung der Gruppe und Komplexität des Themas ist es sinnvoll, das Instrument *Kommunikationsplan* anhand eines neutralen Themas zu üben, z.B.:

- Sie werden eine Versionswechsel Ihrer Standardsoftware (z.B. Windows) durchführen und wollen jetzt darüber informieren.
- Sie führen eine Umstellung auf eine neue Telefonanlage durch, alle Mitarbeiter erhalten neue Apparate.
- Der Elternbeirat der Kindertagesstätte KT 104 hat sich vorgenommen, auf dem Rödelheimer Weihnachtsmarkt durch den Verkauf von selbst gebackenen Plätzchen 150 Euro für ein Spielhaus zu sammeln. Sie benötigen hierfür Beiträge und Zustimmung von vielen Stellen außerhalb der Gruppe.

Wer?	Was, Ziel?	Wie?	Wer, wann ?
Eltern (2.)	Backen, Zutaten	Brief	Jeder bis (Datum)
Eltern (3.)	Hilfe beim Verkauf am Sonntag	Persönliche Ansprache	(Name, Datum)
Veranstalter (1.)	Standgenehmigung	Anruf	(Name, Datum)
Kunden (4.)	„Kommen und kaufen“	Flugblätter	(Name, Datum)
usw.	...	...	...

Moderatorenhinweis

Anspruch

Leicht.

Zeitbedarf

Vorstellung des Tools: 5 Minuten
Anwendung je nach Komplexität des Problems: 15-60 Minuten

Gruppengröße

Die Erstellung eines Kommunikationsplans eignet sich sowohl für Einzel- als auch Kleingruppenarbeit.

Phaseneinsatz

Spätestens in der Phase 4 (Transfer) setzen Sie den Kommunikationsplan ein. Bei komplexen Projekten empfiehlt sich der Einsatz bereits in Phase 1 (Klärung), aufbauend auf den Ergebnissen der *Stakeholderanalyse*.

Weiterarbeit

Umsetzung des Plans, ggf. Erstellung von *Präsentationen* oder Vorbereitung von Gesprächen (*Kommunikation*). Keine direkte Weiterbearbeitung in der Gruppe. Abschluss des Projekts mit *Regelkarten* und Ergebnisbericht.

Kraftfeldanalyse

Das Tool

Die Kraftfeldanalyse geht auf Arbeiten des Psychologen Kurt Lewin (1890-1947) zurück.

Die Kraftfeldanalyse ist ein wichtiges Werkzeug, um einen Eindruck von den Faktoren zu gewinnen, die einer Lösung hinderlich oder förderlich sein können. Auf diese Weise können Maßnahmen identifiziert werden, die für die Gewährleistung des Erfolges nötig sind und diese sind wiederum Grundlage für den *Maßnahmenplan* und *Kommunikationsplan*.

Die Kraftfeldanalyse wird als Methode zur Sammlung, Diskussion und Handhabung der fördernden und behindernden Kräfte für die geplante Lösung verwendet. Die Kräfte, die Ihnen bei der Durchführung des Planes helfen, sind Antriebskräfte. Im Gegenzug werden die Kräfte, die Ihrem Plan entgegenwirken, als Hemmkräfte bezeichnet. Und genau diese Hemmkräfte sind es, auf die besonders geachtet werden muss.

Zu Beginn der Kraftfeldanalyse schreiben Sie die aktuelle Situation und die angestrebte Lösung über ein T-Kreuz auf eine Pinwand. Sinnbildlich treiben die Antriebskräfte den vertikalen Balken nach rechts in Richtung „angestrebte Lösung", die Hemmkräfte dagegen drücken den vertikalen Balken nach links auf die Position „aktuelle Situation".

Beispiel

Der Qualitätszirkel eines Krankenhauses plant den Kauf und die Installation eines Elektronentomographen. Ziel ist ein besserer

Kundennutzen (Preis/Leistung) als bei vergleichbaren Diagnostikgeräten. In einem zweiten Schritt will die Gruppe Maßnahmen erarbeiten, mit denen sie die Antriebskräfte (treibende Kräfte) verstärken und die Hemmkräfte reduzieren kann.

Treibende Kräfte	Hemmende Kräfte
Geringe Patientenbelastung →	← Hohe Investitionskosten
Bessere Diagnosemöglichkeiten →	← Leere öffentliche Kassen
Reduzierung von Fehldiagnosen →	← Keine vorliegende Arzt-Erfahrung
Verbesserung der Therapie →	← Kein ausgebildetes Personal
Kürzere Krankheitszeiten →	← Fehlende Betriebserfahrung
Geringere Gesamtkosten (Diagnose, Therapie, Krankengeld) →	← Neue, unausgereifte Technik
	← Fehlendes Vertrauen bei Patienten
Motor des Fortschritts sein →	

Abb.: Beispiel Kraftfeldanalyse

Anwendung

Step 1: Diagramm einrichten

Zeichnen Sie ein Kraftfelddiagramm in Form eines großen „T". Schreiben Sie mittig über dem horizontalen Balken des „T" Ihre aktuelle Situation (aus Phasen 1 und 2). Schreiben Sie rechts über dem horizontalen Balken des „T" Ihre angestrebte Lösung (= ausgewählte Lösung aus der 3. Phase).

Step 2: „Kräfte" ermitteln

Sammeln Sie per *Brainstorming* nach Antriebskräften (= die Ihnen bei der Verwirklichung Ihrer ausgewählten Lösung nützlich sind) und schreiben diese links in das Diagramm. Suchen Sie nach Hemmkräften (= die Sie bei der Verwirklichung Ihrer ausgewählten Lösung behindern) und schreiben diese rechts in das Diagramm.

Step 3: Diskussion

Diskutieren Sie das Diagramm hinsichtlich der Erfolgswahrscheinlichkeit der Erreichung Ihrer Lösung.

Step 4: Maßnahmen

Erstellen Sie einen *Maßnahmenplan*, mit deren Maßnahmen Sie insbesondere die befürchteten Hemmkräfte minimieren, aber auch die gefundenen Antriebskräfte maximieren können. Fast schon ein „Muss" ist ein *Kommunikationsplan*, in dem Sie zielgruppenspezifisch *Präsentationen* und Gespräche (*Kommunikation*) planen.

Praxistipp

- Eine Kraftfeldanalyse sollte immer mit der Erstellung eines *Maßnahmenplans* abgeschlossen werden. Oft reicht es aus, sich auf das Beseitigen von hemmenden Faktoren zu konzentrieren.
- Wenn die Hemmkräfte zu überwältigend sind, sollten Sie eine andere Lösung in Erwägung ziehen.

Für „Kenner" der Kraftfeldanalyse haben wir das Modell weiterentwickelt. Es unterscheidet Kräfte, die sich auf die aktuelle Situation beziehen und Kräfte, die an der konkreten ausgewählten Lösung ansetzen.

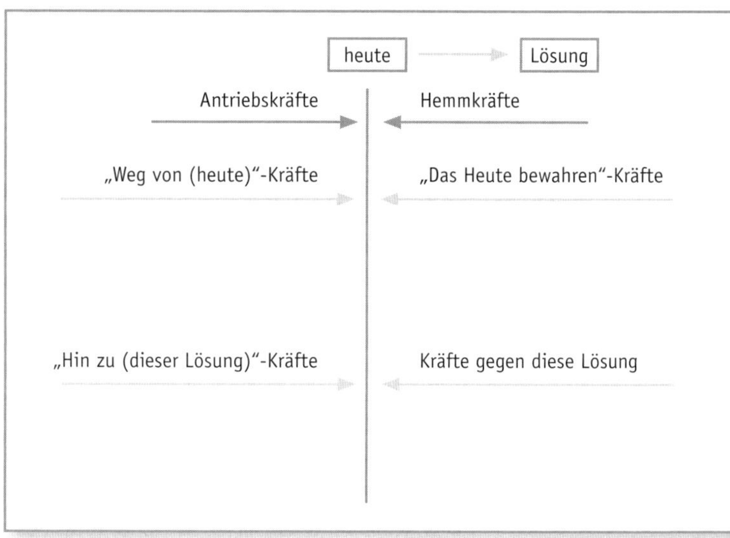

Abb.: Weiterentwickeltes Modell

Kräfte, die sich auf die aktuelle Situation beziehen: „Weg von"-Kräfte sind diejenigen, die sich darauf richten, die heutige Situation zu verlassen, während „Das Heute bewahren"-Kräfte den Ist-Zustand stabilisieren wollen – beide unabhängig von der ausgewählten Lösung.

Kräfte, die sich auf die ausgewählte Lösung beziehen: „Hin zu"-Kräfte sind diejenigen, die sich darauf richten, die Lösung umzusetzen, während „Kräfte gegen diese Lösung" sich nur auf diese konkrete Lösung beziehen, unabhängig von der Qualität des heutigen Zustands.

Je stärker die „Hin zu"-Kräfte sind, desto größer ist die Wahrscheinlichkeit, dass die Umsetzung gelingt. Vorsicht bei starken „Kräften gegen diese Lösung" – versuchen Sie, geeignete Gegenmaßnahmen zu finden, gelingt dies nicht, ist die Umsetzung der Lösung gefährdet. Suchen Sie in diesem Fall gegebenenfalls eine andere Lösung (Phase 3).

Ein Beispiel hierzu

Ein Sachbearbeiter (SB) hat die Option, in einem anderen Bereich eine Führungsposition als Gruppenleiter (GL) anzunehmen. Um Klarheit in der Entscheidungsfindung zu gewinnen, erstellt er folgendes Diagramm:

Abb.: Beispiel für das weiterentwickelte Modell

Das Diagramm zeigt, dass es sehr viele Antriebskräfte für eine Veränderung der aktuellen Situation gibt, jedoch nicht unbedingt für die Option, Führungskraft zu werden. Der SB beschließt, zunächst andere Optionen (Experte in einer anderen Gruppe werden) zu prüfen.

Präsentation

Stellen Sie kurz die Besonderheiten der Kraftfeldanalyse vor, etwa mit der unten abgebildeten Vorlage, die Sie im Anschluss für die Anwendung des Tools weiternutzen können. Weisen Sie unbedingt darauf hin, dass es sich hier nicht um eine Vorteile/Nachteile-Liste handelt.

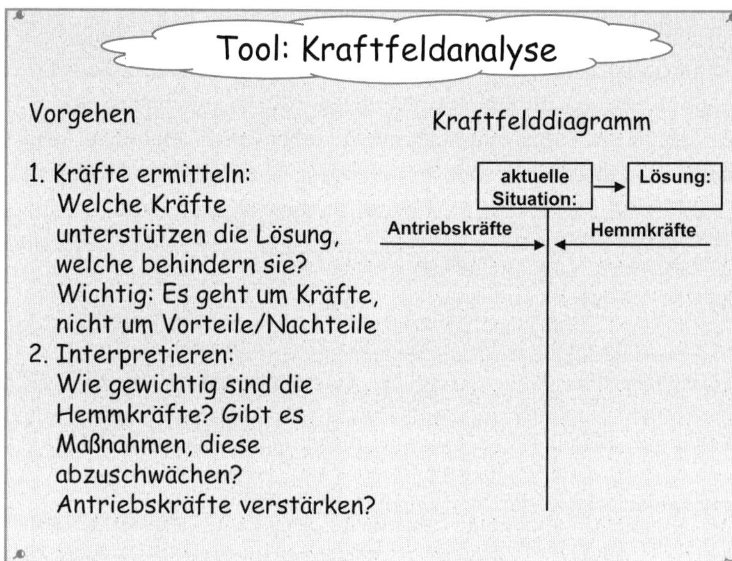

Abb.: Schlüsselpunkte

Übung

Je nach Erfahrung der Gruppe und Komplexität des Themas kann es sinnvoll sein, die Anwendung der Kraftfeldanalyse anhand eines neutralen Themas zu üben.

- Als Besitzer eines Feinkostgeschäfts fürchten Sie, dass Ihre Mitarbeiter zu viele Delikatessen selber essen. Sie wollen das Problem dadurch lösen, indem Sie die Mitarbeiter morgens und abends wiegen.

- In Ihrer Abteilung beschäftigen Sie vier Mitarbeiter. Sie können die vielen Aufgaben nicht mehr bewältigen. Deshalb haben Sie die Genehmigung erhalten, zwei zusätzliche Mitarbeiter einzustellen.

Moderatorenhinweis

Anspruch

Leicht bis mittel: Die Herausforderung besteht darin, die Teilnehmer immer wieder auf das Thema „Kräfte“ zu lenken, wenn diese gedanklich in die Kategorien „Vorteile/Nachteile der Lösung“ abgleiten.

Zeitbedarf

Vorstellung des Tools:	5 Minuten
Anwendung je nach Umfang der Daten:	20-30 Minuten

Gruppengröße

Die Kraftfeldanalyse eignet sich gut für Einzel- und Gruppenarbeit. Die Gruppengröße ist ideal bei 6 und sollte 12 Teilnehmer nicht übersteigen.

Phaseneinsatz

Die Kraftfeldanalyse wird als eines der letzten Werkzeuge in Phase 3 (Lösung) verwendet, um die ausgewählte Lösung hinsichtlich ihrer Umsetzbarkeit zu prüfen und entsprechende Maßnahmen abzuleiten.

Weiterarbeit

Eine Weiterarbeit erfolgt über die Tools *Maßnahmenplan* und *Kommunikationsplan* mit *Präsentation* und Gesprächen (*Kommunikation*).

Maßnahmenplan

Das Tool

Das Team plant und entscheidet mit Hilfe eines Maßnahmenplanes zum Beispiel,

- welche Aktivitäten
- wann
- in welcher Reihenfolge
- mit welchem Aufwand
- von wem
- bis wann
- unter welchen Prämissen

ausgeführt werden müssen.

Für den Maßnahmenplan wird eine Tabelle erstellt, welche die von Ihnen geplanten Aktivitäten übersichtlich organisiert.

Beispiel

Muster für einen Maßnahmenplan:

Nr.	Aktivität	Abhängigkeit	Aufwand	Verantwortlich	Termin	Sonstiges

Abb.: Beispiel Maßnahmenplan

Anwendung

Step 1: Aktivität

Erarbeiten Sie mit der Gruppe, was getan werden muss. Dazu gehören:

- Einzelheiten zur Umsetzung der ausgewählten Lösung
- Maßnahmen aus der *Kraftfeldanalyse*, etc.

Achten Sie insbesondere auf Vollständigkeit. Beschreiben Sie alle Aktivitäten so genau, dass auch mögliche erforderliche Hilfsmittel (Materialien, Ausrüstung, Fachberatung ...) aufgeführt werden. Grundsätzlich ist es sinnvoll, die Aktivitäten zu nummerieren.

Step 2: Abhängigkeiten

Analysieren Sie, welche Aktivität mit welcher anderen Aktivität zusammenhängt, insbesondere, ob einige Aufgaben vor anderen abgeschlossen sein müssen. Damit Sie den Maßnahmenplan realistisch terminieren können, ist es wichtig, in diese Spalte die unmittelbaren Vorgängertätigkeiten einzutragen (ggf. auch nummeriert). So erhalten Sie einen Überblick, welche Vorgänge parallel oder nacheinander stattfinden können.

Step 3: Aufwand

Kalkulieren Sie, welcher Aufwand mit den einzelnen Aktivitäten verbunden ist. Für die Umsetzung von größeren und komplexeren Lösungen ist eine seriöse Zeit- und Ressourcenplanung von größter Bedeutung.

Gerade bei der Aufwandsplanung kann der Vorteil der Gruppe genutzt werden. Wenn nicht einzelne Gruppenmitglieder Experten sind und bestimmte Aktivitäten vom Aufwand her gut einschätzen können, können Sie die Gruppe einbinden und über eine „Schätzkonferenz“ (S. 133) gute Anhaltspunkte für den Aufwand erhalten. Die Erfahrung zeigt, dass die Schätzungen dann noch mit einem prozentualen Aufschlag von bis zu 50% zu versehen sind, besonders dann, wenn nicht der Experte die Durchführung selbst übernimmt.

Step 4: Verantwortlich

Legen Sie fest, wer (mit wem) für die jeweilige Aktivität verantwortlich ist. Hier ist für das Team wichtig zu klären, was es bedeutet, für diese Aktivität verantwortlich zu sein, z.B.:

- selber tun
- organisieren und überwachen
- mitmachen und steuern ...

Die Planung der Verantwortlichkeit stellt auch eine Art Ressourcenplanung dar. Folgende Leitfragen helfen Ihnen für die personenbezogene Ressourcenplanung:
- Fähigkeiten: Kann das Teammitglied diese Aktivität grundsätzlich durchführen?
- Verfügbarkeit: Hat das Teammitglied überhaupt die Kapazität für die Aktivität? Kann es die Aktivität in der geplanten Zeit durchführen?

Step 5: Termin

Legen Sie unter Berücksichtigung der Abhängigkeiten (Step 2) fest, bis wann die Aufgaben jeweils ausgeführt werden müssen. Die Terminplanung ist zum Teil Rechenarbeit. Der Aufwand in Abhängigkeit mit der Reihenfolge und unter Umständen zu berücksichtigender Verfügbarkeit stellt den frühestmöglichen Endtermin dar.

Step 6: Sonstiges

Prüfen Sie, ob besondere Umstände, Erfordernisse oder Ähnliches berücksichtigt werden müssen oder ob es Vorgaben gibt, wie die jeweilige Aufgabe auszuführen ist. Methoden müssen diskutiert und entschieden werden.

Praxistipps

- Der Maßnahmenplan ist ein lebendiges Tool, das während des gesamten Problemlösungsprozesses nachgehalten und aktualisiert werden muss.
- Je nach Komplexität der Problemlösung kann er auch vereinfacht genutzt werden. Dabei entfallen möglicherweise die Aufwandsschätzung und die Abhängigkeitsprüfung.

Nr.	Aktivität Was? Womit?	Verantwortlich Wer? Mit wem?	Termin Bis wann?	Sonstiges

Schätzkonferenz

Die „Schätzkonferenz" können Sie wie folgt durchführen:

- Es ist das gleiche Team wie bei der Zusammenstellung der Aktivitäten beteiligt.
- Einigen Sie sich vorab über die Aufwandseinheit (Stunden, Tage, Wochen, ...).
- Jedes Teammitglied führt voneinander unabhängig eine Einzelschätzung der Aufwände durch.
- Tragen Sie die Einzelergebnisse in einer Übersicht zusammen.
- Abschließend findet die Verhandlung über die Ergebnisse und die Vereinbarung der wahrscheinlichsten Werte statt.
- Mit dem Schätzrisiko berücksichtigen Sie mögliche Abweichungen nach oben oder unten.
- Eventuell kann die Schätzung noch plausibilisiert werden durch einen Vergleich mit ähnlichen Projekten/Aktivitäten.
- Die Spalte verhandelter Aufwand übertragen Sie dann in den Maßnahmenplan unter „Aufwand".

Aktivität	Schätzer A	Schätzer B	Schätzer C	Verhandelter Aufwand	Schätzrisiko
1. ...	2	2	2	2	0
2. ...	1	4	3	3	+1
3. ...	4	3	3	3	+1
4. ...	3	2	2	2	0
5. ...	5	3	5	5	0
6. ...	1	2	5	3	+1
n. ...					
Summen	**56**	**66**	**69**	**68**	**+13**

Präsentation

Maßnahmenpläne sind gängige Instrumente und den Teammitgliedern in der Regel bekannt. Stellen Sie das Tool kurz vor und erörtern mit der Gruppe, welche Spalten (z.B. zusätzlich) benötigt werden.

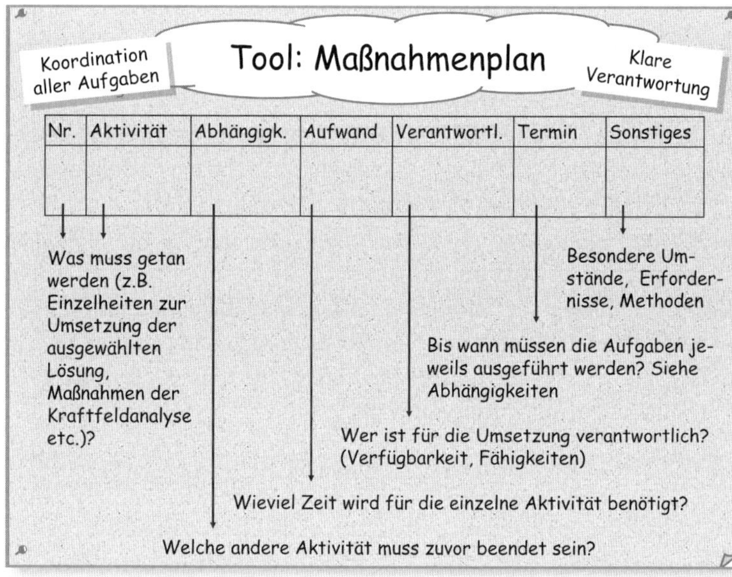

Abb.: Schlüsselpunkte

Übung

Je nach Erfahrung der Gruppe und Komplexität des Themas kann es sinnvoll sein, die Anwendung des Maßnahmenplans anhand eines neutralen Themas zu üben, z.B.:

- Sie planen ein Picknick im Walde
- Sie renovieren das Wohnzimmer
- Sie gründen einen Hundeausführservice
- Sie kaufen einen Kaminofen und nehmen ihn in Betrieb

Ein mögliches Ergebnis der Übung „Kaminofen kaufen und in Betrieb nehmen" sehen Sie als Auszug auf der Folgeseite.

Nr.	Aktivität	Abhängigkeit	Aufwand	Verantwortlich	Termin	Sonstiges
1	Mit Schornsteinfeger Planung und Ort für Kaminofen besprechen	--	3 h	Fritz	01.05.	Telefonisch Termin vereinbaren, sicherstellen, dass Fritz und Maria dabei sind
2	Kaminofen auswählen und bestellen	1	4 x 3 h	Fritz und Maria	15.06.	Nur samstags möglich
3	Angebote von Kaminbauern einholen inkl. Besichtigung	2	3 x 2 h	Maria	31.06.	
4	Angebot vom Dachdecker einholen für Einsetzen von Trittziegeln für Schornsteinfeger	2	2 h	Maria	31.06.	
5	Angebote prüfen und Auftrag an Kaminbauer erteilen	3	2 h	Fritz und Maria	15.07.	Voraussetzung: Angebote liegen vor
6	Angebot prüfen und Auftrag an Dachdecker erteilen	4	1 h	Fritz und Maria	15.07.	Voraussetzung: Angebote liegen vor
7	...					

Moderatorenhinweis

Anspruch

Leicht bis mittel: Die Herausforderung liegt hier in den Details. So ist zum Beispiel die Vollständigkeit und die hinreichende Detaillierung der einzelnen Aktivitäten sicherzustellen.

Zeitbedarf

Vorstellung des Tools/Definition der Spalten: 5-15 Minuten
Anwendung je nach Komplexität der Problems: 20-90 Minuten

Gruppengröße

Einzel- oder (Klein-)Gruppenarbeit, idealerweise nicht mehr als 6 Teilnehmer.

Phaseneinsatz

Für alle Phasen des Problemlösungsprozesses geeignet, unverzichtbar spätestens in Phase 3 (Lösung).

Weiterarbeit

Der Plan wird umgesetzt. Es findet keine direkte Weiterbearbeitung in der Gruppe statt. Nach erfolgreicher Umsetzung fehlt als letzter Schritt der Phase 4 (Transfer) noch die Überwachung der Auswirkungen (*Überwachungsplan, Regelkarte*) sowie die Prozess- und Ergebnisreflexion (*Ergebnisbewertung*) mit dem Ergebnisbericht.

Mehrfachabstimmung

Die Mehrfachabstimmung ist ein Auswahl- oder Priorisierungs-Tool. Eine Liste mit Ideen wird bewertet und so auf einen oder wenige Punkte verkürzt. Die Mehrfachabstimmung ist eine verkürzte Form der Meinungsäußerung. Mit der Mehrfachabstimmung kann so ohne Diskussion oder Erklärungen schnell ein Meinungsbild entstehen. Die Mehrfachabstimmung kann zum Beispiel genutzt werden, um einen weiter zu bearbeitenden Punkt aus dem *Brainstorming* oder dem *Affinitätendiagramm* zu ermitteln.

Das Tool

Beispiel

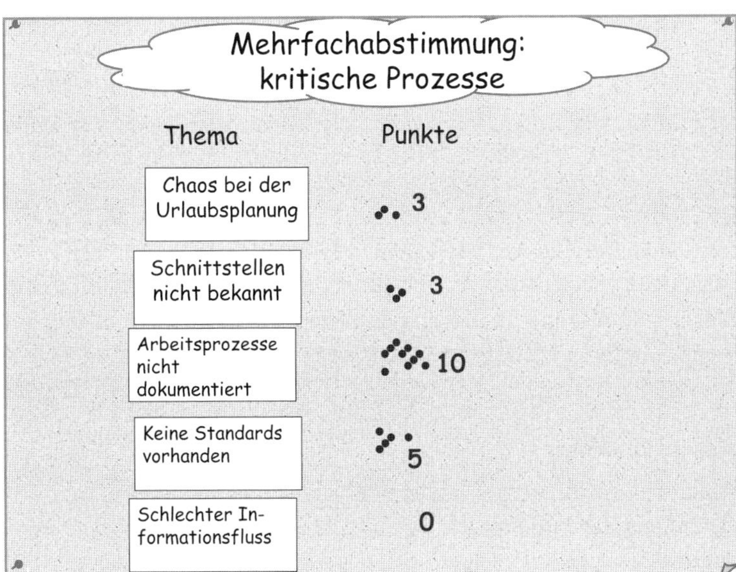

Abb.: Beispiel Mehrfachabstimmung

Bei dem genannten Beispiel würde die Arbeitsgruppe wahrscheinlich das Thema „Arbeitsprozesse nicht dokumentiert" näher betrachten, da es die meisten Punkte erhielt. Unter Umständen ist es ratsam, die Auswahl für die Themen mit höherer Punktzahl noch einmal mit anderen Tools, z.B. mit der *Selektionsmatrix*, zu überprüfen.

Anwendung

Step 1: Liste erstellen

Erstellen Sie mit Hilfe des *Brainstormings* eine Liste mit Gedanken und Beiträgen auf einer Pinwand.

Step 2: Klebepunkte verteilen

Verteilen Sie an jeden Teilnehmer Klebepunkte. Als Faustregel gilt:
- Halb so viele Klebepunkte wie Themen oder Ideen

Haben Sie zwölf Themen zu bewerten, bekommt jeder Teilnehmer sechs Punkte. Bei ungerader Anzahl von zu bewertenden Themen wird die Anzahl der Punkte pro Teilnehmer abgerundet. Einen differenzierten Punkteschlüssel finden Sie unter „Praxistipps".

Step 3: Punkten

Bitten Sie die Teilnehmer, ihre Punkte auf die einzelnen Themen zu verteilen. Alternativ können Sie als Moderator sich die Punktverteilung der Reihe nach zurufen lassen und an der Pinwand notieren.

Die Punkte dürfen kumuliert werden, z.B.: ein Thema bekommt zwei, eins drei und ein letztes einen Punkt oder sechs Themen bekommen jeweils einen Punkt. Es ist empfehlenswert, die erlaubte Zahl der Punkte pro Thema zu begrenzen. Faustregel:
- Maximal drei Punkte pro Thema/Idee

Step 4: Ranking

Fassen Sie die Punktzahl für jede Idee zusammen. Entscheiden Sie anhand der Punktwerte, welche Themen Sie weiter bearbeiten werden.

Praxistipps

- Insbesondere bei einer großen Anzahl Teammitglieder (TN) empfiehlt es sich, die Vergabe der Punkte etwas zu differenzieren:

Differenzierterer Punkteschlüssel

Bis 7 TN	8-12 TN	13-17 TN	mehr als 17 TN
Anzahl Themen dividiert durch 2	Anzahl Themen dividiert durch 3	Anzahl Themen dividiert durch 4	Anzahl Themen dividiert durch 5

- Wenn Sie befürchten, einzelne Teilnehmer könnten „Das-Zünglein-an-der-Waage-Spiel" spielen, also abwarten, bis alle gepunktet haben, um dann selbst den Ausschlag zu geben, gibt es folgende Möglichkeiten:
  - Begrenzen Sie die erlaubten Punkte pro Thema (Faustregel: maximal drei Punkte pro Thema).
  - Reduzieren Sie die Anzahl Punkte pro Teilnehmer.
  - Teilen Sie die Punkte (keine schwarzen oder mit Motiven bedruckt) an jeden Teilnehmer aus und bitten Sie diese, die gewählten der vorher durchnummerierten Themen noch am Platz auf den Punkten zu vermerken. Dieses Vorgehen erhöht auch die Qualität des Punktens, weil jeder in Ruhe überlegen muss, bevor der Ansturm auf die Pinwand beginnt.

Beispiel: Ein Teammitglied erhält drei Klebepunkte. Am Platz vergibt es die Punkte: Thema 2 erhält einen Punkt, Thema 3 erhält zwei Punkte.

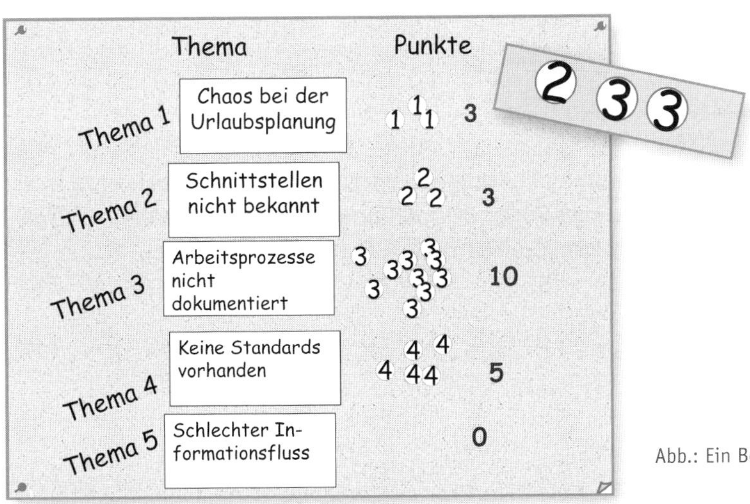

Abb.: Ein Beispiel

- Anstelle von Klebepunkten können Sie auch mit Stiften markieren (lassen).
- Die Mehrfachabstimmung kann sowohl auf einzelne Themen (z.B. direkt nach einem *Brainstorming*) oder auf Gruppierungen von Themen (z.B. nach dem *Affinitätendiagramm*) angewendet werden.

Präsentation

Wenn die Gruppe mit dem Tool bzw. dem Vorgehen nicht hinreichend vertraut ist, erarbeiten oder erläutern Sie kurz die Vorgehensweise.

Abb.: Schlüsselpunkte

Übung

Je nach Erfahrung der Gruppe und Komplexität des Themas kann es sinnvoll sein, das Tool z.B. anhand der Ergebnisse aus der *Brainstorming*-Übung oder dem *Affinitätendiagramm* zu vertiefen.

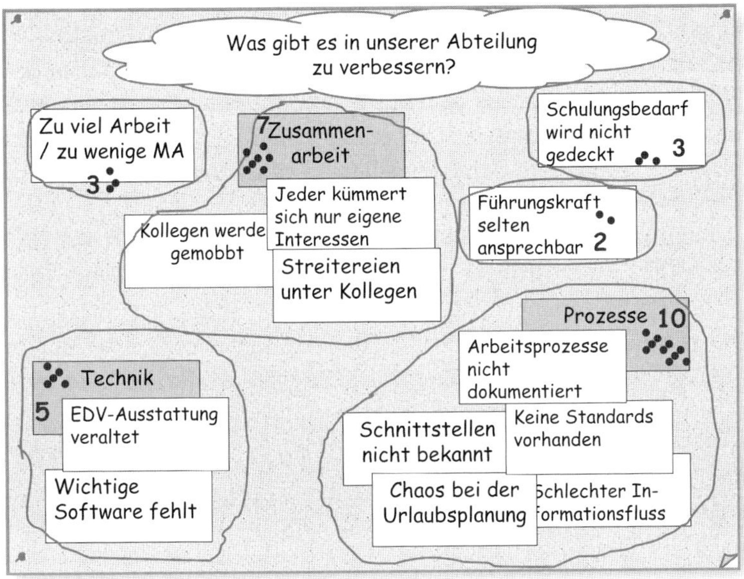

Abb.: Übung – Mehrfachabstimmung

Moderatorenhinweis

Anspruch

Leicht.

Zeitbedarf

Vorstellung des Tools und Erarbeiten der Regeln:	3 Minuten
Anwendung des Tools je nach Anzahl Themen:	10-15 Minuten

Gruppengröße

Die Mehrfachabstimmung eignet sich nur als Gruppenarbeit, da mit ihr schnell die Prioritäten der Gruppe deutlich werden. Die Gruppengröße ist dabei nicht begrenzt, das Tool ist auch in Großgruppen besonders geeignet.

Phaseneinsatz

Die Mehrfachabstimmung ist immer dann hilfreich, wenn es darum geht, eine große Fülle von Informationen zu priorisieren. Dies kann insbesondere in Phase 1 (Klärung) bei der Auswahl eines zu bearbeitenden Problems sein.

Ferner ist der Einsatz in den Phasen 2 (Ursache) oder 3 (Lösung) sinnvoll, wenn es um das Verdichten auf eine oder wenige Ursachen oder Lösung(en) geht.

Generell kann die Mehrfachabstimmung immer eingesetzt werden, wenn eine Verdichtung auf wenige Punkte gefragt ist und diese Verdichtung vor allen Dingen „aus dem Bauch heraus“ passieren soll und weniger nach logischen Kriterien.

Weiterarbeit

Je nach Fragestellung und Phase lauten die Folge-Tools z.B. *Selektionsmatrix, Papiercomputer, Paarvergleich* oder *Maßnahmenplan*.

Mind Map

Das Tool

Mind Mapping, in den 1960er Jahren von Tony Buzan entwickelt, ist eine „etwas andere“ Technik, um Themen auf- oder mitzuschreiben, zu strukturieren und zu visualisieren. Mind Map kann zum Beispiel zur einfachen Ideensammlung, dem Brainstorming, zur Erfassung und dem Strukturieren komplexer Inhalte und zur Planung/Organisation von Dingen eingesetzt werden, ferner zur Erstellung von Referaten oder Vorträgen, zum Mitschreiben bei Vorträgen, zur Strukturierung von Wissen oder zur Ausarbeitung von Texten.

Bei der Anwendung im Workshop geht es wie beim *Brainstorming* darum, viele verschiedene Aspekte und Ideen zu produzieren. Im Gegensatz zum Brainstorming, bei dem in der Regel eine Reihe von unsortierten Begriffen produziert und anschließend sortiert werden, wird beim Mind Mapping von Beginn an eine vernetzte Struktur erzeugt. Grundprinzip ist die Überwindung des „Schöngeordnet-und-untereinander“-Schreibens. Stattdessen wird das Dokumentieren den Vorgängen im Gehirn angepasst, dem Hin- und Herspringen der Gedanken. Durch diese „gehirn-konforme“ Darstellungsweise wird die Kreativität, aber auch die Erinnerungsfähigkeit erhöht.

Zu Beginn des Mind-Map-Prozesses schreiben Sie das Thema oder Problem in das Zentrum einer Pinwand. Im Anschluss daran ermitteln Sie im Brainstorming jede denkbare Facette des Themas und zeichnen diese als „Straßen“, die vom zentralen Punkt wegführen, ein. Von diesen „Hauptstraßen“ können Sie im Rahmen weiterer Brainstorming-Aktivitäten wiederum neue „Nebenstraßen“ ermitteln und mit weiteren Abzweigungen weiter ins Detail gehen.

Beispiel

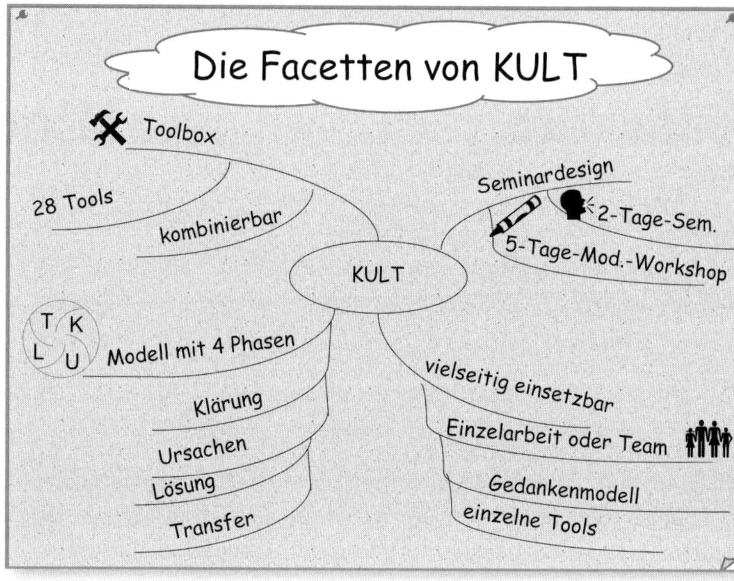

Abb.: Beispiel Mind Map

Anwendung

Step 1: Thema benennen

Schreiben Sie das Thema oder Problem in das Zentrum der Pinwand, zeichnen Sie einen Kreis um den zentralen Punkt.

Step 2: Hauptäste bestimmen

Erarbeiten Sie mit der Gruppe zunächst stichwortartig zwei oder drei wichtige Aspekte (ohne Anspruch auf Vollständigkeit) und platzieren diese als Hauptäste auf Linien, die Sie vom Zentrum weg, hin zum Rand des Papiers ziehen.

Step 3: Gedankenfluss

Notieren Sie nun die Gedanken, wie sie kommen, in Stichworten. Wenn der Gedanke schon zu einem Hauptast gehört, hängen Sie ihn dort an. Wenn nicht, wird er zu einem neuen Hauptast. Konzentrieren Sie sich mehr auf das Thema und den Gedankenfluss und weniger auf die Frage, was wohin gehört.

Step 4: Visualisierungshilfen

Benutzen Sie Visualisierungshilfen (z.B. verschiedene Farben, Symbole, Verbindungslinien), um Gruppierungen oder Zusammenhänge hervorzuheben.

Praxistipps

- Wenn Teammitglieder auf die Frage nach Hauptästen schon Nebenaspekte nennen, würdigen Sie den Beitrag und fragen: „Okay und gibt es dazu einen Überbegriff?"
- Sie können gegebenenfalls auch die Hauptäste vordenken, sofern Sie damit nicht inhaltliche Punkte vorwegnehmen.
- Ganz anders kommen Sie zu Ihrem Mind Map, wenn Sie zuerst in Form eines Brainstormings Themen sammeln, anschließend Cluster bilden und das Ergebnis dann in ein Mind Map als Hauptäste und Nebenäste übertragen.

Präsentation

Wenn die Gruppe mit dem Tool bzw. dem Vorgehen nicht hinreichend vertraut ist, erarbeiten oder erläutern Sie kurz die Vorgehensweise.

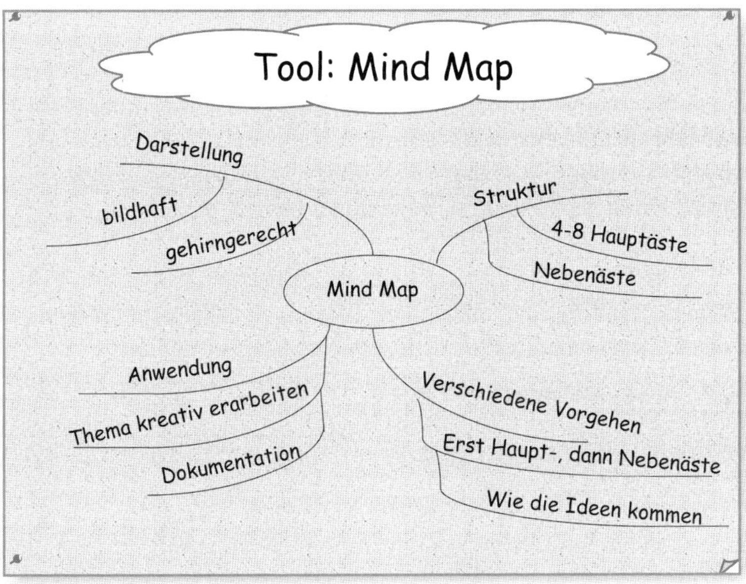

Abb.: Schlüsselpunkte

Übung

Je nach Erfahrung der Gruppe und Komplexität des Themas kann es sinnvoll sein, die Technik des Mind Map anhand eines neutralen Themas zu üben, z.B.:

- Die verschiedenen Einsatzmöglichkeiten für ein Klettverschlussmaterial
- Aspekte einer LKW-Maut auf deutschen Autobahnen

Moderatorenhinweis

Anspruch

Leicht.

Zeitbedarf

Vorstellung des Tools:	5 Minuten
Anwendung des Tool je nach Thema:	10-30 Minuten

Gruppengröße

Mind Map eignet sich sowohl für Einzel- als auch Gruppenarbeit. Die Gruppengröße sollte 12 Teilnehmer nicht übersteigen.

Phaseneinsatz

Mind Maps eignen sich als Einstieg in den Problemlösungsprozess (Phase 1 – Klärung) zum Erkennen oder Definieren von Problemen. Zu Beginn der 3. Phase (Lösung) lassen sich Mind Maps zur Entwicklung neuer Ideen einsetzen, zur Ausarbeitung und zur Reflexion der ausgewählten Problemlösung.

Mind Maps eignen sich auch hinsichtlich der Identifizierung aller Aspekte und Nebenaspekte eines Problems in Phase 2 (Ursachen), allerdings ist in dieser Phase das verwandte *Ishikawa-Diagramm* das spezifischere und damit das empfehlenswerte Tool.

Weiterarbeit

Je nach Fragestellung kommen als Folge-Tools z.B. *Auftragsklärung, Mehrfachabstimmung, Checkliste, Maßnahmenplan* in Frage.

Nutzwertanalyse

Das Tool

Die Nutzwertanalyse (auch als Multifaktorentechnik oder Punktwertverfahren bekannt) ist ein Verfahren mit dem Ziel, komplexe Lösungs- oder Projektalternativen entsprechend den Präferenzen der Entscheidungsträger zu ordnen. Diese besondere Form der *Selektionsmatrix* liefert den Nutzwert verschiedener Entscheidungsalternativen im Vergleich zueinander. Das Ergebnis der Analyse ist für jede der Alternativen eine Zahl, die den Nutzwert darstellt. Die „beste" Lösung ist die mit dem höchsten Nutzwert im Vergleich zu den anderen Alternativen.

Sie ist besonders geeignet, wenn „weiche" – also in Geldwert oder Zahlen nicht darstellbare – Kriterien vorliegen, anhand derer zwischen verschiedenen Alternativen eine Entscheidung gefällt werden muss. So gelingt es, auf den ersten Blick nicht unbedingt direkt miteinander zu vergleichende Lösungen in eine vergleichbare Form zu bringen.

Die Vorteile der Nutzwertanalyse liegen in der Transparenz und Nachvollziehbarkeit der Entscheidungsfindung und der vorangehenden Prüfung und Konzentration auf die wesentlichen Faktoren, die letztendlich die Entscheidung bestimmen. Dies kann häufig zu neuen Erkenntnissen während des Entscheidungsprozesses führen und Klarheit schaffen. Aufgrund der Zahlendarstellungen wird darüber hinaus eine Vergleichbarkeit hergestellt, die dafür sorgt, dass die Anzahl der „Bauchentscheidungen" deutlich reduziert wird.

Beispiel Für den Kauf eines Kleinwagens können Sie die Nutzwertanalyse als Entscheidungsmethode nutzen, da es bei der Auswahlentscheidung zwischen unterschiedlichen PKW-Modellen möglicherweise auf verschiedene Kriterien ankommt.

Nutzwertanalyse							
Kriterien/Ziele	**Gewichtung**[1]	**Lösungen**					
		PKW A		PKW B		PKW C	
		Beurt.[2]	Nutzwert[3]	Beurt.[2]	Nutzwert[3]	Beurt.[2]	Nutzwert[3]
Hoher EURO NCAP-Wert	0,15	5	0,75	5	0,75	8	1,20
Subjektives Fahrerlebnis	0,25	5	1,25	7	1,75	6	1,50
Günstige Finanzierung	0,25	1	0,25	8	2,00	4	1,00
Niedrige Anschaffungskosten	0,15	7	1,05	4	0,60	6	0,90
Hohe Qualitätsanmutung	0,20	5	1,00	6	1,20	7	1,40
Nutzwertsumme[4]	**1**		**4,3**		**6,3**		**6**
Rang			**3**		**1**		**2**

[1] Werte aus der Kriteriengewichtung

[2] Werte aus der Alternativenbeurteilung

[3] Nutzwert = Kriteriengewichtung x Alternativenbeurteilung

[4] Die jeweilige Summe ergibt sich aus der Addition der Einzelwerte

Nachdem die Kriterien oder Ziele als Entscheidungshilfen festgelegt und im zweiten Schritt gewichtet sind, erfolgt die Beurteilung der alternativen Lösungen im Hinblick auf die Kriterien. Lösung B hat den höchsten Nutzenwert, eine Entscheidung für „PKW B“ kann daraus abgeleitet werden.

Dieses Beispiel wird in der folgenden Beschreibung „Anwendung des Tools“ genauer erläutert.

Step 1: Vorbereitung

Anwendung

Bereiten Sie eine Pinwand nach folgender Vorlage vor. Planen Sie dabei Platz für rund fünf Kriterien ein. Überlegen Sie sich, wie viele Lösungen zur Diskussion stehen. Auf einer Pinwand bringen Sie übersichtlich lesbar bis zu fünf Lösungsalternativen unter.

Nutzwertanalyse

Kriterium	Gewichtung	Lösung					
		A		B		C	
		Beurt.	Wert	Beurt.	Wert	Beurt.	Wert
1							
2							
3							
4							
5							
Punktwertsumme =Gesamtnutzen							
Rang							

Abb.: Eine Vorlage

Step 2: Kriterienermittlung

Erarbeiten Sie mit der Gruppe (ggf. in Abstimmung mit dem Auftraggeber), welche Bewertungskriterien für die Entscheidung von Bedeutung sind. Beachten Sie, dass alle zugrunde gelegten Kriterien die gleiche Bewertungsrichtung aufweisen: entweder sind alle positiv formuliert oder alle negativ.

Solch eine Liste können Sie am Flipchart oder der Pinwand (siehe unten) über *Brainstorming* erstellen. Bei der Anzahl der Kriterien gilt erfahrungsgemäß die Regel „weniger ist mehr“. Zum einen erhöht sich der Arbeits- und Zeitaufwand, je mehr Kriterien integriert werden sollen, zum anderen wird der Vergleich untereinander immer schwieriger, und drittens steigt die Gefahr, dass sich Kriterien inhaltlich überschneiden (mangelnde Unabhängigkeit). 3-5 Kriterien sind empfehlenswert, mehr als 10 sind in der Praxis nicht zu empfehlen.

Mit einer separaten Wichtigkeitsbetrachtung in der Spalte „Wichtigkeit" können Sie die Kriterienanzahl reduzieren. Diese können Sie in zwei Varianten durchführen. Diskutieren Sie mit der Gruppe, wie wichtig es für das Projekt ist, dass das Kriterium optimal erfüllt ist. Alle Kriterien, die in der Spalte ein „mittel" bis „niedrig" erhalten würden, lassen Sie im ersten Schritt weg. Falls die Gruppendiskussion zu lange dauert oder sich kein eindeutiges Bild abzeichnet, nutzen Sie die *Mehrfachabstimmung*. Durch die Punktzahl ergibt sich leichter ein Bild, was wichtig ist und was nicht.

Abb.: Wichtigkeitsbetrachtung

Nutzwertanalyse

Kriterien	Wichtigkeit
hohe EURO NCAP Werte	hoch
subjektives Fahrerlebnis	sehr hoch
günstige Finanzierungsmöglichkeiten	sehr hoch
niedrige Anschaffungskosten	hoch
hohe Qualitätsanmutung	sehr hoch
Autohaus/Werkstatt vor Ort	mittel

Im Beispiel ist es demnach ausreichend, nur die ersten fünf Kriterien zu benutzen und den Punkt „Werkstatt vor Ort" beim weiteren Vorgehen wegzulassen.

Nutzwertanalyse							
Kriterien/Ziele	**Gewichtung**[1]	**Lösungen**					
		PKW A		PKW B		PKW C	
		Beurt.	Nutzwert	Beurt.	Nutzwert	Beurt.	Nutzwert
Hoher EURO NCAP-Wert							
Subjektives Fahrerlebnis							
Günstige Finanzierung							
Niedrige Anschaffungskosten							
Hohe Qualitätsanmutung							
Nutzwertsumme							
Rang							

Step 3: Kriteriengewichtung

Üblicherweise haben die Kriterien nicht alle die gleiche Bedeutung. Darum sollte zunächst eine Gewichtung vorgenommen werden, die die Bedeutung der Kriterien widerspiegelt. Für diese Gewichtung kann die Auftragsklärung wertvolle Hinweise liefern. Häufig erfolgt die Gewichtung in Form von „freien Gewichtungsfaktoren", beispielsweise:

Multiplikatoren von 0-8
- für „weniger wichtig" die Punkte 0-2,
- für „wichtig" die Punkte 3-5 und
- für „sehr wichtig" die Punkte 6-8.

Diese freie Gewichtung ist eine starke Vereinfachung und führt zu einem eher „pauschal geschätzten" Ergebnis, im Gegensatz zu einer tatsächlichen Kriterienanalyse wie es die Methode vorschlägt.

Für eine differenzierte Ermittlung der Gewichtungsfaktoren werden zunächst in einem *Paarvergleich* der Kriterien die Gewichtung der einzelnen Kriterien ermittelt. Grundlage ist die Überlegung „Ist Kriterium A wichtiger als Kriterium B?"

- Wenn ein Kriterium weniger wichtig ist, so bekommt es 0 Punkte.
- Wenn ein Kriterium gleichgewichtig mit einem anderen ist, erhält es 1 Punkt.
- Wenn ein Kriterium wichtiger ist als das andere, erhält es die Punktzahl 2.

Bewertung: **2 = wichtiger als** **1 = gleich wichtig wie** **0 = weniger wichtig als**	Hoher EURO NCAP-Wert **1**	Subjektives Fahrerlebnis **2**	Günstige Finanzierung **3**	Niedrige Anschaffungskosten **4**	Hohe Qualitätsanmutung **5**	**Summe**	**Gewichtungsfaktor**
Hoher EURO NCAP-Wert		1	0	1	1	3	0,15
Subjektives Fahrerlebnis	1		1	2	1	5	0,25
Günstige Finanzierung	2	1		1	1	5	0,25
Niedrige Anschaffungskosten	1	0	1		1	3	0,15
Hohe Qualitätsanmutung	1	1	1	1		4	0,20
					Summe	20	1

Nutzwertanalyse							
Kriterien/Ziele	**Gewichtung**[1]	**Lösungen**					
		PKW A		PKW B		PKW C	
		Beurt.	Nutzwert	Beurt.	Nutzwert	Beurt.	Nutzwert
Hoher EURO NCAP-Wert	0,15						
Subjektives Fahrerlebnis	0,25						
Günstige Finanzierung	0,25						
Niedrige Anschaffungskosten	0,15						
Hohe Qualitätsanmutung	0,20						
Nutzwertsumme	**1**						
Rang							

Step 4: Lösungsbeurteilung

Diese Lösungsalternativen sind nun hinsichtlich der genannten Kriterien zu bewerten. In Abgrenzung zur *Selektionsmatrix* sollten Sie hier numerische Bewertungssysteme nutzen.

Grobes Beurteilungssystem:
- für „schlecht“: 0 Punkte
- für „mittel“: 1 Punkt
- für „gut“: 2 Punkt

Ein Nachteil des groben Beurteilungssystem: Sind sich zwei Lösungsalternativen in einem Kriterium relativ ähnlich, so ist diese Nuance anhand der Punkte, die vergeben werden können, nicht abzubilden. Daher empfiehlt sich die Nutzung eines feinen Beurteilungssystems.

Feines Beurteilungssystem:
- für „schlecht“: 0-2 Punkte
- für „mittel“: 3-5 Punkte
- für „gut“: 6-8 Punkte

Da das Verständnis der an der Auswahl Beteiligten von „Was ist ‚gut‘ oder ‚schlecht‘?“ sehr unterschiedlich sein wird, ist es wichtig in einem Zwischenschritt für Transparenz zu sorgen und eine verbale Beschreibung in Bezug auf die Kriterien mit der Gruppe durchzuführen.

Bezogen auf das Beispiel kann dies wie folgt aussehen:

Punkte-Skala	0-2	3-5	6-8
Kriterien	„schlecht“	„mittel“	„gut“
Hoher EURO NCAP-Wert	3 *** Insassen 0 Fußgänger 1 * Kinder	4 **** Insassen 1 * Fußgänger 2 ** Kinder	5 ***** Insassen 2 ** Fußgänger 3 *** Kinder
Subjektives Fahrerlebnis	▶ Langsame Beschleunigung an Ampel ▶ Bremsen zögerlich, langer Bremsweg ▶ Überholmanöver nur sehr langsam	▶ Beschleunigung an Ampel befriedigend ▶ Bremsen sprechen an ▶ Überholmanöver möglich	▶ Gute Beschleunigung an Ampel ▶ Bremsen sprechen gut an ▶ Überholmanöver gut möglich
	3-Wege-Finanzierung eff. Zinssatz > 6% p.a.	3-Wege-Finanzierung eff. Zinssatz 3-5,9% p.a.	3-Wege-Finanzierung eff. Zinssatz 0-2,9% p.a.
Niedrige Anschaffungskosten	17.000 EUR	15.500 EUR	14.000 EUR
Hohe Qualitätsanmutung	▶ Billiges Plastik ▶ Sitze ohne Halt ▶ Blecherne Tür ▶ Schlechte Verarbeitung (quietschende Verkleidung, große Spaltmasse) ▶ Kofferraum schwer zugänglich	▶ Wertiges Plastik	▶ Hochwertiges Plastik oder andere Materialien (Alu etc.) ▶ Gute Sitzposition ▶ Türen schließen satt ▶ Gute Verarbeitung ▶ Kofferraum leicht zugänglich

Im Anschluss an die Klärung der Begriffe findet die Beurteilung der einzelnen Lösungen durch die Gruppe statt. Jedes Gruppenmitglied sollte seine Beurteilung für sich durchführen. Auf der Pinwand können Sie die unterschiedlichen Beurteilungen dokumentieren.

Wie gehen Sie mit unterschiedlichen Beurteilungen um?

- Führen eines Gruppengesprächs mit dem Ziel, die Abweichungen zu verstehen und zu klären, um zu überzeugen oder einen Konsens zu finden.

Falls dies nicht möglich ist:

- Mehrheitsentscheidung durch Abstimmen herbeiführen
- Weiterarbeit mit Durchschnittswerten

Nutzwertanalyse							
Kriterien/Ziele	**Gewichtung**[1]	**Lösungen**					
		PKW A		PKW B		PKW C	
		Beurt.	Nutzwert	Beurt.	Nutzwert	Beurt.	Nutzwert
Hoher EURO NCAP-Wert	0,15	5		5		8	
Subjektives Fahrerlebnis	0,25	5		7		6	
Günstige Finanzierung	0,25	1		8		4	
Niedrige Anschaffungskosten	0,15	7		4		6	
Hohe Qualitätsanmutung	0,20	5		6		7	
Nutzwertsumme	**1**						
Rang							

Step 5: Ergebnisermittlung

Die Ermittlung der Ergebnisse einer Nutzwertanalyse erfolgt in zwei Rechnungsschritten:

- Multiplikation der Kriteriengewichtung mit der jeweiligen Lösungsbeurteilung
- Addition der Multiplikationsergebnisse für jede Lösung

Nutzwertanalyse							
Kriterien/Ziele	**Gewichtung**[1]	**Lösungen**					
		PKW A		PKW B		PKW C	
		Beurt.[2]	Nutzwert[3]	Beurt.[2]	Nutzwert[3]	Beurt.[2]	Nutzwert[3]
Hoher EURO NCAP-Wert	0,15	5	0,75	5	0,75	8	1,20
Subjektives Fahrerlebnis	0,25	5	1,25	7	1,75	6	1,50
Günstige Finanzierung	0,25	1	0,25	8	2,00	4	1,00
Niedrige Anschaffungskosten	0,15	7	1,05	4	0,60	6	0,90
Hohe Qualitätsanmutung	0,20	5	1,00	6	1,20	7	1,40
Nutzwertsumme[4]	**1**		**4,3**		**6,3**		**6**
Rang			**3**		**1**		**2**

[1] Werte aus der Kriteriengewichtung

[2] Werte aus der Alternativenbeurteilung

[3] Nutzwert = Kriteriengewichtung x Alternativenbeurteilung

[4] Die jeweilige Summe ergibt sich aus der Addition der Einzelwerte

Unterscheiden sich die erhaltenen Nutzwerte der Alternativen kaum, sollten Sie die Analyse noch einmal überprüfen. Dabei ist es sinnvoll, auch die Wahl der Kriterien noch einmal zu überdenken und zu prüfen, ob die Anzahl verringert oder die Gewichtung neu überdacht werden sollte. Weiterhin ist es möglich, die Punkteskala etwas breiter zu wählen, um ein klareres Ergebnis zu erhalten. Dies sind Maßnahmen der Qualitätssicherung, um die Ergebnisse der Nutzwertanalyse zu festigen, sie sollen aber nicht dazu dienen, das Ergebnis in eine Richtung zu lenken. In der Praxis kommt es tatsächlich immer wieder vor, dass sich verschiedene Alternativen im Nutzen kaum unterscheiden.

Praxistipps

- Die Nutzwertanalyse bietet durch die freie Wahl der Kriterien und der Einteilung der Skala sehr viele Gestaltungsmöglichkeiten.
- Grundsätzlich gilt, dass die Ergebnisse nur relativ zueinander gesehen werden können, da die Werte aus einem Vergleich entstanden sind. Die Nutzwerte bieten daher keine absolute Aussagefähigkeit, ob die Entscheidung wirklich von Vorteil ist.
- Die Ergebnisse der Nutzwertanalyse sind immer nur so gut wie die zugrunde liegenden Entscheidungen, etwa die Auswahl der Kriterien und die Einteilung der Stufenskala.

Präsentation

Wenn die Gruppe mit dem Tool bzw. dem Vorgehen nicht hinreichend vertraut ist, erarbeiten Sie mit der Gruppe kurz die Vorgehensweise.

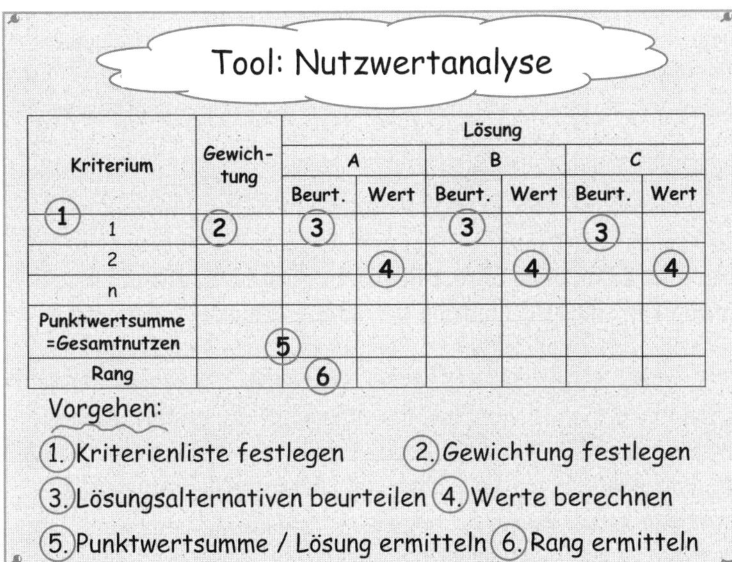
Tool: Nutzwertanalyse

Kriterium	Gewichtung	Lösung A Beurt.	A Wert	Lösung B Beurt.	B Wert	Lösung C Beurt.	C Wert
(1) 1	(2)	(3)		(3)		(3)	
2			(4)		(4)		(4)
n							
Punktwertsumme =Gesamtnutzen		(5)					
Rang		(6)					

Vorgehen:

(1.) Kriterienliste festlegen (2.) Gewichtung festlegen

(3.) Lösungsalternativen beurteilen (4.) Werte berechnen

(5.) Punktwertsumme / Lösung ermitteln (6.) Rang ermitteln

Abb.: Schlüsselpunkte

Übung

Je nach Erfahrung der Gruppe und Komplexität des Themas kann es sinnvoll sein, die Nutzwertanalyse anhand eines neutralen Themas zu üben, z.B.:

- Alternative eines selbstständigen Beraters beim Autokauf: Leasing, Finanzierung, Barkauf

Mögliches Ergebnis der Übung:

Nutzwertanalyse							
Kriterien/Ziele	**Gewichtung**	**Lösungen**					
		Kredit Bank		Leasing		Barkauf	
		Beurt.	Nutzwert	Beurt.	Nutzwert	Beurt.	Nutzwert
Steuerliche Absetzbarkeit hoch	0,2	8	1,6	4	0,8	7	1,4
Eigenmittelbedarf niedrig	0,4	6	2,4	8	3,2	1	0,4
Hoher Rabatt	0,2	7	1,4	1	0,15	7	1,4
Laufende finanzielle Belastung niedrig	0,2	3	0,4	7	1,4	8	1,6
Nutzwertsumme	**1**		**5,8**		**5,55**		**4,8**
Rang			**1**		**2**		**3**

Hier kommt der Bankkredit auf den ersten Platz. Zu bedenken ist, dass eine geringfügig andere Beurteilung sofort zu einem anderen Ergebnis führt. Eventuell sind für die Entscheidung noch andere Kriterien zu berücksichtigen (Eigentumserwerb, Wertverlust etc.).

Reflektieren Sie anschließend die Übung mit der Gruppe. Diskutieren Sie zum Beispiel die Fragen,

- welche Regeln die Kreativität und den Gruppenprozess unterstützt haben und
- was aus der Übung gelernt wurde.

Moderatorenhinweis

Anspruch

Anspruchsvoll: Die Nutzwertanalyse ist ein anspruchsvolles Werkzeug sowohl in der Moderation als auch in der konkreten Anwendung. In der Moderation ist es wichtig, die oben erwähnten Werkzeuge (*Paarvergleich, Brainstorming, Mehrfachabstimmung* etc.) zu integrieren und Diskussionen einerseits zuzulassen, andererseits aber auch zielgerichtet zu Entscheidungen zu führen. Für die Anwendung gelten die unter „Anwendung" und „Praxistipps" besprochen Anmerkungen.

Zeitbedarf

Vorstellung des Tools:	20-30 Minuten
Dauer Anwendung des Tools:	45-120 Minuten

Gruppengröße

Die Nutzwertanalyse eignet sich grundsätzlich gut für eine Gruppenarbeit, um besonders bei komplexen Lösungen eine Transparenz für die Entscheidungskriterien herzustellen.

Phaseneinsatz

Die Nutzwertanalyse wird in der Phase 3 (Lösung) zur Identifizierung der bestmöglichen Lösung genutzt. In abgewandelter Form als *Selektionsmatrix* findet sie ihren Einsatz auch in der 1. Phase zur Auswahl des wichtigsten Problems.

Weiterarbeit

Je nach Lösung kann es sinnvoll sein, die Machbarkeit oder Umsetzbarkeit mit Hilfe einer *Kraftfeldanalyse* oder einer *Stakeholderanalyse* zu überprüfen. Falls sich die Lösung auch weiterhin anbietet, kann die Umsetzungsplanung mit Hilfe des *Maßnahmenplans* und *Kommunikationsplans* gestartet werden.

Paarvergleich

Das Tool

Der Paarvergleich dient der

- Bildung von Rangreihen
- Ermittlung von Prioritäten
- Gewichtung von Zielen
- Auswahl von Alternativen, Ideen ...

Eine größere Anzahl von Merkmalen wird ihrer Wichtigkeit nach geordnet, indem jedes Merkmal paarweise mit jedem anderen verglichen wird. Durch den direkten Vergleich von jeweils zwei Merkmalen wird ein jedes mit jedem anderen verglichen und entweder als wichtiger, gleichbedeutend oder weniger wichtig beurteilt.

Der Vorteil der Paarvergleichstechnik ist, dass jeweils nur zwei Merkmale miteinander verglichen werden, was leichter ist, als mehrere Faktoren in ihrer Bedeutung zueinander festzulegen. Außerdem hat das Verfahren den Vorteil, dass die Entscheidung dokumentiert ist und transparent nachvollzogen werden kann.

Der Aufwand ist größer als ein Vergleich mittels Abstimmung oder beim Kleben von Punkten. In aller Regel wird dies aber durch eine hohe Akzeptanz der Beteiligten belohnt, da im Gegensatz zu den oben genannten Methoden die Rangreihe systematisch erarbeitet wird.

Beispiel

Bewertung: **2 = wichtiger als** **1 = gleich wichtig wie** **0 = weniger wichtig als**	**Alternative 1**	**Alternative 2**	**Alternative 3**	**Summe**	**Rangreihe**
Alternative 1		2	1		
Alternative 2	0		0		
Alternative 3	1	2			

Abb.: Beispiel Paarvergleich

Anwendung

Step 1: Matrix erstellen

Erstellen Sie eine Matrix. Je nach Zielsetzung beschriften Sie die letzte Spalte z.B. mit „Rangreihe" oder „Gewichtungsfaktor". Tragen Sie senkrecht und waagerecht die Alternativen (Probleme, Lösungen, Merkmale, Ziele, Ideen, Aufgaben, ...) in gleicher Reihenfolge ein.

Step 2: Bewerten

Waagerecht beginnend fragen Sie die Gruppe, wie sich das erste Merkmal (Alternative 1) im Vergleich zu dem ersten senkrechten Merkmal (Alternative 2) verhält.

a) Ist es wichtiger, wird eine 2 eingetragen.
b) Ist es gleich wichtig, wird eine 1 eingetragen.
c) Ist es unwichtiger, trägt man eine 0 ein.

Fahren Sie so für alle Merkmale rechts über der Diagonalen fort.

Bewertung: **2 = wichtiger als** **1 = gleich wichtig wie** **0 = weniger wichtig als**	**Alternative 1**	**Alternative 2**	**Alternative 3**	**Alternative 4**	**Summe**	**Rangreihe**
Alternative 1		2	1	2		
Alternative 2			0	2		
Alternative 3				0		
Alternative 4						

Step 3: Berechnen

Spiegeln Sie für die Felder links unter der Diagonalen alle Zahlen „invers", das heißt: 2 wird 0, 1 bleibt 1, 0 wird 2.

Bewertung: **2 = wichtiger als** **1 = gleich wichtig wie** **0 = weniger wichtig als**	**Alternative 1**	**Alternative 2**	**Alternative 3**	**Alternative 4**	**Summe**	**Rangreihe**
Alternative 1		2	1	2		
Alternative 2	0		0	2		
Alternative 3	1	2		0		
Alternative 4	0	0	2			

Step 4: Matrix auswerten

Bilden Sie waagerecht Quersummen über die gesamte Zeile – links und rechts der Diagonalen. Je nach Zielsetzung können Sie nun einzelne Alternativen auswählen, Rangreihen erstellen oder Gewichtungsfaktoren ermitteln.

- Zur Ermittlung von Rangreihen sortieren Sie die Alternativen aufsteigend nach Summe. Der höchste Wert erhält Rang 1.
- Zur Ermittlung der Gewichtungsfaktoren dividieren Sie den Summenwert durch die Gesamtsumme (Beispiel siehe S. 165).

Bewertung: **2 = wichtiger als** **1 = gleich wichtig wie** **0 = weniger wichtig als**	**Alternative 1**	**Alternative 2**	**Alternative 3**	**Alternative 4**	**Summe**	**Rangreihe**
Alternative 1		2	1	2	5	1
Alternative 2	0		0	2	2	3
Alternative 3	1	2		0	3	2
Alternative 4	0	0	2		2	3

Praxistipps

- Der Moderator sollte darauf achten, dass im Konfliktfall nicht zu schnell auf die 1 (gleich wichtig) zurückgegriffen wird, nur um einen Konsens zu erreichen. Dadurch entsteht die Gefahr, dass ein undifferenziertes Ergebnis zustande kommt.

- Wenn Sie – wie empfohlen – die Vergleiche mit dem gesamten Team durchführen, kann es zu unterschiedlichen Sichtweisen und Bewertungen kommen.
  - Sollte sich bei bestimmten Punkten keine Einigkeit erzielen lassen, empfiehlt sich die Kennzeichnung dieses Punktes (Blitz). Aufgrund der hohen Anzahl der Wertungspunkte sind einzelne Unstimmigkeiten selten am Ende ausschlaggebend. Dies kann der Gruppe sichtbar gemacht werden, indem verschiedene Szenarien mit unterschiedlichen Wertungen durchgespielt werden („Was wäre wenn ...“).
  - Nicht immer ist es Unfähigkeit der Gruppe, sich zu einigen, vielmehr ist es häufig ein Hinweis auf nicht eindeutig geklärte Parameter. Klären Sie, ob alle Alternativen klar und verstanden sind. Falls erforderlich, präzisieren oder streichen Sie Alternativen.
  - Vermeiden Sie möglichst Mehrheitsentscheide, bitten Sie stattdessen die Teilnehmer, ihre Entscheidung auf eine Karte zu schreiben. Als Moderator zählen Sie die Punkte zusammen, teilen sie durch die Anzahl der Teilnehmer und tragen den Durchschnittswert in die Matrix ein. Die Gegensumme beträgt dann jeweils die Differenz zu 2. Beträgt z.B. der berechnete Wert 0,5 so ist der Gegenwert 1,5. Kann die Gruppe dieses Vorgehen ebenfalls nicht akzeptieren, könnte dies

ein Hinweis auf einen Konflikt sein, der in der Gruppe zum Thema gemacht werden sollte.

- Manchen Teilnehmern fällt es schwer, Step 3 nachzuvollziehen. Fragen Sie in diesem Fall die Teilnehmer: „Ist Essen wichtiger als Trinken?" Aus der Antwort „Nein" (0) folgt zwingend, dass beim umgekehrten Vergleich, dass nämlich Trinken wichtiger ist als Essen, die Antwort nur „Ja" (2) lauten kann.

- In manchen Fällen kann es sinnvoll sein, Vergleiche nicht mit dem gesamten Team durchzuführen, z.B. wenn
  - einzelne Teammitglieder die Gruppe sehr dominieren,
  - Sie Meinungsunterschiede oder Übereinstimmungen transparent machen möchten,
  - Sie auch stillere Teammitglieder in den Entscheidungsprozess einbinden wollen.

  In diesem Fall bitten Sie jedes Teammitglied, alle Vergleiche zunächst für sich durchzuführen. Im zweiten Schritt tragen Sie die Ergebnisse im Plenum zusammen.

Präsentation

Wenn die Gruppe mit dem Tool bzw. dem Vorgehen nicht hinreichend vertraut ist, erläutern Sie kurz die Vorgehensweise.

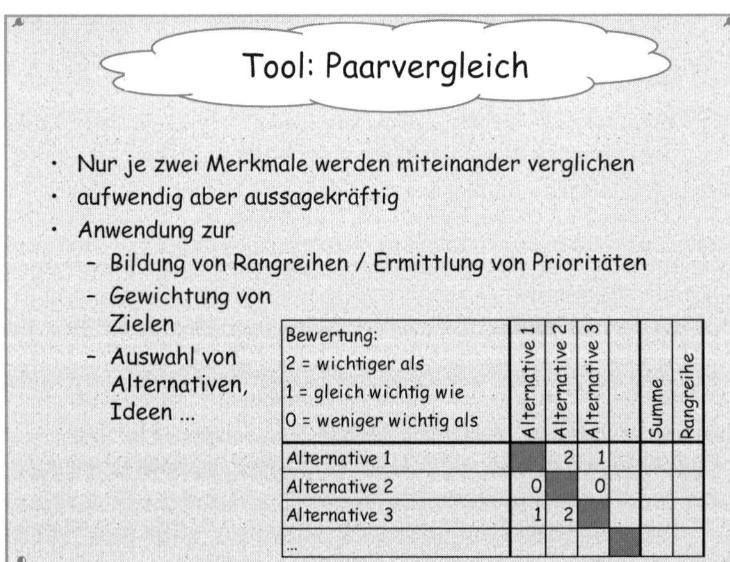

Übung

Je nach Erfahrung der Gruppe und Komplexität des Themas kann es sinnvoll sein, den Paarvergleich zu üben. Im Beispiel wollen Sie die Kriterien für die Anschaffung Ihres neuen Kfz gewichten. Mögliches Ergebnis der Übung:

Bewertung: **2 = wichtiger als** **1 = gleich wichtig wie** **0 = weniger wichtig als**	**Sicherheit**	**Hohe Beschleunigung**	**Geringe Unterhaltskosten**	**Niedrige Anschaffungskosten**	**Bequemlichkeit**	**Prestige**	**Summe**	**Gewichtungsfaktor**
Sicherheit		2	0	1	1	1	5	0,17
Hohe Beschleunigung	0		0	1	0	0	1	0,03
Geringe Unterhaltskosten	2	2		2	1	0	7	0,23
Niedrige Anschaffungskosten	1	1	0		0	2	4	0,13
Bequemlichkeit	1	2	1	2		2	8	0,27
Prestige	1	2	2	0	0		5	0,17
Summe	5	9	3	6	2	5	30	1

Moderatorenhinweis

Anspruch

Leicht. Bei größeren Gruppen und größerer Anzahl zu vergleichender Paare allerdings zunehmend aufwendiger.

Zeitbedarf

Vorstellung des Tools:	10 Minuten
Anwendung je nach Komplexität des Problems:	15-120 Minuten

Gruppengröße

Für Einzelarbeit und kleinere Gruppen (ideal 3-6, maximal 8 Teilnehmer) gut geeignet.

Phaseneinsatz

Immer dann, wenn es um das Auswählen, Priorisieren oder Gewichten einer begrenzten Anzahl von Themen oder Aspekten geht. Da der Paarvergleich den Weg der Entscheidung besser strukturieren kann, eignet er sich für die Phase 1 (Klärung), um das Problem auszuwählen und die Entscheidung zu reflektieren.

In Phase 3 (Lösung) wird er eingesetzt, wenn es darum geht, aus verschiedenen Lösungsansätzen und -vorschlägen die passenden herauszusuchen.

Weiterarbeit

Je nach Fragestellung sind Folge-Tools z.B. in Phase 1 (Klärung) *Auswirkungsanalyse, Stakeholderanalyse* oder *Auftragsklärung;* in Phase 3 (Lösung) ein *Mind Map* und zur Ausarbeitung der Lösung die *Kraftfeldanalyse* oder ein *Maßnahmenplan*.

Papiercomputer

Das Tool

Der Papiercomputer ist ein vermutlich um 1991 (einige Quellen nennen die späten 1980er Jahre) von Frederic Vester entwickeltes grafisches Hilfsmittel zur Herstellung von Verbindungen zwischen verschiedenen Begriffen nach vermuteter Ursache-Wirkungs-Beziehung. Ziel ist es dabei, herauszuarbeiten, welche Einflüsse verändert werden müssen, um ein bestimmtes Ergebnis zu erreichen.

Beispiel

Eine Führungskraft versucht, aus den Rückmeldungen zu ihrem Führungsverhalten den wichtigsten Punkt herauszufiltern. Mit Hilfe des Papiercomputers analysiert sie die Ursache-Wirkungs-Beziehungen und findet heraus, dass der Punkt „hat zu viel operative Aufgaben" den größten Hebel darstellt (siehe Tabelle auf der Folgeseite).

	Gibt zu wenig Rückmeldung	Kommuniziert zu wenig	Ist zu wenig in der Organisation vernetzt	Hat keine Ziele/Vision	Hat zu viele operative Aufgaben	**A-Summe**	**Quotient A/P**	**Differenz A-P**
Gibt zu wenig Rückmeldung		0	1	1	0	2	0,3	-4
Kommuniziert zu wenig	2		2	0	0	4	2,0	0
Ist zu wenig in der Organisation vernetzt	2	0		2	0	4	0,7	-2
Hat keine Ziele/Vision	0	0	1		2	3	0,8	-1
Hat zu viele operative Aufgaben	2	2	2	1		7	3,5	5
P-Summe	6	2	6	4	2			
Quotient P/A	3,0	0,5	1,5	1,3	0,3			
Differenz P-A	4	-2	2	1	-5			

Abb.: Beispiel Papiercomputer

Anwendung

Step 1: Themen listen

Erstellen Sie eine kurze Liste von Themen (Ideen, Problemen), die Sie untersuchen wollen. Hat Ihre Liste mehr als 6-10 Themen, verkürzen Sie diese bei Bedarf, etwa per *Mehrfachabstimmung*.

Mit jedem weiteren Thema steigt die Anzahl der Vergleiche und damit der Zeitaufwand überproportional an. Bei 4 Kriterien haben Sie 12 Paare zu bewerten, bei 5 Kriterien 20, bei 6 Kriterien 30 usw.

Step 2: Matrix erstellen

Erstellen Sie eine Matrix. Tragen Sie senkrecht und waagerecht die Themen in gleicher Reihenfolge ein.

Hat Einfluss auf ▶	Thema 1	Thema 2	Thema 3	Thema 4	Thema 5	Thema 6
Thema 1						
Thema 2						
Thema 3						
Thema 4						
Thema 5						
Thema 6						

Step 3: Bewertung

Waagerecht beginnend, fragen Sie die Gruppe, welchen Einfluss Thema 1 auf Thema 2 hat.

- Hoher Einfluss: Tragen Sie eine 2 ein.
- Leichter Einfluss: Tragen Sie eine 1 ein.
- Kein Einfluss: Tragen Sie eine 0 ein.

Hat Einfluss auf ▶	Thema 1	Thema 2	Thema 3	Thema 4	Thema 5	Thema 6
Thema 1		0	1	1	0	0
Thema 2	1		2	1	0	1
Thema 3	2	0		2	0	2
Thema 4	1	0	1		1	0
Thema 5	2	2	2	1		2
Thema 6	1	0	2	0	1	

Für differenziertere Betrachtungen wählen Sie ein feineres Raster, z.B.:

- Hoher Einfluss: Tragen Sie 6-8 Punkte ein.
- Mittlerer Einfluss: Tragen Sie 3-5 Punkte ein.
- Wenig bis kein Einfluss: Tragen Sie 0-2 Punkte ein.

Wir empfehlen dies jedoch nur bei kleinen Gruppen und geringer Anzahl von zu vergleichenden Themen.

Fahren Sie zeilenweise fort, bis Sie den Einfluss jeden Kriteriums auf jedes andere bewertet haben.

Step 4: Addition

Addieren Sie nun die Einzelwerte senkrecht und waagerecht.
Die Summen der Zeilen geben Aufschluss über den Aktivwert des Themas (A-Summe). Ein hoher Wert bedeutet, dass dieses Thema hohen Einfluss auf andere Themen hat, sozusagen der Treiber ist. Wenn Sie dieses Thema bearbeiten, wird es großen Einfluss auf die anderen Themen haben. Ein niedriger Wert bedeutet, dass dieses Thema wenig Einfluss auf andere Themen hat.

	Thema 1	Thema 2	Thema 3	Thema 4	Thema 5	Thema 6	**A-Summe**	**Quotient A/P**	**Differenz A-P**
Thema 1		0	1	1	0	0	2	0,3	-5
Thema 2	1		2	1	0	1	5	2,5	2
Thema 3	2	0		2	0	2	6	0,8	-2
Thema 4	1	0	1		1	0	3	0,6	-2
Thema 5	2	2	2	1		2	9	4,5	5
Thema 6	1	0	2	0	1		4	0,8	4
P-Summe	7	2	8	5	2	5			
Quotient P/A	3,5	0,4	1,3	1,7	0,2	1,3			
Differenz P-A	5	-5	2	2	-7	5			

Die Summen der Spalten geben Aufschluss über den Passivwert des Themas. Ein hoher Wert bedeutet, dass dieses Thema stark von anderen Themen beeinflusst wird. Ein niedriger Wert bedeutet, dass dieses Thema wenig von den anderen Themen beeinflusst wird. Dieses Thema können Sie also nicht indirekt über andere Themen (mit-)bearbeiten.

Die weiteren Auswertungen, nämlich Quotient oder Differenz aus Aktiv- und Passivwert, ergänzen diese Aussagen. So gibt es bei den Passivwerten Thema 1 und Thema 3 mit hohem Passivwert (7 bzw. 8), Thema 1 hat aber den höheren Wert bei Quotient und Differenz und ist damit am meisten durch die anderen beeinflusst.

Step 5: Interpretation

Interpretieren Sie mit der Gruppe das Ergebnis. Wählen Sie das Thema mit dem größten Aktivwert zur Weiterbearbeitung aus.

Praxistipps

- Der Papiercomputer gibt Ihnen keine Aussage über die absolute Bedeutung eines Themas, sondern nur über dessen Auswirkungen auf andere. Nicht in jedem Fall ist das Thema mit dem höchsten Aktivwert/Einfluss auch das wichtigste, meist jedoch „das Mittel zum Zweck".
- Trotz ähnlichen Aussehens/Vorgehens sind Papiercomputer und *Paarvergleich* zwei sehr unterschiedliche Tools. Beide vergleichen paarweise, während der Paarvergleich jedoch Prioritäten und Rangreihen ermittelt, sucht der Papiercomputer nach Ursache-Wirkungs-Beziehungen und Hebeln.

Präsentation

Da die Gruppe gewöhnlich mit dem Werkzeug und dem Vorgehen nicht hinreichend vertraut ist, erläutern Sie kurz die Vorgehensweise und welche Aussagen hinter den Begriffen Aktiv- und Passivwert stecken.

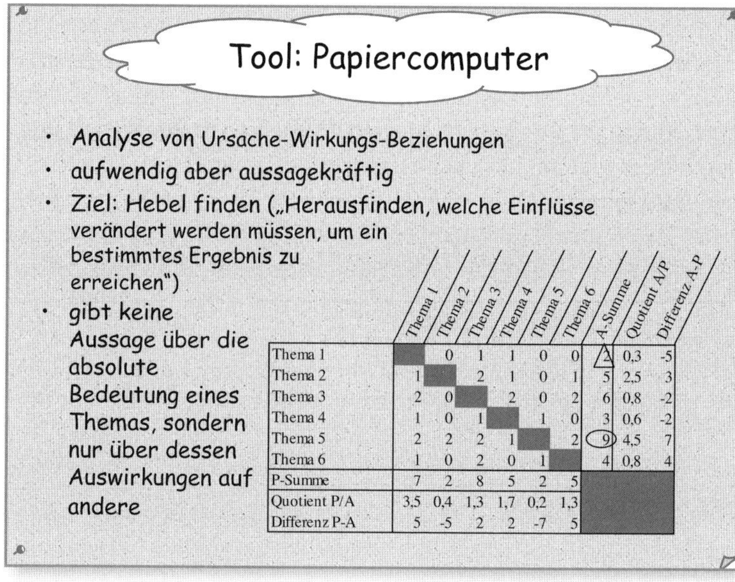

Abb.: Schlüsselpunkte

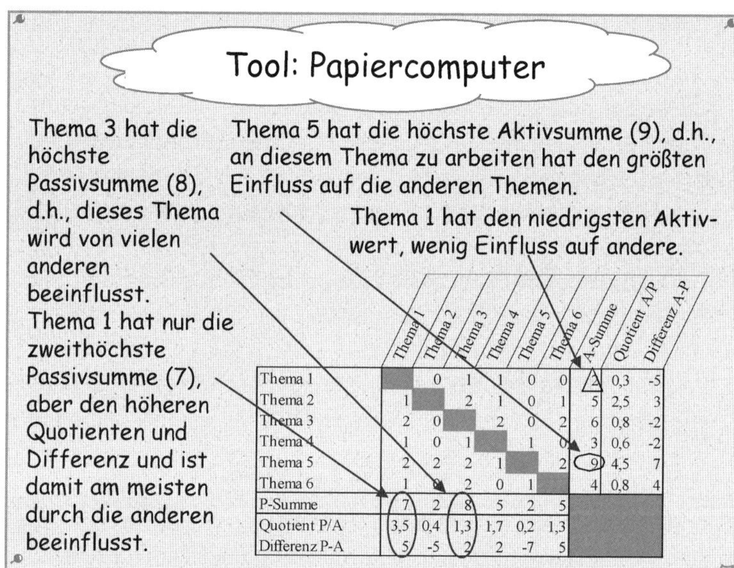

Abb.: Schlüsselpunkte

Übung Je nach Erfahrung der Gruppe und Komplexität des Themas kann es sinnvoll sein, die Technik des Papiercomputers anhand eines neutralen Themas zu üben, z.B.:

- Trennungsgründe für Paare
- Determinanten für die neue Armut in Deutschland

So könnte das Ergebnis zum Thema „Trennungsgründe für Paare" aussehen – folgende Gründe wurden zusammengetragen:

- Erziehung/Kinder
- Wunsch nach Singleurlaub
- Geldsorgen
- Schwiegermutter
- Kommunikation
- Haustier
- Betrug
- Unterschiedliche Interessen

Per Mehrfachabstimmung wurden die bedeutendsten Themen ermittelt. Diese fünf Themen wurden in die Matrix eingetragen und wie folgt bewertet:

	Erziehung/ Kinder	Geldsorgen	Kommunika-tion	Betrug	Unterschiedl. Interessen	**A-Summe**	**Quotient A/P**	**Differenz A-P**
Erziehung/Kinder		0	1	1	0	2	0,3	-4
Geldsorgen	1		2	1	0	4	2	2
Kommunikation	2	0		2	0	4	0,7	-2
Betrug	1	0	1		1	3	0,6	-2
Untersch. Interessen	2	2	2	1		7	7	6
P-Summe	6	2	6	5	1			
Quotient P/A	3	0,5	1,5	1,7	0,1			
Differenz P-A	4	-2	2	2	-6			

Den höchsten Aktivwert erreichen die „unterschiedlichen Interessen" (bestätigt durch hohe Werte bei Quotient/Differenz). Paaren sollte nach dieser Analyse also empfohlen werden, gemeinsame Interessen zu finden, da diese hohen Einfluss auf alle anderen Trennungsgründe haben. Dieser Punkt sollte direkt angegangen werden, der niedrige Passivwert bedeutet nämlich, dass sich dieser Punkt kaum indirekt über die anderen Themen bewegen lässt.

Erziehungsfragen zu regeln, kann natürlich sinnvoll sein, hat aber nach dieser Analyse den niedrigsten Aktivwert und damit wenig

Einfluss auf die anderen Punkte. Außerdem wird er (hoher Passivwert) über die anderen Punkte „mitbewegt".

Moderatorenhinweis

Anspruch

Mittel bis schwer: Grundsätzlich ist die Methode in Verständnis und Anwendung intellektuell anspruchsvoll. Die ersten beiden Steps, also das Finden der Themen und das Erstellen der Matrix sind eher einfach. Anspruchsvoller wird es, die Gruppe zügig durch die Bewertungsphase zu moderieren, besonders in einer größeren Gruppe und bei einer größeren Anzahl von Faktoren.
Besonders anspruchsvoll ist der letzte Step, die Interpretation der Ergebnisse. Hier sollten Sie darauf achten, dass alle Teammitglieder die Schlüsse nachvollziehen können.

Zeitbedarf

Vorstellung des Tools:	10-15 Minuten
Anwendung des Tools in Abhängigkeit von der Anzahl der Faktoren/Themen, der Größe der Arbeitsgruppe und dem Maß an Beteiligung der Systemmitglieder	
kleine Gruppen (2-3 Personen), relativ wenig Faktoren/Themen (<5)	1 Stunde
mittlere Gruppe (4-6 Personen), einige Faktoren/Themen (6-8)	2-3 Stunden
große Gruppe, viele Faktoren	nicht zu empfehlen

Gruppengröße

Der Papiercomputer kann von einer einzelnen Person wie auch in Gruppen angewendet werden. In Gruppen wird der Zeitaufwand deutlich größer. Angesetzt werden Zeiten ab einer Stunde für eine Person mit einer einfachen Aufgabenstellung bis zu mehrtägigen Durchläufen bei komplexen Themen in Gruppen. Die Methode kann sehr pragmatisch eingesetzt werden, da sie einfach auf Flipcharts durchgeführt werden kann.

Phaseneinsatz

Da der Papiercomputer insbesondere für die Analyse von Ursache-Wirkungs-Zusammenhängen genutzt wird, eignet er sich insbesondere für die Phase 2 (Ursachen).

Idealerweise wird der Papiercomputer zum Abschluss der Phase 2 angewendet, wenn es darum geht, die Problem verursachenden Faktoren, also die Ursache mit dem größten Hebel, zu identifizieren. Eventuell ist der Papiercomputer als Tool in Phase 1 (Klärung) einsetzbar, um das Problem mit dem größten Hebel auszuwählen und die Entscheidung zu reflektieren.

Mit dem Papiercomputer arbeiten Sie mit einem Tool, mit dem Sie die geschätzten Wirkungsintensitäten innerhalb eines komplexen Netzwerkes von Faktoren analysieren können. Die Ergebnisse dieser Analyse lassen sich sehr gut zur Entscheidungshilfe über Eingriffsmöglichkeiten und -strategien für systematische Veränderungsprozesse nutzen.

Weiterarbeit

Als Folge-Tool eignet sich in Phase 1 (Klärung) die *Auftragsklärung*. In Phase 2 (Ursachen) schließt der Papiercomputer gewöhnlich die Phase ab, es folgt Phase 3 (Lösung) mit *Brainstorming, Analogietransfer, Flowchart* oder anderen Tools zur Entwicklung der Lösung (siehe S. 40).

Pareto-Analyse

Das Tool

Der Name stammt von dem italienischen Ingenieur, Ökonomen und Soziologen Vilfredo Pareto (1848-1923), der als Professor für Volkswirtschaft an der Universität Lausanne die Verteilung des Volkseinkommens analysierte und zu dem Ergebnis kam, dass 80% des Vermögens bei 20% der Familien konzentriert war.

Daraus leitet sich das Pareto-Prinzip (auch 80/20-Regel genannt) ab, das sich in allen Lebensbereichen wiederfindet, z.B.:

- 20% der Mitarbeiter beanspruchen 80% der Führungskapazität
- 20% der Kunden bringen 80% des Umsatzes
- 20% der Waren eines Inventars machen 80% des Wertes aus

Dieses Prinzip lässt sich sehr gut auf Problemlöseprozesse übertragen. Bei der Suche nach Fehlern oder Ursachen ist es sinnvoll und meist auch notwendig, sich auf die wesentlichen Größen zu konzentrieren und nicht alle Ursachen anzugehen. Hier hilft das Pareto-Prinzip, welches besagt, dass nur wenige Ursachen (20%) die meisten Auswirkungen eines Problems (80%) ausmachen. Diesen Hebel gilt es mittels Pareto-Analyse zu finden.

Dazu werden Daten systematisch auf eine mögliche Pareto-Struktur hin untersucht. Die Darstellung der Ergebnisse erfolgt in einem Balkendiagramm. Die Balken sind in absteigender Reihenfolge von links nach rechts angeordnet, der Balken zur Darstellung der größten Ursache befindet sich demnach ganz links.

Beispiel

In diesem Beispiel verursacht eine Ursache rund 3/4 aller Fehler. Für die weitere Bearbeitung bietet daher die Fokussierung auf Ursache 1 den größten Hebel.

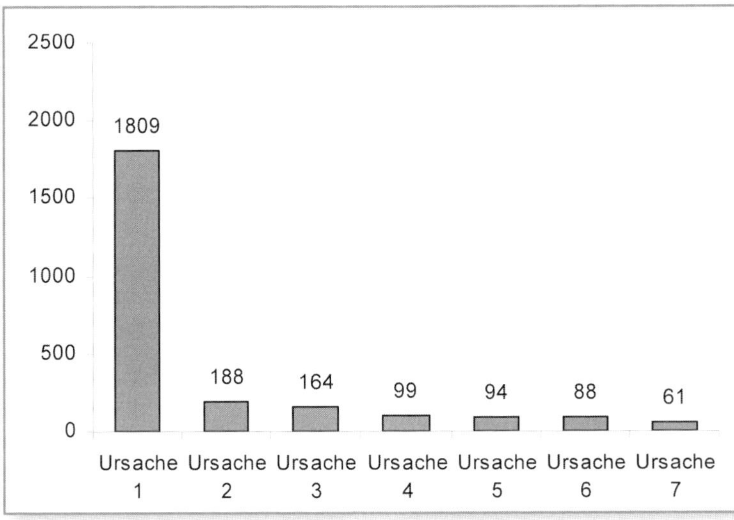

Abb.: Beispiel Pareto-Analyse

Anwendung

Step 1: Daten erfassen

Entscheiden Sie, welche Daten Sie der Pareto-Analyse unterziehen wollen (siehe beispielsweise *Datenerfassungsplan*). Ermitteln Sie die Häufigkeiten jeder Kategorie.

Step 2: Visualisieren

Zeichnen Sie ein Balkendiagramm. Die Kategorien, nach denen Sie auswerten wollen, tragen Sie in absteigender Reihenfolge auf der horizontalen Linie ein (x-Achse), die Häufigkeiten auf der vertikalen Linie (y-Achse). Wichtig: Die Höhe der vertikalen Achse richtet sich nach der Gesamtsumme.

Step 3: Auswerten

Werten Sie die Ergebnisse aus. Das Pareto-Prinzip greift, wenn eine oder wenige Kategorien oder Faktoren hauptsächlich für das Problem verantwortlich sind. Ergibt Ihre Auswertung keine Pareto-Struktur, versuchen Sie, die Daten nach anderen Kriterien auszuwerten oder eine andere Möglichkeit zur Untersuchung Ihrer Daten oder zur Suche nach Ursachen finden. Bei größeren Datenmengen ist PC-Unterstützung sinnvoll, beispielsweise in Excel mit Diagrammen oder PivotChart-Bericht.

Step 4: Maßnahmen

Richten Sie Ihre Maßnahmen oder weitere Analysen anhand des Pareto-Diagramms aus.

Praxistipps

- Von entscheidender Bedeutung ist die Qualität der erhobenen Daten. Die Planung sollte sorgfältig mittels *Datenerfassungsplan* erfolgen. Merkmale, die Sie nicht erhoben haben, können Sie logischerweise nicht als Ursache ermitteln.

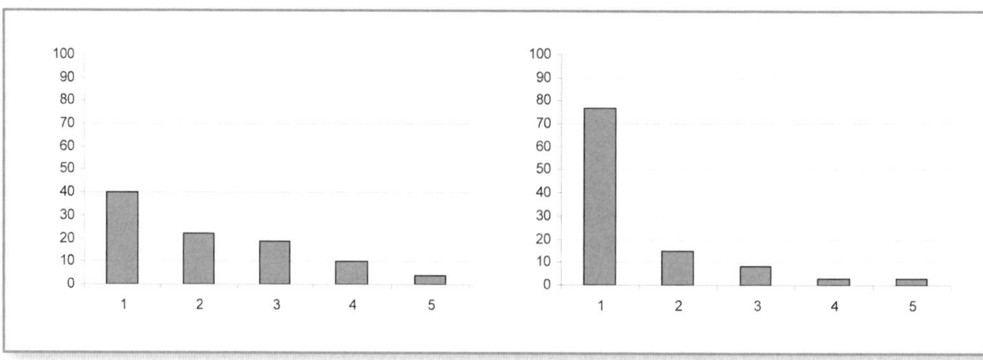

Abb.: Der Anteil sollte möglichst nah an 80% liegen (rechte Abb.)

Der 80%-Wert ist nur als Hilfsgröße und nicht als absoluter Wert zu sehen. Es geht aber nicht darum, nur die Ursache mit dem größten Anteil zu ermitteln (Abb. links). Der Anteil sollte zumindest nah an 80% liegen (Abb. rechts).

Präsentation

Stellen Sie kurz die Besonderheiten der Pareto-Analyse vor. Die Darstellung ist zwar im Ergebnis ein Balkendiagramm, entscheidend ist jedoch der vorangehende Analyseprozess und das Auffinden von Pareto-Strukturen in den erhobenen Daten.

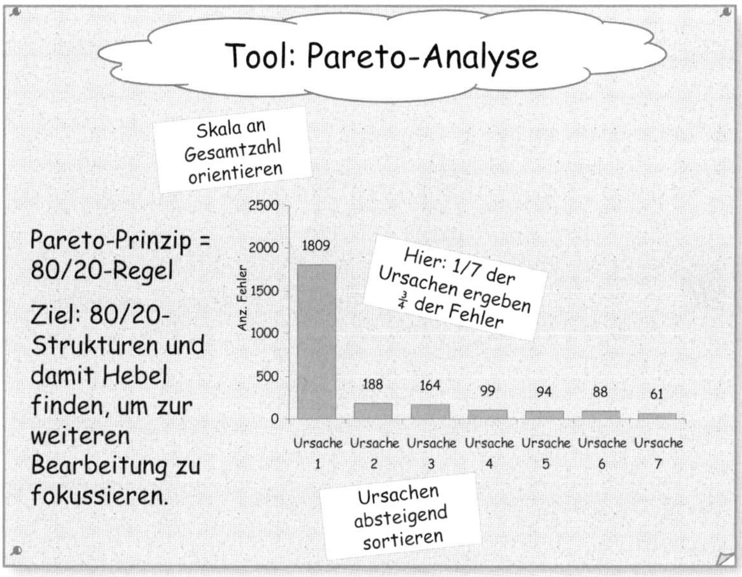

Abb.: Schlüsselpunkte

Übung

Je nach Erfahrung der Gruppe und Komplexität des Themas kann es sinnvoll sein, die Technik der Pareto-Analyse anhand eines neutralen Themas zu üben, wie etwa anhand folgender Zusammenfassung der Daten eines Prüfbogens eines Wohnwagenherstellers:

	Montag		Dienstag		Mittwoch		Donnerstag		Freitag	
Fehlerart	**1. Schicht**	**2. Schicht**	**1. Schicht**	**2. Schicht**	**1. Schicht**	**2. Schicht**	**1. Schicht**	**2. Schicht**	**1. Schicht**	**2. Schicht**
Flecken	15	15	18	15	10	15	25	15	18	18
Stoßstellen	11	11	7	11	5	11	12	11	13	7
Kratzer	90	111	98	90	94	98	110	131	97	98
Streifen	20	20	15	20	18	17	20	20	23	15
lose Teile	5	3	7	5	10	5	8	5	6	7
Dellen	10	10	5	10	8	10	6	10	20	5
Streustrahlen	10	11	9	10	7	11	10	6	5	9

Abb.: Anzahl Fehler je Fehlerart, Wochentag und Schicht

Die Auswertungen nach Wochentagen *(Abb. unten links)* und Schichten ergab keine Pareto-Struktur. Die Auswertung nach Fehlerart *(Abb. unten rechts)* bringt den entscheidenden Hinweis, sich schwerpunktmäßig mit der Fehlerart „Kratzer" weiter zu beschäftigen.

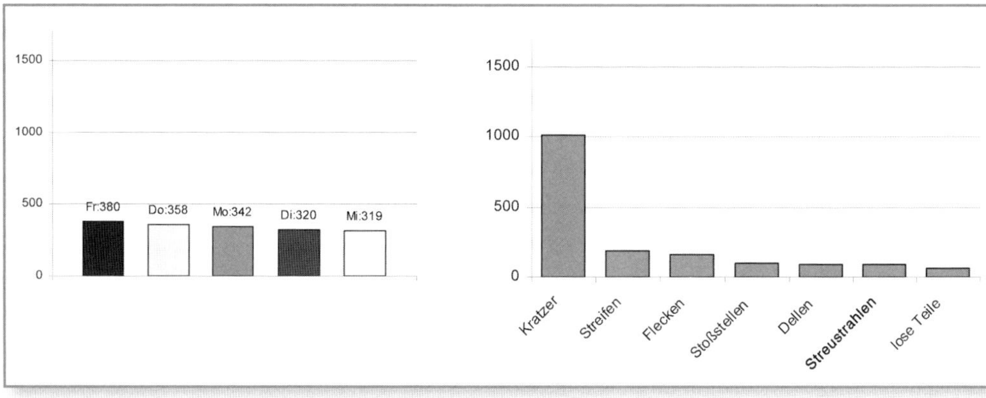

Abb.: Auswertungen

Moderatorenhinweis

Anspruch

Leicht.

Zeitbedarf

Vorstellung des Tools:	10 Minuten
Anwendung je nach Umfang der Daten:	10-120 Minuten

Gruppengröße

Planung der Pareto-Analyse (welche Daten werden wie gematcht/ korreliert) als Kleingruppenarbeit (Gruppengröße 3-4 Teilnehmer). Die Durchführung der Pareto-Analyse eignet sich besonders gut für Einzelarbeit.

Phaseneinsatz

Die Pareto-Analyse eignet sich insbesondere hinsichtlich der Eingrenzung und Ermittlung der Hauptursachen eines Problems (Phase 2 – Ursachen). Sie basiert auf den über den *Datenerfassungsplan* ermittelten Daten.

Weiterarbeit

Wenn in Phase 2 (Ursachen) eine Pareto-Struktur gefunden wurde, folgt der Einstieg in Phase 3 (Lösung) mit verschiedenen Tools wie *Flowchart, Brainstorming, Analogietransfer*.

Ansonsten fahren Sie mit der Erhebung und Auswertung weiterer Daten fort oder nutzen andere Tools zur Ursachenermittlung wie *Ishikawa-Diagramm* oder *Papiercomputer*.

Präsentation

Das Tool

Um einen größeren Personenkreis einzubinden, ist eine Präsentation das geeignete Tool. Diese eher formelle Kommunikationsmethode wird immer dann eingesetzt, wenn eine größere Gruppe informiert werden muss oder deren Zustimmung und Unterstützung benötigt wird. Nutzen Sie eine Präsentation, um

- über Ideen und Ergebnisse zu informieren,
- Akzeptanz für Ihr Vorhaben zur gewinnen,
- andere von einer Vorgehensweise zu überzeugen,
- Verständnis und Unterstützung zu erlangen,
- Entscheidungen herbeizuführen.

Beispiel

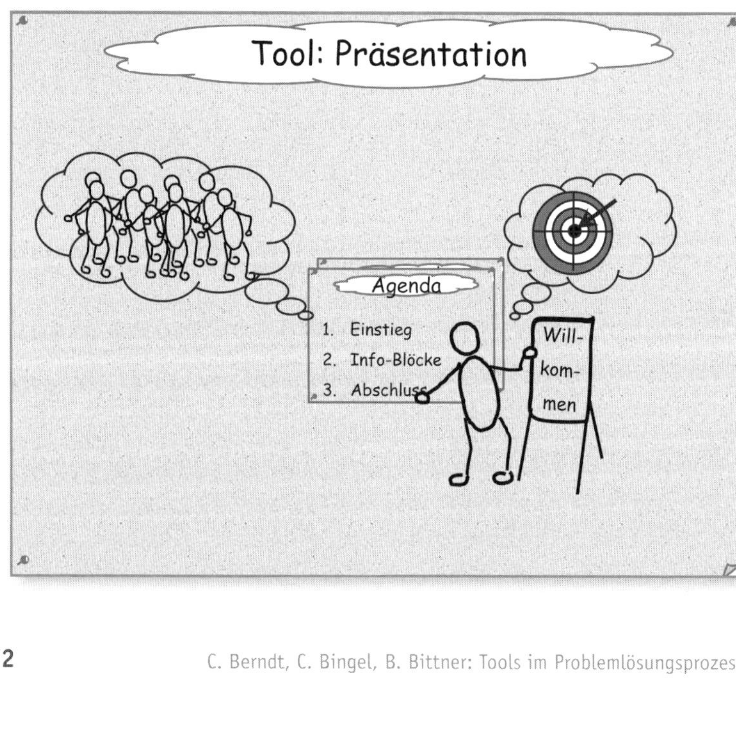

Abb.: Beispiel Präsentation

Anwendung

Die Steps 1-6 befassen sich mit der Vorbereitung der Präsentation; Step 7 mit der Durchführung.

Step 1: Thema festlegen

Definieren Sie das Thema, über das Sie sprechen wollen.

Step 2: Zielgruppe analysieren

Stellen Sie – z.B. in einem *Mind Map* – alle wichtigen Aspekte über Ihre Zielgruppe zusammen, z.B.:

- Wo steht die Zielgruppe? (Einstellung zum Thema – warum ist Ihr Thema für diese Zielgruppe wichtig, welche Interessen, Vorkenntnisse, Vorurteile, Befürchtungen, Wünsche und Erwartungen gibt es?)
- Was möchten Sie erreichen? (Sollen die Zuhörer informiert werden, akzeptieren, überzeugt sein, etwas tun? Und welche Vorteile haben die Zuhörer von dem Thema?)
- Nutzen Sie dazu gegebenenfalls die Ergebnisse aus der *Stakeholderanalyse*.

Step 3: Inhalte erarbeiten

- Sammeln Sie Informationen zum Thema, etwa per *Brainstorming*
- Gruppieren Sie die Informationen zu Blöcken, beispielsweise per *Affinitätendiagramm*
- Wählen Sie die für Ihre Zielgruppe drei wichtigsten Infoblöcke aus, zum Beispiel per *Mehrfachabstimmung*.

Step 4: Medien auswählen

In Abhängigkeit Ihrer Zielgruppe und Themen entscheiden Sie sich nun für die geeigneten Medien. Auch wenn in Ihrer Organisation der PowerPoint-Vortrag schon fast ein „Muss" ist – wägen Sie ab, wie Sie die Nachteile durch ergänzende Medien aufwiegen können. Beispielsweise können Sie die Agenda auf einer Pinwand anbringen (jederzeit sichtbar) oder „spontane" Visualisierungen auf Flipcharts einplanen. Generell gilt: Weniger ist mehr – Die Medien sollen Sie und Ihre Wirkung bei Ihrem Auftritt unterstützen, nicht ersetzen.

Step 5: Präsentation gestalten

Gestalten Sie jetzt erst die eigentliche Präsentation. Folgende Gliederung hat sich in der Praxis bewährt:

1. Einstieg
   a) Thema (ggf. als Frage formuliert)
   b) Interessen der Zuhörer aufzeigen (Bezug herstellen – Was hat das mit Ihnen zu tun?)
   c) Hintergrund darstellen (Warum reden Sie hier?)
   d) Agenda
2. Infoblöcke (Richtwert: Drei Infoblöcke mit je drei Unterpunkten)
3. Abschluss
   a) Zusammenfassung
   b) Appell (Was sollen die Zuhörer jetzt tun?)
   c) Nutzen für Zuhörer aufzeigen
   d) Schlusssatz

Für die Gestaltung Ihrer Charts gilt: Wenig Text, nur Stichpunkte, wenn möglich übersichtliche Bilder oder einfache Fotos zur Verdeutlichung. Das erhöht die Merkfähigkeit.

Step 6: Generalprobe

Bereiten Sie Ihren persönlichen Auftritt, den Raum (Wo steht die Technik, wo stehen Sie?) und die Interaktion vor. Überprüfen Sie die Zeitplanung. Wie reagieren Sie auf kritische Fragen, Einwände und Widerstände?

Step 7: Durchführung und Auswertung

Haben Sie Ihr(e) Ziel(e) erreicht? Welche Ideen/Anregungen kamen aus der Gruppe?

Praxistipps

- Planen Sie genügend Zeit ein, um flexibel auf die Erfordernisse der Zuhörer eingehen zu können.
- Verschaffen Sie sich selbst Sicherheit, indem Sie die Präsentation in einer Generalprobe durchgehen.
- Bei einer geringen Anzahl von Einzubindenden (zu Informierenden etc.) ziehen Sie das persönliche Gespräch (siehe Tool *Kommunikation*) vor.

Präsentation

In der Regel haben die Teammitglieder Erfahrung mit Präsentationen. Stellen Sie kurz die Vorgehensweise zur Erstellung einer Präsentation vor.

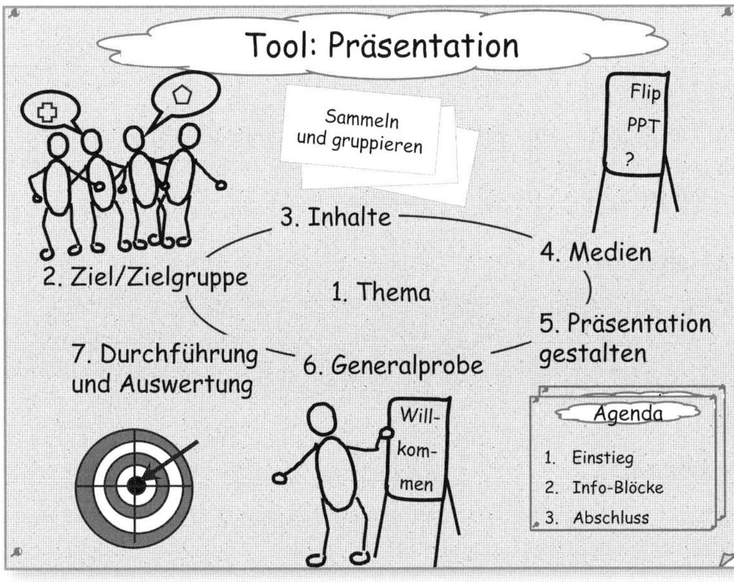

Abb.: Schlüsselpunkte

Übung

▶ Übung 1:
Präsentieren Sie als Vorstand des Kleingartenvereins „Zur wilden Rose" ein Konzept auf der Vereinsversammlung, das alle Mitglieder verpflichtet, einen Apfelbaum zu pflanzen.

▶ Übung 2:
Präsentieren Sie als Geschäftsführer die Entscheidung, dass ab jetzt in den Geschäftsräumen nicht mehr geraucht werden darf.

Moderatorenhinweis

Anspruch

Mittel: Allseits bekannt und doch immer wieder unterschätzt.

Zeitbedarf

Vorstellung des Vorgehens: 5-10 Minuten
Vorbereitung der Präsentation in Abhängigkeit der Präsentationsdauer.

Ein Richtwert:
Bei kurzen Präsentationen Faktor 50, bei längeren reduziert sich die Vorbereitung bis ca. Faktor 10:

Präsentationsdauer 5 Minuten (x Faktor 50)	250 Minuten
Präsentationsdauer 60 Minuten (x Faktor 10)	600 Minuten

Gruppengröße

Die Erarbeitung einer Präsentation ist als Einzelarbeit oder für Kleingruppen geeignet, ausgenommen Step 5 – dieser sollte besser als Einzelarbeit durchgeführt werden.

Phaseneinsatz

Präsentationen sind in jeder Phase der Problemlösungsmoderation einsetzbar. Besonders eignen sie sich zur Kommunikation zum Auftraggeber und anderen Stakeholdern, insbesondere in Phase 1 (Klärung) und Phase 4 (Transfer).

Weiterarbeit

Je nach Ergebnis und Phase finden Sie Ergänzungen im *Kommunikationsplan* oder *Maßnahmenplan*.

Prüfbogen

Das Tool

Der Prüfbogen ist ein Formular zur Erfassung der Häufigkeit von Ereignissen. Der Prüfbogen kann als Tabelle oder als visueller Prüfbogen gestaltet sein.

Beispiele

Beispiel 1: Prüfbogen eines Elektrounternehmens zur Fehlererhebung für die Produktserie Kaffeemaschinen

Prüfbogen für Kaffeemaschine (# 3467-12)
Prüfungsort: Halle 3 (Qualitätskontrolle)
Prüfer: Lehmann

Fehlerart	**15.4.**	**16.4.**		**Gesamt**
Glasbruch	~~||||~~	||||		
Fehlendes Teil				
Technischer Defekt				
Sicherung				
Kratzer				
Summe				

Abb.: Beispiel Prüfbogen

Beispiel 2: Visueller Prüfbogen Qualitätskontrolle Polsterfabrik

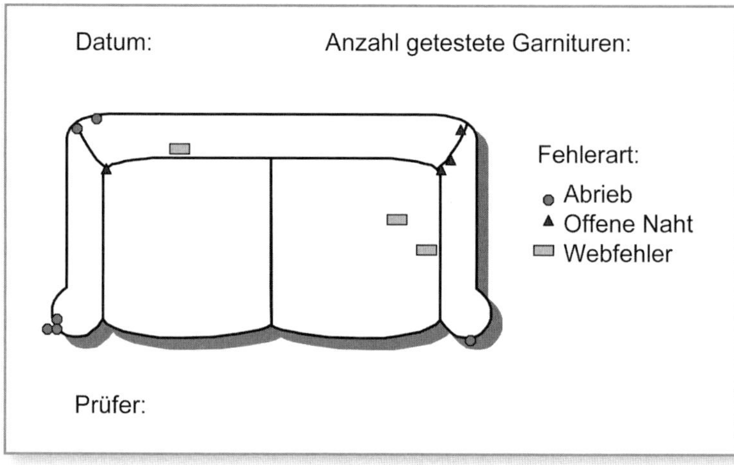

Abb.: Beispiel Prüfbogen

Anwendung

Step 1: Daten definieren

Stellen Sie – zum Beispiel anhand des *Datenerfassungsplans* – fest, welche Daten Sie erfassen wollen.

- Welche Ereignisse (Fehler, Zeiten, Stückzahlen etc.)
- Nach welchen Kriterien (Datum/Uhrzeit, beteiligte Personen/ Gruppen, Ort, ...)

Step 2: Formular erstellen

Erarbeiten Sie ein leicht verständliches Formular, in das die Daten eingetragen werden.

Step 3: Verantwortungen festlegen

Legen Sie fest, wer, wann, wie oft und wie lange die Daten erfassen soll. Bitten Sie diese Person, den Prüfbogen zunächst zu testen und anschließend im verabredeten Umfang anzuwenden.

Step 4: Auswertung

Werten Sie die Ergebnisse aus.

Praxistipps

- Häufig passieren Fehler bei der Erarbeitung von Prüfbogen, auf die Sie als Moderator achten/hinweisen müssen (siehe unten, Beispiel der Waimea Ltd.).
- Die Definition des Problems ist nicht klar oder gut (was ist „pünktlich"?).
- Der Prüfbogen fragt nicht nach Informationen, die wichtig und hilfreich sein können.
- Der Prüfbogen ist zweideutig und führt zu Erfassungsfehlern.
- Er wurde nicht von den richtigen Personen entworfen.
- Es ist nicht klar, wer den Bogen wie oft/lange ausfüllen soll.

Präsentation

Die meisten Teilnehmer kennen Prüfbögen aus dem eigenen Alltag – manchmal unter einem anderen Namen. Fragen Sie nach Beispielen für Prüfbögen und erarbeiten Sie mit der Gruppe, worauf es bei der Erstellung ankommt.

Tool: Prüfbogen

- Formular zur Erfassung von Häufigkeiten
- Alle Kriterien / Dimensionen berücksichtigen (Was Sie nicht erfassen, können Sie später nicht auswerten)
- Stichprobe sorgfältig auswählen
- Prüfbogen testen (lassen)

Produkt: Ort:	Datum:		Prüfer:	
Prüfinhalt	8:00-9.00	12:00-13:00	19:00-21:00	**Gesamt**
Durchlaufzeit über Soll	卌 卌 ||||			
Vollmachten falsch	||||			
Summe Fehler				

Abb.: Schlüsselpunkte

Übung Je nach Erfahrung der Gruppe kann es sinnvoll sein, mit der Gruppe folgendes Beispiel zu besprechen:

Die Waimea Ltd. bietet Touristen geführte Wanderungen auf Hawaii an. Die Gäste werden mehrere Tage zu interessanten Punkten geführt und von Führern, Trägern und Köchen bedient. Die Waimea Ltd. möchte Kundenbeschwerden zum (un-)pünktlichen Servieren der Mahlzeiten nachgehen. Da die Führer die am besten ausgebildeten Mitarbeiter sind, werden diese beauftragt, einen Prüfbogen zu erstellen. Sie erarbeiten folgende Tabelle:

	Beschwerden pro Monat
Nonisaft	
Ananascocktail	
Gemüse mit Reis	
Hangi vom Schwein	
Wurde die Mahlzeit pünktlich serviert? • Ja • Mehr oder weniger • Nein	

Was stimmt mit diesem Prüfbogen nicht – und warum?

Die Waimea Ltd. beauftragt daraufhin die Träger, einen Prüfbogen zu erstellen. Sie erarbeiten folgende Tabelle:

Prüfbogen	Erfasser:	Datum:
Gewicht der Mahlzeit		
Entfernung vom Herd zum Tisch		
Zeit vom Herd zum Tisch		

Was stimmt mit diesem Prüfbogen nicht – und warum?

Stellen Sie sich vor, dass Sie einer der Köche sind. Die Mahlzeiten sollen jeden Abend um 18.00 Uhr pünktlich zubereitet sein und serviert werden. Erarbeiten Sie einen Prüfbogen, um die Pünktlichkeit zu überprüfen.

Mögliches Ergebnis der Übung:

Koch			Servierer				alle
Datum	Gericht	Anzahl Portionen	Fertig gestellt um __Uhr	Serviert um __Uhr	Anzahl Reklamationen	Grund	Bemerkung/ Kommentar
...	Gemüse mit Reis	2	18.15h	18.35	keine	-	-
10.7.	Hangi vom Schwein	10	17:30	18.35	1	Nicht heiß	-
...	...	...					

Moderatorenhinweis

Anspruch

Mittel: Erstellen Sie Prüfbögen nicht in großen Gruppen. Bilden Sie Kleingruppen für einzelne Themen. Sorgen Sie dafür, dass alle Teammitglieder mit den Herausforderungen bei der Erstellung von Prüfbögen vertraut sind.

Zeitbedarf

Vorstellung des Tools:	10-15 Minuten
Anwendung je nach Komplexität des Problems:	15-60 Minuten

Gruppengröße

Das Erarbeiten von Prüfbögen eignet sich gut für Einzel- oder Kleingruppenarbeit (maximal 3-4 Teilnehmer).

Phaseneinsatz

Prüfbögen werden insbesondere in Phase 2 (Ursache) zur Erhebung von Daten eingesetzt, um die Ursachen zu ermitteln. Der erarbeitete Prüfbogen sollte in der Phase 4 (Transfer) auch zur Überwachung genutzt werden.

Prüfbögen können aber auch Probleme identifizieren und damit ein Einstieg in den Problemlösungsprozess sein.

Weiterarbeit

Der Einsatz des Prüfbogens erfolgt in der Regel in Zusammenhang mit dem *Datenerfassungsplan*. Folgewerkzeuge können die *Pareto-Analyse*, das *Ishikawa-Diagramm* oder der *Papiercomputer* sein.

In Phase 4 (Transfer) können die Ergebnisse des Prüfbogens auch direkt in den *Ergebnisbericht* übertragen werden.

Regelkarte

Das Tool

Die Regelkarte (auch Qualitätsregelkarte oder Control Chart genannt) wird zur Beobachtung von Prozessen im Zeitverlauf durch Erhebung und Auswertung von Prozessdaten eingesetzt. Die Prüfdaten, häufig in Form einer Stichprobe, werden grafisch dargestellt. Auf Regelkarten sind so genannte Eingriffsgrenzen eingezeichnet. Das so erstellte Chart hilft, den Prozess zu beobachten, zu interpretieren und so Unregelmäßigkeiten frühzeitig zu erkennen.

Die obere Eingriffsgrenze (OEG) sollte nicht erreicht bzw. überschritten werden, die untere Eingriffsgrenze (UEG) sollte nicht erreicht bzw. unterschritten werden. Spätestens beim Erreichen der Eingriffsgrenzen sollte eingegriffen werden, um Fehler zu verhindern. Mit Hilfe der Regelkarte kann z.B. im Produktionsbereich eine Entwicklungstendenz hin zu fehlerhafter Produktion entdeckt werden, bevor auch nur ein einziges fehlerhaftes Teil produziert wurde.

Die Regelkarte kann auch als Indikator für den beobachteten Prozess gesehen werden. Bei der Auswertung einer Regelkarte ist zwischen zufälligen und systematischen Einflüssen zu unterscheiden. Zufällige Einflüsse führen zu einer Streuung der Prüfdaten auf der Regelkarte. Sie sind bedingt durch Einflussfaktoren wie Temperaturschwankungen oder Werkstoffbeschaffenheit. Systematische Einflüsse führen zu einer langsamen Verschiebung der Prüfdaten auf der Regelkarte. Sie sind bedingt durch Einflussfaktoren wie Werkzeugverschleiß oder fehlerhaft eingestellte Maschinen. Systematischen Einflüssen liegen Gesetzmäßigkeiten zugrunde, mit denen der Verlauf weiterer Prüfdaten vorausgesehen werden kann.

Beispiel

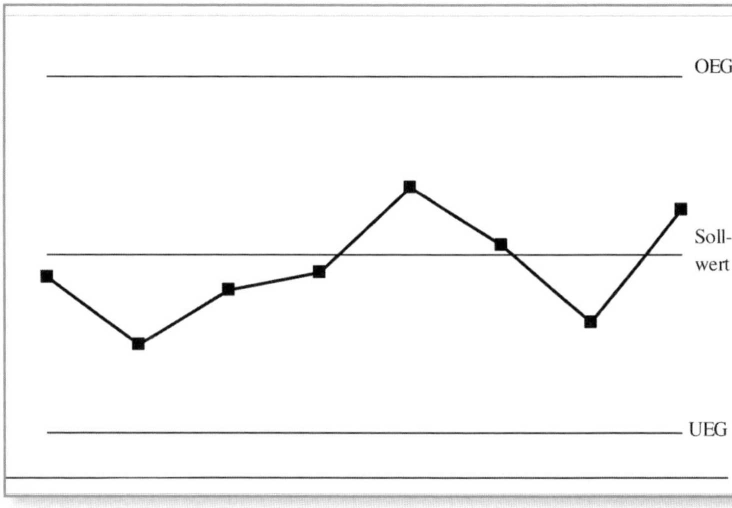

Abb.: Beispiel Regelkarte

Anwendung

Step 1: Untersuchungsbereich festlegen

Wählen Sie den darzustellenden Prozess und ein Verfahren zur Erfassung der entsprechenden Daten, z.B. per *Prüfbogen*.

Step 2: Daten erheben

Fertigen Sie ein Liniendiagramm an, und zeichnen Sie die erhobenen Daten im Zeitverlauf ein. Ermitteln Sie den oberen und den unteren Eingriffspunkt (OEG/UEG) und den Mittelwert. Erheben Sie die Daten und prüfen Sie den Verlauf der Datenpunkte.

Step 3: Analyse

Stellen Sie fest, ob sich der Prozess normal verhält oder ob er sich ungewöhnlich verhält.

Der Prozess verhält sich normal, wenn die Datenpunkte im Diagramm alle der folgenden Kriterien erfüllt sind:

- Alle Punkte liegen innerhalb des Kontrollgrenzwertbereichs
- Die meisten Punkte befinden sich näher am Mittelwert als an den Kontrollgrenzwerten
- Ungefähr die Hälfte der Punkte liegt über dem Mittelwert, die andere darunter

- Es ist kein klares Muster erkennbar, anhand dessen Sie die wahrscheinliche Lage des nächsten Punktes voraussagen könnten

Der Prozess verhält sich ungewöhnlich, wenn eines der folgenden Kriterien erfüllt ist:
- Ein Punkt liegt außerhalb des Kontrollgrenzwertbereichs
- Zwei aufeinander folgende Punkte befinden sich nah an einem der Kontrollgrenzwerte
- Die Punkte liegen im Zeitverlauf zunehmend auf der einen Seite des Mittelwerts
- Es ist ein Muster erkennbar, anhand dessen Sie die wahrscheinliche Lage des nächsten Punktes voraussagen können

Step 4: Maßnahmen

Wenn Sie feststellen, dass sich der Prozess ungewöhnlich verhält, suchen und beseitigen Sie die Ursachen mit dem KULT-Problemlösungsprozess, anderenfalls sind keine weiteren Maßnahmen erforderlich.

Praxistipps

- Wählen Sie die Werte für die OEG und UEG so, dass die zufällig bedingten Abweichungen der Stichprobe innerhalb dieses Streubereiches liegen. Üblicherweise werden obere und untere Eingriffsgrenze (OEG und UEG) bei 99,73% des Zufallsstreubereiches gewählt. Das bedeutet, dass mit einer Wahrscheinlichkeit von 99,73% erwartet werden kann, dass die Abweichungen innerhalb des Streubereiches von 3 Standardabweichungen um den Mittelwert liegen.

- Alle Abweichungen über OEG und UEG stellen systematische Abweichungen dar, denen Sie unbedingt nachgehen sollten. Bei den auf der Folgeseite dargestellten Musterabweichungen sehen Sie, dass aber auch anderen Wertentwicklungen (Trend und Run) systematische Abweichungen zugrunde liegen.

Trend

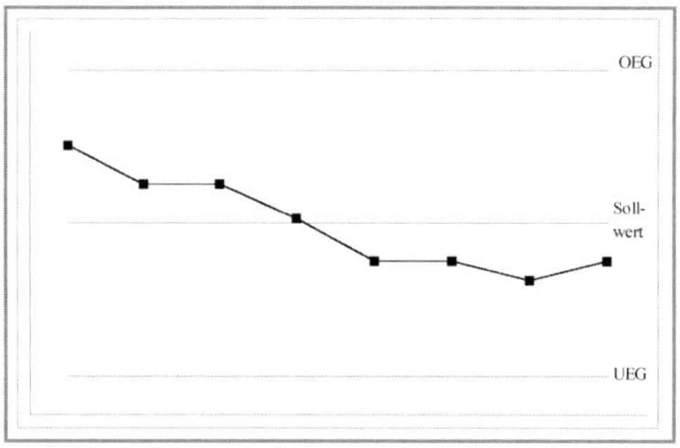

Sieben Werte, die in die gleiche Richtung laufen.

Run

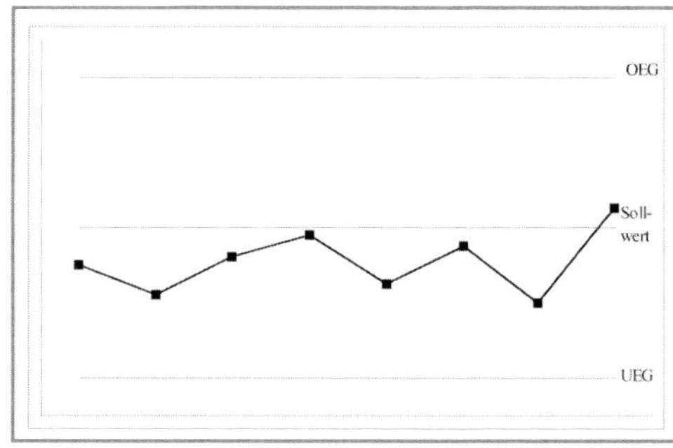

Eine Folge von mehr als sieben Werten unter- oder oberhalb des Mittelwerts.

Außerhalb der Eingriffsgrenzen

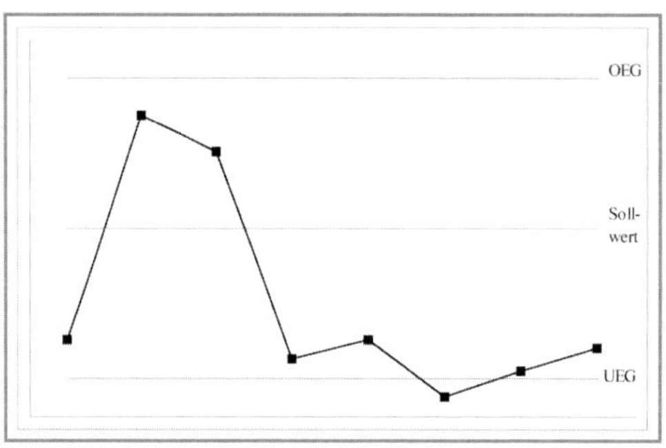

Ein Wert liegt außerhalb der Eingriffsgrenzen, insb., wenn sich die Werte weiter in Richtung Eingriffsgrenze bewegen.

Zu nah an den Eingriffsgrenzen

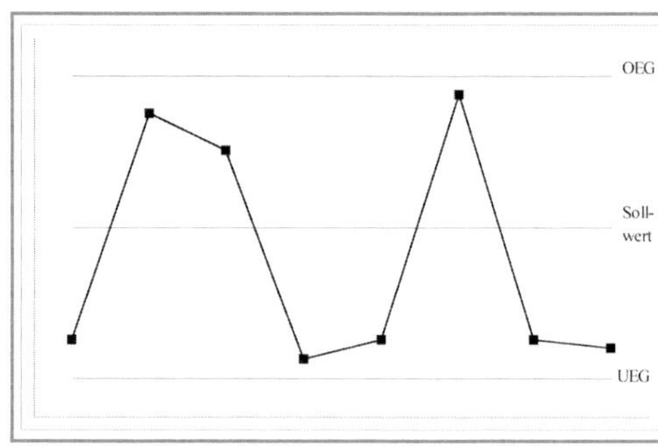

Mehrere Werte liegen nahe an den Eingriffsgrenzen.

Zu nah am Mittelwert

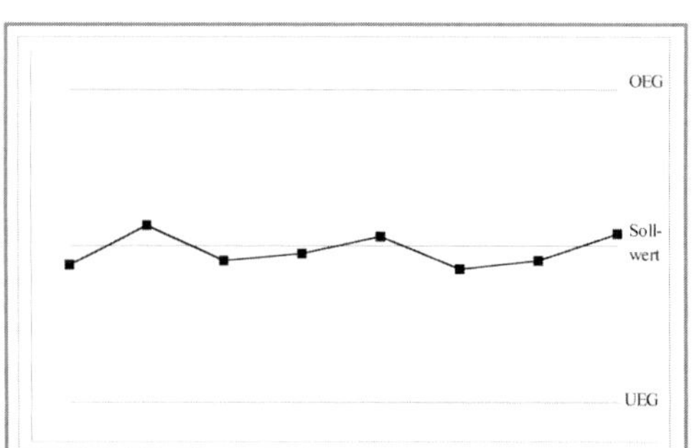

Häufung um den Mittelwert – Eingriffsgrenzen falsch berechnet.

Unauffälliger Verlauf

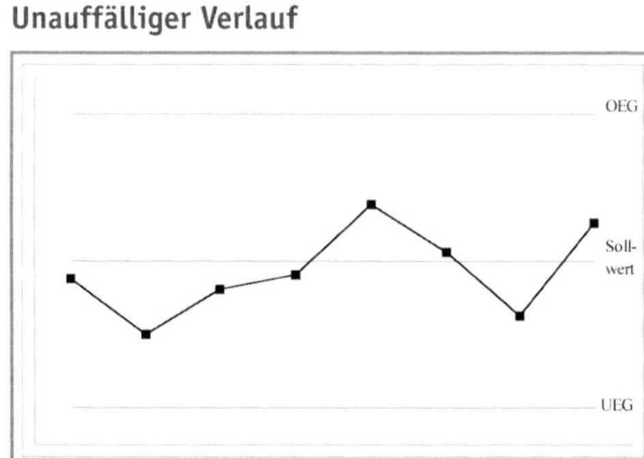

Ziel: nur zufällige, keine systematische Streuung.

Präsentation

Häufig sind Teammitglieder nicht mit Prozesskontrolle durch die Regelkarte vertraut. Erläutern Sie die Anwendung des Tools und stellen Sie Muster für auffällige Prozessverläufe oder die Regeln für normale oder ungewöhnliche Prozessverläufe (siehe Step 3) dar.

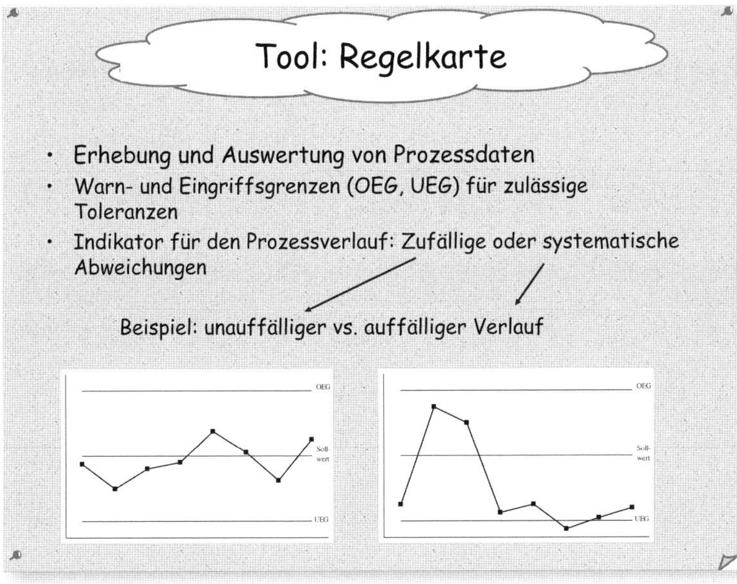

Abb.: Schlüsselpunkte

Übung

- Wählen Sie eine Ihrer Lieblingssportmannschaften aus, einigen Sie sich auf eine Messmethode für den Erfolg der Mannschaft und zeichnen Sie dazu ein Liniendiagramm.
- Zeichnen Sie ein Liniendiagramm mit stündlichen Messwerten der Temperatur in Ihrem Raum. Definieren Sie obere und untere Kontrollgrenzwerte.

Moderatorenhinweis

Anspruch

Mittel: Anspruchsvoll ist das Ermitteln der oberen und unteren Eingriffswerte und die Interpretation der Prozessdaten.

Zeitbedarf

Vorstellung des Tools:	10-15 Minuten
Anwendung je nach Komplexität der Problems:	15-30 Minuten

Gruppengröße

Die Erstellung von Regelkarten eignet sich sowohl für Einzel- als auch Kleingruppenarbeit. Die Erfassung und Überwachung der Daten ist sinnvoll als Einzelarbeit.

Phaseneinsatz

Häufig werden Regelkarten im letzten Schritt der Phase 4 (Transfer) zur Überwachung der Auswirkungen eingesetzt. Da Prozessverläufe Indikatoren für Probleme sind, sind sie auch als Einstieg in den Problemlösungsprozess geeignet.

Weiterarbeit

Eine *Ergebnisbewertung* sichert den Abschluss oder den Einstieg in einen neuen KULT-Prozess.

Selektionsmatrix

Das Tool

Die Selektionsmatrix ist ein Werkzeug, mit dessen Hilfe aus einer Liste von Einzelthemen ein weiter zu bearbeitendes Thema ausgewählt wird. Diese Auswahl erfolgt anhand von Kriterien, die vom Team festgelegt werden. Die Selektionsmatrix ist ein zusätzliches bzw. ergänzendes Werkzeug, um Entscheidungen in Bezug auf die Auswahl von Problemen oder Lösungen vorzubereiten. Neben der *Mehrfachabstimmung*, bei der die Auswahl stärker intuitiv erfolgt, bietet die Selektionsmatrix die Möglichkeit, diese „Bauchentscheidungen" durch eine Entscheidung nach objektiveren Kriterien zu festigen.

Beispiel

Ein Team wählt unter drei Alternativen nach vier festgelegten Kriterien aus:

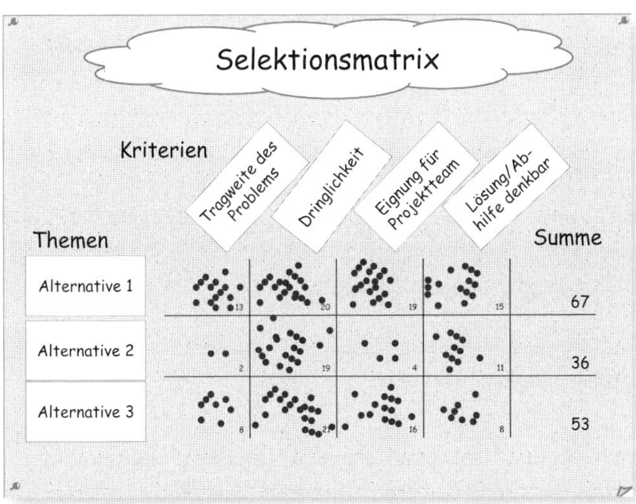

Abb.: Beispiel Selektionsmatrix

Eine Abteilung, die wichtige Firmenkunden betreut, soll im Rahmen einer Strukturreform umbenannt werden. Zur Entscheidung zwischen verschiedenen Namensalternativen wird von der vierköpfigen Projektgruppe folgende Matrix erstellt:

Kriterien / Namens-alternativen	Klang des Namens	Branchen-üblicher Name	Akzeptanz in der Organisa-tion	Persönli-cher Ge-schmack	**Gesamt**
VIP-Service	2 3 3 3	0 2 2 2	2 0 2 2	1 0 2 2	**28**
Service-Center VIP-Kunden	3 3 3 2	0 2 2 3	0 3 1 1	1 3 3 2	**32**
Key-Account-Service	2 0 2 0	3 0 3 3	1 0 1 1	2 0 3 0	**21**
Key-Account-Management	3 3 3 3	3 2 2 2	3 2 3 3	3 3 2 2	**42**
VIP-Client-Management	0 3 1 0	0 3 3 3	0 3 1 0	0 3 1 0	**21**

Bei diesem Beispiel scheint das Ergebnis eindeutig. Schauen Sie dennoch immer noch einmal auf die einzelnen Kriterien, ob die Lösung mit den meisten Punkten auch in den entscheidenden Kriterien (z.B. hier: Akzeptanz in der Organisation) hoch bewertet wurde. Diskutieren Sie mit der Gruppe, ob die Kriterien ggf. gewichtet werden müssen, um eine tragfähige Entscheidung herbeizuführen.

Anwendung

Step 1: Themenliste

Erstellen Sie eine kurze Liste möglicher Themen (Ideen, Probleme), ideal sind 3-5 Themen. Ist Ihre Liste länger, verkürzen Sie diese ggf., z.B. per Mehrfachabstimmung.

Step 2: Kriterien festlegen

Erarbeiten Sie mit der Gruppe (ggf. in Abstimmung mit dem Auftraggeber), welche Bewertungskriterien für die Entscheidung von Bedeutung sind. Mögliche Kriterien sind zum Beispiel:

- Ist die Bearbeitung des Themas dringlich?
- Lohnt es sich, daran zu arbeiten?
- Wie hoch ist das Interesse der Gruppe, an diesem Thema zu arbeiten?
- Ist die Bearbeitung machbar in Hinblick auf Kosten und/oder Mitarbeiterkapazität?
- Wird die Bearbeitung durch die Unternehmensleitung oder die Führungskraft unterstützt?

Beachten Sie, dass alle zugrunde gelegten Kriterien die gleiche Bewertungsrichtung aufweisen, also entweder alle positiv oder alle negativ formuliert sind.

Step 3: Bewertungssystem festlegen

Entscheiden Sie gemeinsam mit der Gruppe, welches Bewertungssystem Sie anwenden möchten. Das einfachste System ist:

- Trifft zu/Trifft nicht zu (2-stufig)

Darüber hinaus können Sie auch mehrere Bewertungsstufen wählen, z.B.:

- trifft zu – teils/teils – trifft nicht zu (3-stufig) oder
- trifft voll zu – trifft eher zu – teils/teils – trifft eher nicht zu – trifft überhaupt nicht zu (5-stufig).

oder numerische Bewertungssysteme, z.B.:

- 10 = sehr viel bis 0 = gar nicht

Auf diese Weise erhalten Sie differenzierte Ergebnisse. Sie haben auch die Möglichkeit, die einzelnen Kriterien im Vorfeld mit einem Gewichtungsfaktor zu versehen (siehe *Nutzwertanalyse*) und danach jedem Teammitglied zur Abstimmung eine „Stimme" zu geben.

Step 4: Matrix

Erstellen Sie eine Matrix, bei der die Kriterien in der obersten Zeile und die ausgewählten Themen oder Probleme in der linken Spalte aufgeführt werden. Um zu ermitteln, wie jedes Problem die einzelnen Kriterien erfüllt, gibt es verschiedene Vorgehensweisen, zum Beispiel:

- Alle Teilnehmer punkten nun – ähnlich der *Mehrfachabstimmung*, alle Bewertungen werden addiert.

▶ In kleineren Gruppen können Sie die Bewertung auch diskutieren und einen Gruppenentscheid herbeiführen. Dies ist zwar zeitaufwendiger, kann jedoch durch den Austausch die Qualität der Entscheidung verbessern.

Step 5: Ergebnis interpretieren

Interpretieren Sie mit der Gruppe das Ergebnis. Wählen Sie anhand der Informationen in der Matrix das bestgeeignete Thema (Idee, Problem) zur Weiterbearbeitung aus.

Praxistipps

Die Selektionsmatrix stellt keine absolute Entscheidungshilfe dar. Sie gibt Ihnen nur eine Basis für die Auswahl des Themas. Durch die Mathematisierung entsteht eine Scheinrationalität, die der Qualität der Entscheidung nicht immer entspricht. Die endgültige Entscheidung liegt immer beim Team. Kein Instrument kann Ihren gesunden Menschenverstand und Ihr Urteilsvermögen ersetzen.

Präsentation

Wenn die Gruppe mit dem Werkzeug bzw. dem Vorgehen nicht hinreichend vertraut ist, erarbeiten oder erläutern Sie kurz die Vorgehensweise.

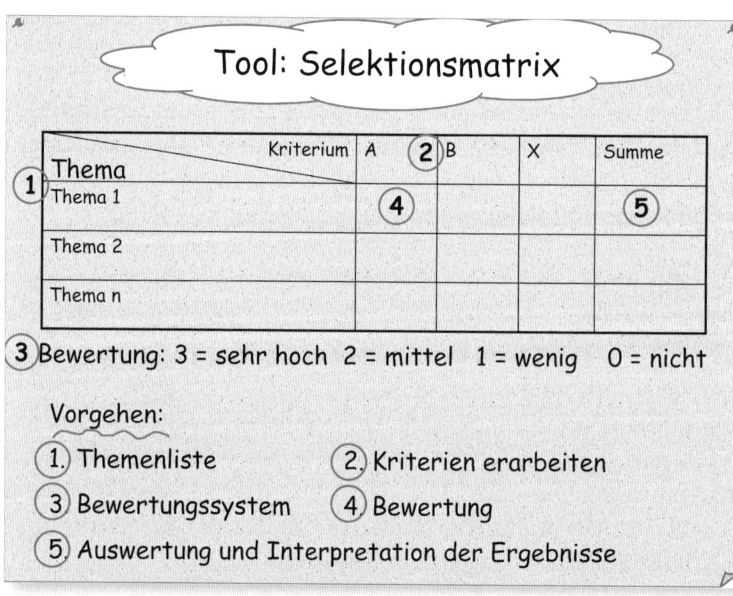

Abb.: Schlüsselpunkte

Übung

Je nach Erfahrung der Gruppe und Komplexität des Themas kann es sinnvoll sein, die Technik der Selektionsmatrix anhand eines neutralen Themas zu üben, z.B.

- Welches Auto soll für Ihre Familie gekauft werden?
- Welchen Urlaubsort wählen Sie für eine Reise mit Ihrem Partner aus?

Mögliches Ergebnis der Übung:

So könnte das Ergebnis zum Thema „Auswahl des nächsten Reiseziels" aussehen: Nachdem die potenziellen Reiseziele feststehen, werden die Kriterien ermittelt. Sie entscheiden, sich auf gemeinsame Beurteilungen zu einigen und legen als Bewertungssystem eine Skala fest mit 10 = sehr zutreffend/gut bis 0 = unzutreffend/schlecht. Alternativ hätte auch jeder getrennt bewerten können, und die Werte wären addiert worden.

Alternativen	Kriterium					**Summe**
	Kosten-günstig	Sonnen-stunden	Erholungs-wert	Einfache Anreise	Wetter-stabili-tät	
Mallorca	8	10	6	10	10	**44**
Nordsee	10	2	2	8	5	**27**
Südtirol	6	8	10	7	8	**39**

Das Ergebnis spricht für Mallorca (mit 44 Punkten). Sie sollten allerdings prüfen, inwieweit der relativ niedrig eingeschätzte Erholungswert im Vergleich zu Südtirol nicht noch einmal diskutiert werden sollte.

Moderatorenhinweis

Anspruch

Leicht bis mittel: Entscheidend ist die sorgfältige Definition der Entscheidungskriterien und die Interpretation der Ergebnisse.

Zeitbedarf

Vorstellung des Tools:	5 Minuten
Anwendung je nach Anzahl der Themen:	10-30 Minuten

Gruppengröße

Die Selektionsmatrix eignet sich hauptsächlich zur Gruppenarbeit, da sie ein vielfältiges Meinungsbild abbilden kann und einen Gruppenkonsens darstellt. Man kann die Selektionsmatrix allerdings auch in Einzelarbeit erstellen, um eine Entscheidung unter Berücksichtigung verschiedener Kriterien herbeizuführen.

Phaseneinsatz

Die Selektionsmatrix als Tool zur Entscheidungsvorbereitung eignet sich insbesondere für die Phasen 1 (Klärung) und 3 (Lösung). Sie wird als Werkzeug in Phase 1 (Klärung) eingesetzt, um das Problem auszuwählen und die Entscheidung zu reflektieren. Sie eignet sich auch in der Phase 3 (Lösung), wenn es darum geht, aus vielen Lösungsansätzen und -vorschlägen den passenden herauszusuchen.

Weiterarbeit

Je nach Fragestellung sind Folge-Tools beispielsweise in Phase 1 (Klärung) die *Auftragsklärung*, in Phase 3 (Lösung) die *Kraftfeldanalyse* oder ein *Maßnahmenplan*.

Stakeholderanalyse

Das Tool

Die Stakeholderanalyse gibt einen Überblick darüber, wer aus dem Unternehmen in Veränderungsprozesse einbezogen werden muss bzw. wessen Unterstützung notwendig ist. Stakeholder (Interessenvertreter) sind in der Regel die Unternehmensführung, die im betrachteten Prozess arbeitenden Mitarbeiter, vor- und nachgelagerte Abteilungen sowie Kunden und Zulieferer, ggf. auch Behörden. Für diese unterschiedlichen Interessengruppen sind *Kommunikationspläne* zu entwickeln. Regelmäßige Kommunikation kann größere Unterstützungsbereitschaft, eine bessere Lösungsfindung und die Vermeidung von Rückschlägen begünstigen. Zu diesem Zweck wird eine Engagement-Skala erstellt.

Beispiel

	Personen oder Gruppen		
Grad des Engagements	Abt. 3	Mey	...
Unterstützung Der Person oder Gruppe ist daran gelegen, dass Ihre Lösung funktioniert. Die Person oder Gruppe unterstützt Sie in angemessener Weise.			
Konform Die Person oder Gruppe kooperiert.	X		
Gleichgültig Die Änderung bringt der Person/Gruppe nichts, stört aber auch nicht.	↑	X ●	
Unkooperativ Die Person oder Gruppe muss gedrängt werden.	●		
Ablehnende Haltung Die Person oder Gruppe äußert offen ihre Ablehnung.			

Abb.: Beispiel Stakeholderanalyse

Anwendung

Step 1: Matrix einrichten

Erstellen Sie auf einer Moderationswand die oben abgebildete Matrix oder kopieren Sie die Vorlage auf Overhead-Folie. Sammeln Sie per *Brainstorming* die betroffenen „Personen oder Gruppen" (Interessenvertreter) und tragen diese in die Spaltenköpfe ein.

Step 2 (optional): Kommentierung

Jedes Teammitglied versetzt sich nun in die Rolle eines Interessenvertreters und kommentiert die Situation aus dessen Perspektive, etwa anhand folgender Fragen:

- Zeit: Wie sieht mein Zeitrahmen aus? Wann habe ich dieses Problem das erste Mal wahrgenommen? Wann wird es sich effektiv für mich auflösen?
- Erwartung: Mit welcher Entwicklung rechne ich, wenn alles so läuft, wie erwartet? Was für einen Verlauf erhoffe (oder fordere) ich? Wer erwartet von mir, dass ich mich mit dieser Sache auseinandersetze? Wie soll ich mich aus Sicht dieser Personen verhalten?
- Bezug: Wie genau will ich dieses Problem unter die Lupe nehmen? Aus welcher Distanz betrachte ich es? Welche Aspekte umfasst meine Sichtweise des Problems?
- Verständnis: Welche Aspekte des Problems nimmt außer mir keiner wahr? Welches Verständnis des Problems beherrscht meine Sichtweise? Auf welche Daten stützt sich mein Verständnis des Problems?

Step 3: Aktuelles Engagement ermitteln

Erarbeiten Sie im Anschluss im Team den aktuellen Grad des Engagements. Lassen Sie Diskussionen zu – unterschiedliche Sichtweisen enthalten oft wichtige Hinweise auf den Stand der Stakeholder. Am Ende kennzeichnen Sie den aktuellen Grad des Engagements an der entsprechenden Stelle der Matrix mit einem Punkt.

Step 4: Gewünschtes Engagement festlegen

Diskutieren Sie gemeinsam mit dem Team, wie hoch der Grad des Engagements bei den einzelnen Personen oder Gruppen sein sollte, um den Veränderungs- oder Verbesserungsprozess erfolgreich durchführen zu können. Kennzeichnen Sie diesen Grad des Engagements an der entsprechenden Stelle in der Matrix mit einem Kreuz. Der

„Weg“ zwischen dem Kreuz und dem Punkt zeigt Ihnen den Umfang der erforderlichen Änderung an.

Praxistipps

- Natürlich wissen Sie nie genau, wo sich der Stakeholder tatsächlich befindet. Über die Diskussion in der Gruppe erhalten Sie jedoch gute Ansatzpunkte für dessen Einbindung.
- Bei Step 4 neigen Teilnehmer häufig dazu, zu hohes Engagement zu erwarten. Betonen Sie, dass es hier um das mindestens nötige Engagement geht, um das Projekt umsetzen zu können.
- Wer ist der Treiber dieses Themas? Wenn niemand bereits heute „begeisternde Unterstützung“ zeigt oder zumindest „Unterstützung“ signalisiert, liegen hohe Hürden vor der Umsetzung Ihres Themas.
- „Gleichgültige“ Stakeholder sind nach Klaus Doppler diejenigen, um die Sie sich schnellstmöglich kümmern sollten, insbesondere, weil „Unkooperative“ gern in dieser Gruppe Verbündete suchen. Verhindern Sie dies, in dem Sie die „Gleichgültigen“ durch geeignete Maßnahmen schnell auf Ihre Seite bringen.

Präsentation

Da die Gruppe mit dem Werkzeug bzw. dem Vorgehen vermutlich nicht hinreichend vertraut ist, präsentieren Sie vor Anwendung kurz das Tool und erläutern die Vorgehensweise.

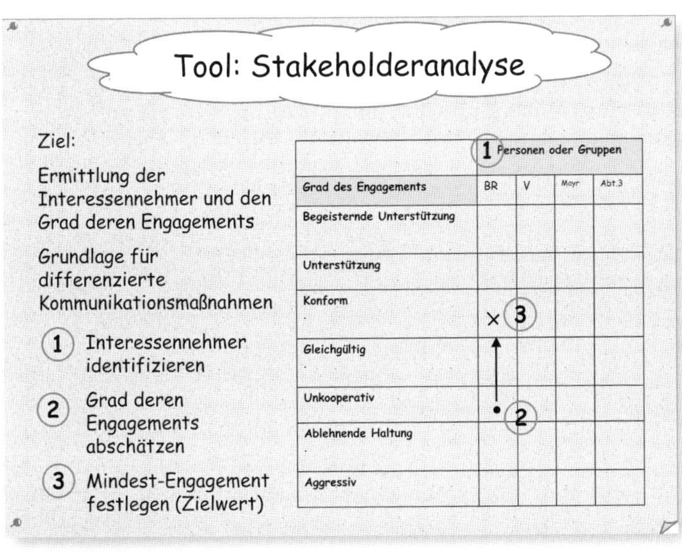

Abb.: Schlüsselpunkte

Wenn Sie den optionalen Step 2 durchführen, sollten Sie sicherstellen, dass die Leitfragen für die Teilnehmer gut sichtbar im Raum platziert sind.

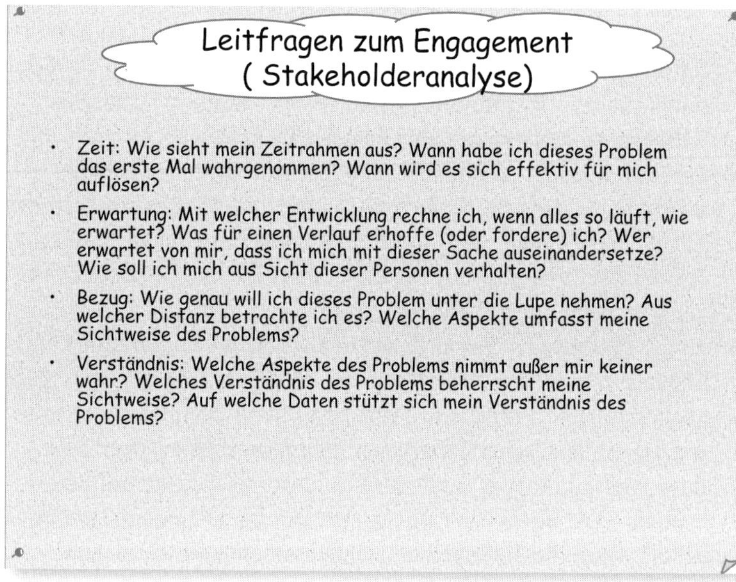

Abb.: Leitfragen zu Step 2

Übung Je nach Erfahrung der Gruppe und Komplexität des Themas kann es sinnvoll sein, die Technik der Stakeholderanalyse anhand eines neutralen Themas zu üben, z.B.:

- Einschränkungen in der Handhabung der flexiblen Arbeitszeit.

Eine Engagement-Skala (Stakeholderanalyse) finden Sie auf der Folgeseite dargestellt.

Vorlage:

	Personen oder Gruppen				
Grad des Engagements					
Begeisternde Unterstützung Die Person oder Gruppe bemüht sich engagiert, Ihr Ziel zu erreichen.					
Unterstützung Der Person oder Gruppe ist daran gelegen, dass Ihre Lösung funktioniert. Die Person oder Gruppe unterstützt Sie in angemessener Weise.					
Konform Die Person oder Gruppe kooperiert.					
Gleichgültig Die Änderung bringt der Person/Gruppe nichts, stört aber auch nicht.					
Unkooperativ Die Person oder Gruppe muss gedrängt werden.					
Ablehnende Haltung Die Person oder Gruppe äußert offen ihre Ablehnung.					
Aggressiv Die Person oder Gruppe behindert die Umsetzung der Lösung.					

Legende:

● = Aktueller Grad des Engagements

↑ = Veränderungsbedarf

X = Soll-Engagement (Minimum)

Moderatorenhinweis

Anspruch

Mittel bis schwer: Manchmal haben Teilnehmer Schwierigkeiten, sich in die Rolle einzelner Stakeholder zu versetzen und aus deren Blickwinkel zu argumentieren. Diskutieren Sie in diesem Fall die Einschätzung des Engagement-Grads der Stakeholder in der Gruppe.

Zeitbedarf

Vorstellung des Tools:	5 Minuten
Anwendung je nach Komplexität der aktuellen Situation/ des aktuellen Themas:	30-60 Minuten

Gruppengröße

Die Stakeholderanalyse eignet sich für Einzel-, besser jedoch für Gruppenarbeit. Die Gruppengröße ist ideal bei 8 Teilnehmern und sollte 12 nicht übersteigen.

Phaseneinsatz

Die Stakeholderanalyse findet ihren Platz in Phase 1 (Klärung). Mit Hilfe der Stakeholderanalyse kann ein guter Überblick über einzubeziehende Personen und Gruppen geschaffen werden.

Im Anschluss, spätestens in der vierten Phase (Transfer), sollte die Stakeholderanalyse noch einmal näher betrachtet werden, und zwar, wenn es darum geht, den *Kommunikationsplan* aufzustellen. Dort sollte überprüft werden, ob für alle einzubeziehenden Personen eine geeignete Kommunikationsstrategie erarbeitet ist.

Weiterarbeit

Je nach Zeitpunkt der Durchführung. In Phase 4 (Transfer) ist als Folge-Tool der *Kommunikationsplan* unerlässlich. In Phase 1 (Klärung) werden die Ergebnisse sinnvollerweise in der *Auftragsklärung* besprochen und erste – häufig eher informelle – Kommunikationsmaßnahmen ergriffen.

Überwachungsplan

Das Tool

Am Ende des KULT-Zyklus findet eine Erfolgsmessung und -überwachung statt, das heißt, es wird kontinuierlich geprüft, inwieweit die umgesetzte Lösung mit der angestrebten Situation übereinstimmt bzw. davon abweicht. Im Überwachungsplan regeln Sie das Sammeln und Aufbereiten von Daten für die Überwachung von Prozessen, Situationen oder Vorgängen.

Setzen Sie die Erfolgsmessung ein, wenn Sie
- Daten zur Erfassung einer Situation sammeln,
- einen Arbeitsablauf überwachen,
- Daten zur Erfassung einer Situation sammeln,
- unerwünschte Abweichungen identifizieren bzw. ausschließen möchten,
- den Problemlösungsprozess zum Abschluss bringen möchten.

Beispiel

Erfassung der Daten:

Was soll überwacht werden?	Wer ist für die Überwachung verantwortlich?	Wei lange ist der Überwachungszeitraum?	Wie werden die Ergebnisse erfasst?	Wie werden die Ergebnisse im Cockpit dargestellt?
			Prüfbogen	Balkendiagramm
			Regelkarte	

Abb.: Beispiel Überwachungsplan

Aufbereitung der Daten als „Cockpit“:

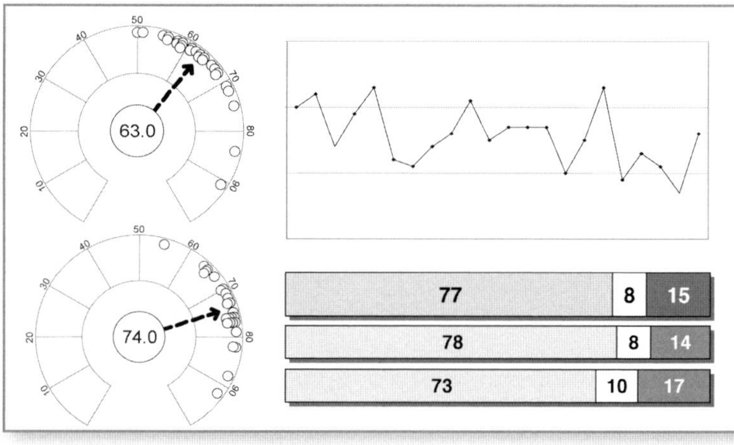

Abb.: „Cockpit“ mit Balkendiagramm

Anwendung

Step 1: Plan erstellen

Erstellen Sie einen Plan, was wie überwacht werden soll. Nutzen Sie dazu z.B. folgende Tabelle:

Was soll überwacht werden?	Wer ist für die Überwachung verantwortlich?	Wie lange ist der Überwachungszeitraum?	Wie werden die Ergebnisse erfasst?	Wie werden die Ergebnisse im Cockpit dargestellt?

- Legen Sie fest, welche Daten Sie erheben wollen. Stützen Sie sich dazu auch auf die in Phase 2 (Ursachen) erhobenen Daten, mit denen die Problem verursachenden Faktoren identifiziert wurden.
- Legen Sie fest, wer für die Überwachung verantwortlich sein wird.
- Planen Sie den Überwachungszeitraum.
- Wie werden die Ergebnisse erfasst?
- Legen Sie fest, wie die Ergebnisse ausgewertet werden und im Cockpit dargestellt werden sollen.

Step 2: Übersicht

Erstellen Sie eine Übersicht, in der die wichtigen Daten mit den Zielwerten (aus der Auftragsdefinition oder der Lösungsphase) verglichen werden („Cockpitbericht") und Abweichungen sofort erkennbar werden.

Praxistipps

- Klasse statt Masse! Beschränken Sie sich auf wenige, relevante Steuerungsgrößen.
- Wirtschaftlichkeit: Finden Sie einfach zu erhebende bzw. bereits in Systemen vorhandene Daten. Aufwendige Datenerhebung oder manuelle Auswertungen führen rasch zum „Einschlafen" der Überwachung.

Präsentation

Präsentieren Sie das Tool/die Vorgehensweise z.B. wie folgt:

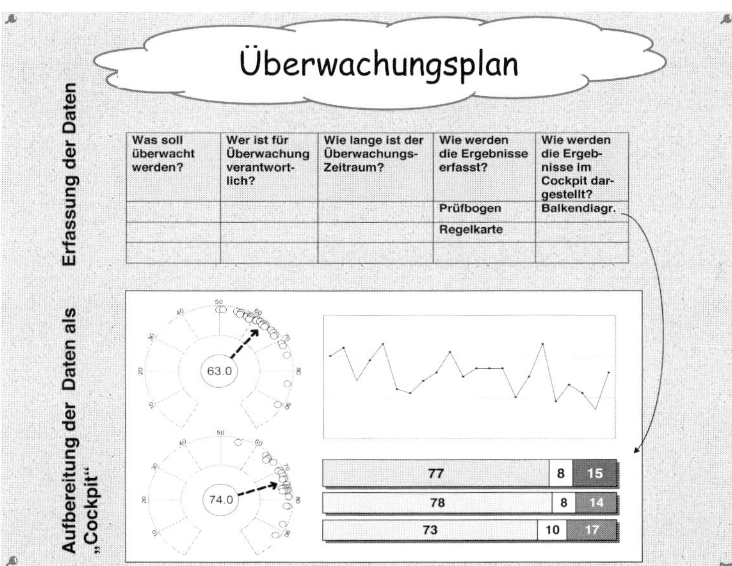

Abb.: Schlüsselpunkte

Moderatorenhinweis

Anspruch

Mittel: Die Herausforderung liegt darin, dass das Team vor allem beim Erarbeiten der Tabelle und der Definition des Cockpits benötigt wird. Die anschließende Überwachung oder Aufbereitung der Daten ist Einzelarbeit.

Zeitbedarf

Vorstellung des Tools:	5 Minuten
Anwendung je nach Komplexität der Problems:	10-20 Minuten

Gruppengröße

Schwerpunkt ist sicherlich die Einzelarbeit bei der Aufbereitung. Für die Erstellung eines Überwachungsplans eignet sich Teamarbeit.

Phaseneinsatz

Das Tool sollte spätestens in der 4. Phase (Transfer) nach Umsetzung der geplanten Lösung eingesetzt werden, um den Erfolg nachzuhalten.

Weiterarbeit

Wenn das Problem erfolgreich beseitigt wurde, fließen die Daten des Überwachungsplans samt Aufbereitung direkt in den Ergebnisbericht. Besteht das Problem weiterhin, gehen Sie schrittweise zurück.

Umkehrdiagramm

Das Tool

Das Umkehrdiagramm, dessen Idee sich in der Literatur auch unter „Negativkonferenz" wiederfindet, bietet die Möglichkeit, mit Hilfe der Umkehrlogik praktische Lösungen zu anhaltenden Problemen zu finden. Dadurch, dass alle Möglichkeiten ausgeschöpft werden, wie ein Problem fortgesetzt oder noch verschlimmert werden könnte, lassen sich Anhaltspunkte und Wege zur dauerhaften Beseitigung des Problems aufdecken.

Um zu verhindern, dass das Problem erneut auftritt oder fortbesteht, werden im Anschluss zu allen Punkten (vorbeugende) Maßnahmen erarbeitet (*Checkliste* oder *Maßnahmenplan*).

Beispiel

Im Zweischicht-Betrieb eines Rechenzentrums kommt es immer wieder zu Fehlern, die auf mangelnden Informationsaustausch zurückzuführen sind. Ein Qualitätsteam erstellt hierzu ein Umkehrdiagramm, in dem es darstellt, wie das Problem noch zu verschlimmern wäre:

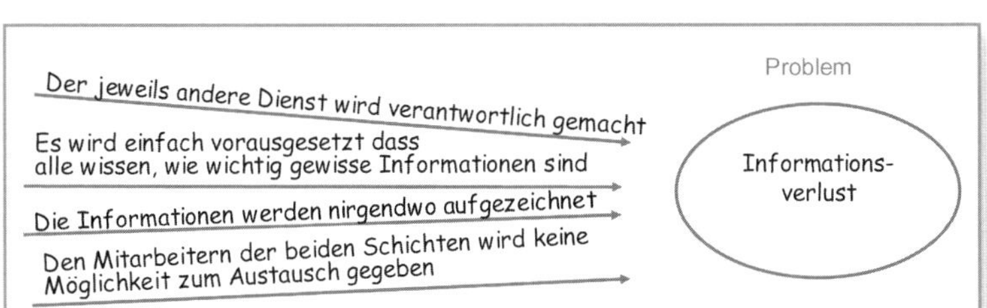

Abb.: Beispiel Umkehrdiagramm

In der Lösungsphase wurden die Punkte wieder aufgenommen und als Lösung folgende *Checkliste* (Vorbeugungsplan) erstellt. Sie ist das Gegenteil dessen, was links des ovalen Felds festgehalten wurde.

Vorbeugungs-Checkliste

- Alle Informationen werden in einem detaillierten Logbuch festgehalten.
- Die Mitarbeiter der einzelnen Schichtdienste treffen sich täglich zu Schichtwechselbesprechungen.
- Bei jeder Schicht wird ein(e) Mitarbeiter(in) mit der Dokumentation betraut.
- Die jeweilige Führungskraft erklärt, warum gewisse Informationen wichtig sind.

Anwendung

Step 1: Situation auswählen

Wählen Sie eine Situation, die Sie ändern möchten und die Sie beeinflussen können.

Step 2: Diagramm

Zeichnen Sie ein Diagramm, wie oben abgebildet, und schreiben Sie Ihr Situationsbeispiel (Problem oder Hauptursache) in das ovale Feld.

Step 3: Umkehrlogik

Suchen Sie mit den anderen Teammitgliedern durch *Brainstorming* nach Ideen, wie sich diese Situation fortsetzen oder verschärfen ließe, und schreiben Sie das Ergebnis auf die Pfeile links des ovalen Felds. Gehen Sie dabei folgendermaßen vor:

Bitten Sie die einzelnen Gruppenmitglieder, ihre Ideen nur dann vorzutragen, wenn sie an der Reihe sind. Es steht den Gruppenmitgliedern jedoch frei, ihre Ideen zwischendurch aufzuschreiben, damit sie diese nicht vergessen, bis sie an die Reihe kommen. Wenn sie dann nichts beizutragen haben, sollten sie „weiter“ sagen und das nächste Teammitglied fortfahren lassen.

Während dieser Brainstorming-Übung sollte niemand die vorgetragenen Ideen kritisieren, in Frage stellen oder loben. Jede Idee, mag sie noch so amüsant oder abartig klingen oder bereits zuvor in ähnlicher Form erwähnt worden sein, ist akzeptabel. Die besten Vorschläge sind zum Teil einfach Variationen bereits vorgetragener Ideen. Alle Teilnehmer hören aufmerksam zu und bauen gegenseitig auf ihren Ideen auf.

Notieren Sie alle Ideen. Fahren Sie so lange fort, bis in der Gruppe das Gefühl herrscht, das Thema zur Genüge beleuchtet zu haben.

Step 4: Maßnahmenplan

Denken Sie mit Hilfe Ihrer Ideenliste darüber nach, welche Maßnahmen verhindern könnten, dass sich das Problem fortsetzt oder verschlimmert. Erstellen Sie einen *Maßnahmenplan* oder eine Vorbeugungs-*Checkliste*, auf der diese Maßnahmen beschrieben werden.

Praxistipp

- Wenden Sie dieses Tool nur an, wenn im Team eine positive Grundstimmung herrscht. Bei schwelenden Konflikten kann dieses Tool die destruktive Stimmung fördern.

Präsentation

Wenn die Gruppe mit dem Tool bzw. dem Vorgehen nicht hinreichend vertraut ist, erarbeiten oder erläutern Sie kurz die Vorgehensweise. Ein Schaubild hierzu finden Sie auf der Folgeseite.

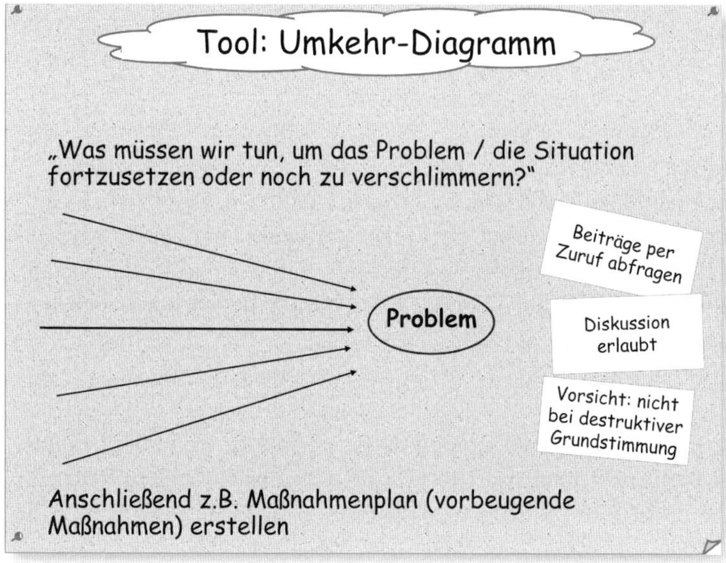

Abb.: Schlüsselpunkte

Übung Je nach Erfahrung der Gruppe und Komplexität des Themas kann es sinnvoll sein, die Technik des Umkehrdiagramms anhand eines neutralen Themas zu üben, z.B.:

- Die Arbeitsgruppe befürchtet, der Workshop könnte sich als „Reinfall" entwickeln. Sie entwickelt per Umkehrdiagramm Ideen, was passieren müsste, damit dieser Fall eintritt, um in einem zweiten Schritt vorbeugende Maßnahmen abzuleiten.

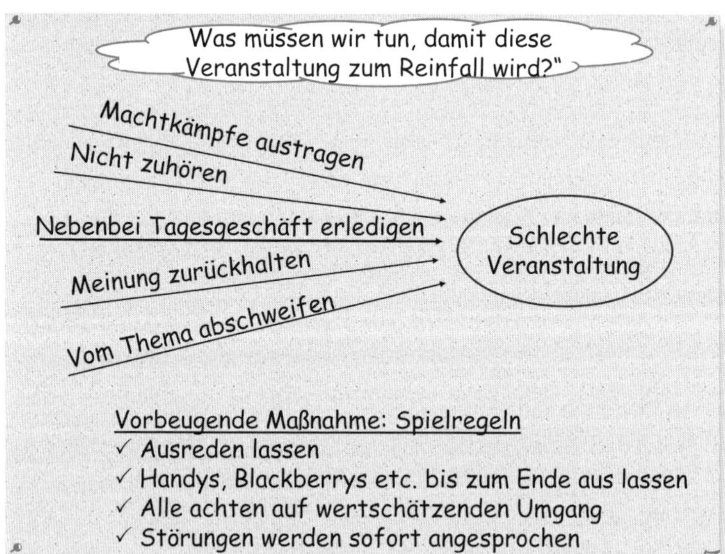

Abb.: Übung – Umkehrdiagramm

Moderatorenhinweis

Anspruch

Leicht.

Zeitbedarf

Vorstellung des Tools:	3 Minuten
Anwendung je nach Anzahl der Themen:	10-15 Minuten

Gruppengröße

Das Umkehrdiagramm eignet sich besonders zur Gruppenarbeit, auch für größere Gruppen.

Phaseneinsatz

Das Umkehrdiagramm eignet sich insbesondere für die Phase 3 (Lösung), aber auch für das erste Teamtreffen zur Erarbeitung der Spielregeln.

Weiterarbeit

Erstellen Sie eine (Vorbeugungs-)*Checkliste* oder einen *Maßnahmenplan*.

KULT-Team und Steuerung des Gruppenprozesses

„Mit einer Hand lässt sich kein Knoten knüpfen."

Aus der Mongolei

Auf einen Blick

Arbeiten nach der KULT-Methode

Die im vorangegangenen Kapitel vorgestellten Tools im Rahmen der KULT-Problemlösungsstrategie finden ihre Anwendung in einem Team, das nach der KULT-Problemlösungsmethode arbeitet und von einem Moderator geleitet wird. Wir werden nun auf eine ganze Reihe damit verbundener Fragen vertiefend eingehen. Hinter der zentralen Frage: „Wie funktioniert konkret das Arbeiten nach der KULT-Methode?" verbergen sich weitere wie etwa „Wann benötige ich ein KULT-Team und wie setzt es sich zusammen?" sowie „Wie laufen KULT-Teammeetings eigentlich ab?" und „Wie bereite ich sie vor und moderiere sie?" Das bringt uns zur Rolle des Moderators: „Welche Aufgaben hat der Moderator, welche Haltung zeichnet ihn aus und welche Fähigkeiten benötigt er?" und zum Thema Moderation: „Was sind Unterschiede und Gemeinsamkeiten von der klassischen Moderation und KULT-Moderation?" Da der KULT-Prozess auf Arbeit im Team ausgerichtet ist, ist ein Abschnitt dem Thema Gruppendynamik und Phasen im Gruppenprozess gewidmet: „Welche Faktoren der Gruppendynamik gibt es, in welchen Phasen läuft der Gruppenprozess ab und was bedeutet dies für mich als Moderator?"

Die KULT-Moderation

Von der Endlosbesprechung zur professionellen Moderation

Moderation: Handwerk zur Verbesserung der menschlichen Kommunikation

Die Moderation ist ein Handwerk, vielleicht sogar ein Kunsthandwerk zur Verbesserung der menschlichen Kommunikation. Anders ausgedrückt: Es ist die Fähigkeit, eine Besprechung zwischen Menschen sinnvoll und zielorientiert zu gestalten.

Moderation bedeutet, kompetenten Leuten die richtigen Fragen zur passenden Zeit zu stellen. Somit ist dies eine Methode, Fachexperten zu einem gemeinsamen Ergebnis zu steuern.

Noch in den 1960er Jahren gab es weder diese Methode noch einen Begriff dafür. Aber es gab immer schon eine Situation und ein Problem. Uwe Böning brachte es auf den Punkt: Immer mehr Menschen mussten mit immer mehr anderen Menschen über immer mehr Angelegenheiten sprechen.

Die Folge war, dass in unzähligen Besprechungen alle zu viel und zu lange redeten – zudem oft aneinander vorbei. Es kam häufig nichts dabei heraus oder etwas, was keiner gewollt hat.

Der KULT-Ansatz knüpft an die klassische Moderation an

Aus diesen veralteten Besprechungsmarathons heraus entwickelte sich die klassische Moderation, deren Grundidee auch unserem KULT-Ansatz zugrunde liegt und deren Anwendung auf folgende Punkte erörtert wird:

1. Der Besprechungsleiter erlebt einen Wandel zum KULT-Moderator. Er ist nicht der allwissende Leiter oder bestimmende Chef, sondern er hat die Rolle eines Helfers für den Willen und die Erkenntnis des KULT-Teams inne.

2. Die Besetzung eines KULT-Teams besteht aus „Wissensträgern", die auf gleicher Augenhöhe miteinander sprechen können. Kompetente Entscheider und betroffene Personen als Mitglieder bestimmen den Arbeitsprozess von Anfang bis Ende im KULT-Team.

3. Der Moderator wendet die Tools in den KULT-Phasen an, um das Team zu steuern und den Arbeitsprozess in der Moderation nach KULT situationsgerecht zu gestalten.

Die KULT-Moderation ist nicht am grünen Tisch entstanden, sondern im Zusammenhang mit der Lösung praktischer Probleme. Tools, die zunächst für einen bestimmten Einzelfall entwickelt wurden, haben wir später jeweiligen Situationen spezifisch angepasst und zum KULT-Phasenmodell zusammengesetzt. Hieraus haben wir dann die KULT-Phasen entwickelt, die durch ständiges Variieren schließlich die Lebendigkeit der KULT-Moderation ausmachen.

Von der klassischen Moderation zur KULT-Moderation

Klassische Moderation	Problemlösungsmoderation nach KULT
Offene Struktur ▶ Einstieg ▶ Themen sammeln ▶ Themen bearbeiten ▶ Abschluss	Klare Struktur mit acht Schritten in vier Phasen ▶ Klärung ▶ Ursachen ▶ Lösung ▶ Transfer und klar definierten Abschlusskriterien
Allgemeine/universelle Werkzeuge	Neben allgemeinen/universellen Werkzeugen konkrete phasenspezifische Werkzeuge
Universell einsetzbar	Für Problemlösungsprozesse

Die Rolle, Haltung und Fähigkeiten des KULT-Moderators

Der Moderator

Wie soll er sein, der ideale Moderator,
wie soll er sein?

Dreisprachig oder einsilbig?
Dialektisch eloquent?
Diachron konsequent?
Oder diapositiv transparent?

Was soll er tun, der ideale Moderator,
was soll er tun?

Fürsprechen oder vorsagen?
Kommunizieren?
Moderühren?

Wo soll er steh`n, der ideale Moderator,
wo soll er steh´n?

Hinter einem?
Neben den andern?
Vor allen?
Oder vor allem
über allem?
Oder unter anderem
neben sich, aber mittendrin?

So soll er sein, der ideale Moderator,
so soll er sein:

Souverän und teilnehmend.
Unbefangen und verbindlich.
Zurückhaltend und einfühlsam.
Ruhig und beweglich.

Eben moderat.

Uwe Böning

Bönings humorvolle Darstellung eines Moderators wollen wir in diesem Kapitel, bezogen auf unseren KULT-Prozess, konkretisieren.

Der Moderator strukturiert den Problemlösungsprozess, ohne inhaltlich einzugreifen

Der grundsätzliche Unterschied zwischen der Rolle der Führungskraft und der eines Moderators besteht darin, dass der Moderator eines Teams den Problemlösungsprozess strukturiert, ohne inhaltlich einzugreifen. Der Moderator ist ein methodischer Helfer, der seine eigene Meinung, sein Fachwissen zum Thema und seine Wertung zurückhält. Man kann auch sagen, dass der Moderator für den Weg verantwortlich ist und die Gruppe für die Qualität des Ergebnisses.

Die Haltung des Moderators

Damit Sie als Moderator die oben beschriebene Rolle auch ausfüllen können, werden wir näher auf die Haltung eingehen.

Vorbild sein

In der Rolle des Moderators sollten Sie darauf achten, in Ihrem Verhalten Vorbild für die Gruppe zu sein. „Verhalte Dich so, wie Du willst, dass sich die Gruppenmitglieder verhalten."

Zur richtigen Zeit die richtige Frage stellen

Fragen statt Sagen

Wir können auch sagen: Fragen statt Sagen. Da die Teammitglieder all ihr Wissen und ihre Kompetenz mitbringen, sind die Fragetechniken für Sie als Moderator das wichtigste Werkzeug, um den Wissensaustausch zu organisieren, Bedürfnisse, Standpunkte und Ziele sichtbar und besprechbar zu machen. Gemeinsamkeiten sowie Unterschiede kommen auf den Tisch und der Prozess des gemeinsamen Findens von Lösungen wird deutlich. Alle Tools des vorangegangenen Kapitels werden immer in Verbindung mit der Fähigkeit, die richtigen Fragen zu stellen, angewendet. Vertiefend wird auf die Fragetechnik im Kapitel Interventionen (S. 257 ff.) eingegangen.

Die Gruppe gibt den Kurs an, der Moderator ist der Steuermann Salopp ausgedrückt bedeutet dies, dass das KULT-Team das Ziel festlegt und Sie das Team dorthin steuern. Das bedeutet, dass Sie sich aus der inhaltlichen Gestaltung des Gruppenthemas heraushalten sollten. Dies kann eine schwer einzuhaltende Empfehlung für alle diejenigen sein, die es gewohnt sind, mitzudenken, ihre Meinung kundzutun, ein Team thematisch „irgendwohin" bekommen möchten oder schon recht schnell zu wissen glauben, wie denn die Lösung des Problems ist. Insbesondere Führungskräften fällt es schwer, die Führungsrolle gegen die Moderatorenrolle zu tauschen.

Mit Selbstdisziplin in der Zurückhaltung der eigenen Meinung und als methodischer Helfer der Gruppe, ihre Fähigkeiten, ihren Willen und ihre Zielrichtung zu unterstützen, ist der Moderator der Steuermann des KULT-Teams.

Sollte der Moderator dennoch einmal diese Haltung zum Wohle der Gruppe kurz ablegen wollen, so muss er dies deutlich kundtun und ebenso deutlich machen, wenn er die Rolle als „Moderator“ wieder aufnimmt.

Teammitgliederaussagen nicht bewerten

Persönliche Anschauungen zurückhalten

Natürlich sind Sie als Moderator auch nur ein Mensch mit Ihren eigenen Meinungen, Ansichten, Urteilen und vielleicht auch Vorurteilen. In Ihrer Rolle ist es jedoch angebracht, Ihre persönlichen Anschauungen zurückzuhalten und die Haltungen der Teammitglieder gleich wichtig und neutral anzunehmen, zu bündeln und widerzuspiegeln. Bei einer Ein-Punkt-Abfrage ist es beispielsweise ungeschickt zu sagen: „Dieser Punkt da ganz außen ist ein Ausreißer ...“ Besser wäre die Frage des Moderators : „Was hat Sie bewogen hier zu punkten ...?“ – eben eine neutrale Fragestellung.

Keine Diskussion über die Methode

Der Moderator ist Fachmann für die Methode

„Wer sich entschuldigt, klagt sich an.“ Dieses alte Sprichwort findet auch in der Moderation seine Anwendung. Der KULT-Moderator ist Fachmann für die Methode. Sie bestimmen den Weg, den das KULT-Team einschlägt. Am Ende können Sie interessierten Teammitgliedern gerne Informationen über Ihre Vorgehensweise geben; denn erst nachdem das KULT-Team diese Methode erlebt hat, ist es sinnvoll, auch über methodische Aktionen zu reflektieren.

Diskussionen in der Moderation sind erwünscht

Bei Diskussionen in der Gruppe kann es gelegentlich zu Verwirrungen oder auch Missverständnissen kommen. Das ist normal. Geben Sie den Teammitgliedern dann die Gelegenheit, ihre Vorstellungen zu erforschen, sich gegenseitig zuzuhören und Fragen zu stellen.

Die „Je-nachdem-Regel“

Moderieren ist ein dynamischer Prozess

Moderieren ist ein dynamischer Prozess. Sie sollten immer ein wachsames Auge darauf haben, wo die Gruppe im Prozess gerade steht und „je nachdem“ Ihre Moderation entsprechend anpassen, notfalls gar von Ihrer geplanten Vorgehensweise abrücken.

Wichtige Fähigkeiten des Moderators

Das Gespür für die Situation und die Gruppe

Als Moderator benötigen Sie vor allem einen gut entwickelten Spürsinn für die Situation, die zwischenmenschliche Kommunikation und den Gruppenprozess. Um sowohl den Sach- als auch den Gruppenprozess effektiv zu gestalten, benötigen Sie verschiedene Fähigkeiten und einen inneren Seismographen, welche Fähigkeiten gerade gefragt sind. Bei Karl Benien findet sich mit der Metapher des „Inneren Teams eines Moderators“ eine sehr treffende Beschreibung dieser teilweise sehr unterschiedlichen Fähigkeiten.

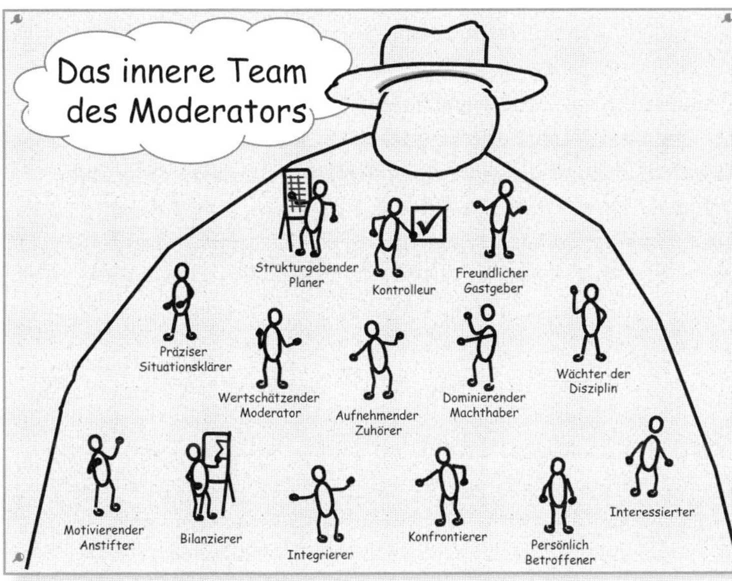

Abb.: Das innere Team

Rollen

Vor der Moderation ist sicherlich Ihr „Struktur gebender Planer“ gefragt, am Ende der Moderation der „überprüfende Kontrolleur“, der sicherstellt, dass Sie mit dem Team realistische und konkret verbindliche Vereinbarungen getroffen haben.

Zu Beginn der Moderation heißen Sie als „freundlicher Gastgeber“ die Teammitglieder willkommen und sorgen für eine gute Atmosphäre, als „präziser Situationsklärer“ geben Sie mit Klarheit und Struktur allem einen guten Arbeitsrahmen.

Der „wertschätzende Moderator“ in Ihnen wird die Teammitglieder zu Beiträgen einladen. Als „aufnehmender Zuhörer“ hören Sie aktiv zu, fassen Sie Beiträge zusammen und kommen so auf den Punkt.

Die Zügel fest in der Hand hält bei Bedarf der in Ihnen „dominierende Machthaber“ und ordnet so das Geschehen. Ihm zur Seite steht Ihr „Wächter der Disziplin“, der auf die Einhaltung der Spielregeln achtet und für Ruhe und Sachlichkeit sorgt.

Für die Arbeit an den Themen ist manchmal der „motivierende Anstifter“ gefordert und der „Bilanzierer“, der den Arbeitsprozess zusammenfasst und dafür sorgt, dass ein Ergebnis erreicht wird.

Neben dem „Integrierer“, der verschiedene Standpunkte zusammenführen kann, benötigen Sie auch den „Konfrontierer“, der Prozesse unterbricht und bei Zeitnot auch Themen abwürgt.

Als Moderator sind Sie gut beraten, den „persönlich Betroffenen“ und auch am Thema „Interessierten“ in sich gut zu kennen und darauf zu achten, dass diese nicht unbemerkt im Vordergrund stehen.

Das KULT-Team

Als KULT-Team bezeichnen wir ein Team, das nach der KULT-Problemlösungsmethode arbeitet. Erst einmal ist zu klären, für welche Situationen der Einsatz eines KULT-Teams überhaupt geeignet ist. In einem zweiten Schritt wird die Infrastruktur, also die im Team vertretenen Rollen näher betrachtet.

Typische Situationen für den Einsatz eines KULT-Teams

Wann sollte ein KULT-Team gebildet werden?

- KULT-Teams sind häufig Projekt- oder Qualitätsarbeitsgruppen.
- Es geht um das Lösen von Problemen. Problem heißt, es gibt eine Abweichung zwischen dem Soll-Zustand und dem Ist-Zustand.
- Ein KULT-Team wird gebildet, wenn für die Lösung unterschiedliche Sichtweisen und Erfahrungen von verschiedenen Kollegen, Experten oder auch Betroffenen erforderlich sind. Niemand in der Organisation ist in der Lage, allein alle Antworten zu kennen und zu geben.
- Das eigentliche Feld der Moderation sind Themen, deren Lösung aufgrund der Komplexität nicht sofort ersichtlich ist. Die Einflussfaktoren erscheinen zunächst unüberschaubar, Schwierigkeiten und Widerstände können vorliegen, die überwunden werden müssen. Eine Vielzahl von Ursachen und Lösungen erscheinen möglich, die im KULT-Phasenverlauf gründlich durchdacht werden.
- Eine typische Situation ist eine Konferenzsituation, in der viele Menschen bei der Lösung eines schwierigen Problems ihr Wissen einbringen. Mit Hilfe der KULT-Moderationsmethode erhält die Gruppe schnell eine Übersicht über die Entscheidungsmöglichkeiten und ihre Auswirkungen.
- Grundsätzlich erfordert die Arbeit im KULT-Team einen gewissen Grad an Komplexität und eine Mindestanzahl Beteiligter. Wenn die Komplexität des Problems hoch ist, kann eine Moderation auch bei weniger beteiligten Personen angeraten sein. Umgekehrt ist es auch sinnvoll, bei geringer Komplexität mit vielen Beteiligten das Problem in einer Moderation zu lösen. Wenn die Komplexität jedoch gering ist und außerdem wenige Personen davon betroffen sind, gibt es einfachere Methoden, das Problem zu lösen.

Komplexität	wenig	viel
hoch	KULT-Team	Ein oder ggf. mehrere KULT-Teams
niedrig	Einzelauftrag	KULT-Team/ klassische Moderation
	beteiligte/benötigte Experten	

- Immer dann, wenn es um Kooperation geht, ist diese Methode geeignet, um Menschen miteinander ins Gespräch zu bringen. Sie können sich zwar in der Sache uneins sein, haben aber erkannt, dass sie ein grundsätzliches gemeinsames Interesse haben, das Problem zu lösen.

Die Infrastruktur

Zum KULT-Team gehören wenigstens vier Kernrollen

Bei der Infrastruktur geht es um die Rollen, die zum KULT-Team gehören. Dies sind mindestens folgende vier Rollen: Auftraggeber, Moderator, Teamleiter und Fachleute.

Der **Auftraggeber**, eine meist in der Hierarchie höher stehende Person, steht außerhalb des Teams. Er benennt und bestätigt das Problem und gibt der Gruppe den Auftrag, dieses zu lösen. Dies geschieht häufig mit Hilfe des Tools *Auftragsklärung*. Der Auftrag wird zwischen Auftraggeber und Teamleiter vereinbart und dann vom Teamleiter in die Gruppe getragen. Der Auftrag stellt den verbindlichen Rahmen für die Moderation dar.

Der **Moderator** kommt, wenn möglich, von außen dazu. In der Praxis wird die Rolle häufig auch vom Teamleiter wahrgenommen, was aber bei den anderen Teammitgliedern zu Irritationen führen kann. Die Rolle kann rollierend an Teammitglieder vergeben werden, wenn diese über eine fundierte Ausbildung in den Methoden der Moderation verfügen. Der Moderator moderiert das Team in der Weise, wie im vorausgegangenen Abschnitt beschrieben.

Der **Teamleiter** ist ein Mitarbeiter, der vom Auftraggeber bestimmt wird. Bestenfalls ist dieser nicht der Moderator, der ja neutral bleiben soll, sondern ein anderes Mitglied aus der Gruppe. Er hat den besonderen Auftrag, die Ergebnisse aus diesem Prozess mit dem Auftraggeber zu kommunizieren und diese auch zu vertreten.

Die **Fachleute** im KULT-Team sind Experten verschiedenster Fachrichtungen, die für die Lösung des Problems notwendig sind. Die Auswahl dieser Experten ist bestenfalls ähnlich dem des Projektmanagements: Es werden Mitarbeiter aus unterschiedlichen Bereichen ausgewählt, die einerseits fachliche Spezialisten sind und/oder andererseits von den Auswirkungen der Problemlösung betroffen sind wie etwa Prozessbeteiligte, Nutzer oder interne Kunden.

Abb.: Wer übernimmt welche Rolle?

KULT-Teams sind üblicherweise zeitlich begrenzt tätig

Das KULT-Team ist im Gegensatz zu einer normalen Arbeitsgruppe meist eine zeitlich begrenzte Gruppe, die nach der Problemlösung wieder auseinandergeht.

Die Besetzung des KULT-Teams ist von zentraler Bedeutung für den Erfolg. Wichtig ist, dass die richtigen Menschen im Team sind. Richtig im Team sind sie dann, wenn

- sie fachlich über das Thema Bescheid wissen,
- sie mit der Befugnis ausgestattet sind, etwas zur Lösung beizutragen,
- sie auch etwas beitragen wollen.

Steuerung des Gruppenprozesses

Der Eisberg oder die zwei Ebenen in der Moderation

Inhalts- und Beziehungsaspekte in der Kommunikation

Nach Paul Watzlawick hat Kommunikation stets einen Inhalts- und einen Beziehungsaspekt. Wann immer Menschen miteinander reden, tun sie dies auf zwei Ebenen gleichzeitig. Zum einen sagen sie etwas über die Sache (Es-Botschaft), zum anderen sagen sie auf der Beziehungsebene etwas über sich (Ich-Botschaft) und den anderen (Du-Botschaft).

Die Sachbotschaft entsteht durch das, was wir sagen, die Botschaft auf der Beziehungsebene entsteht dadurch, wie wir etwas sagen. Als Bild lässt sich dies gut mit einem Eisberg vergleichen.

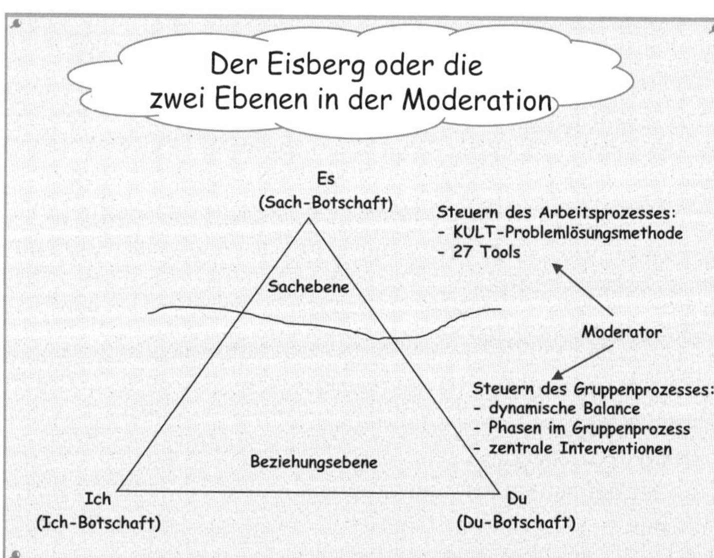

Abb.: Das Eisberg-Modell

Ein kleinerer Teil ist sichtbar, der größere ist unter der Oberfläche versteckt – und doch vorhanden.

Das Modell lässt sich auch auf die Zusammenarbeit von Teams übertragen. In der Moderation geht es nicht um die Kommunikation von zwei Menschen, sondern von mehreren Menschen miteinander.

Was bedeutet dies für Sie als Moderator?

Als Moderator sind Sie auf der Sachebene verantwortlich für die Gestaltung des Arbeitsprozesses und auf der Beziehungsebene für die Steuerung des dazugehörigen Gruppenprozesses. Die vorgestellten 27 KULT-Tools und der abgestimmte Auftrag helfen Ihnen, den Arbeitsprozess zielführend zu moderieren. Wie Sie den Gruppenprozess steuern können, erfahren Sie in diesem Kapitel.

Die Vermittlung auf unterschiedlichen Ebenen

Darüber hinaus sind Sie gefordert, Ihre eigene Kommunikation und die Kommunikation der Teammitglieder wahrzunehmen und in Anlehnung an Josef W. Seifert darauf zu achten, dass

- **die Sach-Botschaften verständlich sind:** Nach Friedemann Schulz von Thun entsteht Verständlichkeit in der Sache durch einfache Sprache, Kürze und Prägnanz sowie durch zusätzliche Stimulanz wie etwa Visualisierung.

- **die Ich-Botschaften ehrlich sind:** „Alles was ich sage, sollte wahr sein, aber ich brauche nicht alles sagen, was ich denke." Die Psychologin Ruth Cohn bezeichnet dies als selektive Authentizität.

- **die Du-Botschaften wertschätzend sind:** Wertschätzend ist die Kommunikation dann, wenn der Gesprächspartner sicher sein kann, dass ihn sein Gesprächspartner als Mensch akzeptiert, was wiederum nicht bedeutet, dass der Gesprächspartner sein Verhalten und seine Meinungen gutheißt.

Faktoren der Gruppendynamik – die dynamische Balance

Thema, Ich, Wir und Globe

Jedes Team oder jede Gruppe und somit auch jedes KULT-Team ist durch folgende vier Faktoren und deren Beziehungen zueinander gekennzeichnet:

- THEMA – der Auftrag – zu dessen Bearbeitung das Team zusammengekommen ist.
- ICH – das Teammitglied – mit seinen Rollen, die es in der Gruppe übernimmt, und seinen Erfahrungen, Interessen und Fähigkeiten.
- WIR – das (KULT-)Team – bestehend aus der Gesamtheit der Individuen, die zu einer bestimmten Zeit an einem bestimmten Ort miteinander kommunizieren. Die Teammitglieder entwickeln Beziehungen zueinander und zur gesamten Gruppe, es werden formale bzw. informelle Spielregeln gelebt. Es entstehen Kräfte, die das Zusammenarbeiten und die Ergebnisse beeinflussen.
- GLOBE – das Umfeld – das das Team umgibt: räumlich, zeitlich, politisch, sozial, organisationsbezogen, wirtschaftlich ...

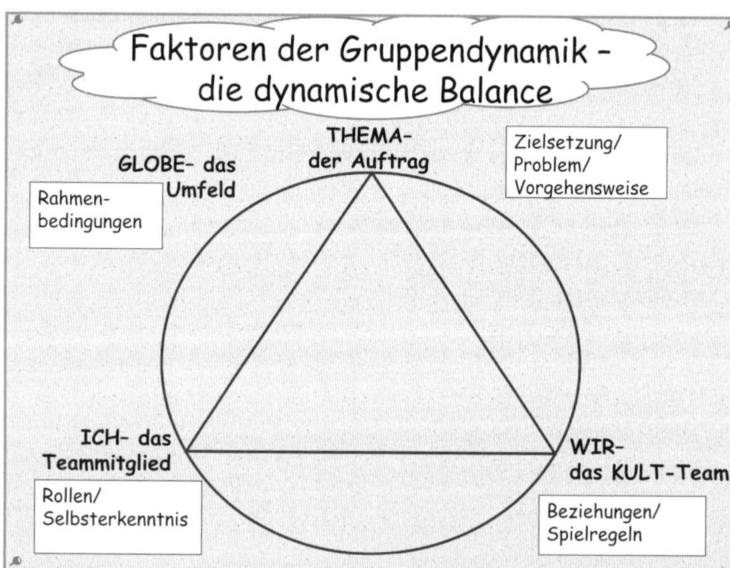

Abb.: Die dynamische Balance

Das Prinzip der dynamischen Balance

Ruth Cohn beschreibt mit dem „Modell der dynamischen Balance" die wesentlichen Faktoren für die Arbeit eines Teams und liefert damit auch ein Grundverständnis für die Dynamik in KULT-Teams. Diese vier Faktoren sind gleichgewichtig. Aus der Perspektive eines Teammitgliedes würde das bedeuten: „Ich bin so wichtig wie du und wie wir; wir sind so wichtig wie unsere Aufgabe. Gleichzeitig sind wir beeinflusst und abhängig von dem Umfeld, das dieses System unserer Gruppe umgibt sowie den Umfeldern, die jeden einzelnen von uns umgeben."

Je nach aktueller Situation erhalten die einzelnen Faktoren eine unterschiedliche Betonung in Intensität und Umfang. Für eine zeitlich begrenzte Dauer ist es durchaus sinnvoll, solche Schwerpunkte zu bilden. Das Prinzip der dynamischen Balance fordert, die jeweils anderen Ecken des Dreiecks einzubeziehen, sonst kann die Gruppe aus dem Gleichgewicht geraten, also in ihrer Arbeitsfähigkeit gestört werden. Die Gleichgewichtigkeit der vier Faktoren über einen gewissen Zeitraum hinweg ist ein Merkmal eines selbstständigen, arbeitsfähigen und kooperativen KULT-Teams.

Die Qualität der Arbeitsergebnisse leidet bei einer dauerhaft einseitigen Betonung auf einen der Faktoren, etwa wenn die Einzelpersönlichkeiten völlig in der Gruppe untergehen oder wenn nur gearbeitet wird, ohne das Gruppenklima im Mindesten zu pflegen.

Das Modell der dynamischen Balance leistet Ihnen in der Moderation gute Dienste. Sie können es als ideales Analyse-Instrument für schwierige Gruppensituationen nutzen. Grundsätzlich kann

- jede Ecke entweder übergewichtet sein und so den Gruppenprozess aus dem Gleichgewicht bringen oder
- es gibt Unklarheiten im Team, die dafür sorgen, dass der Gruppenprozess nicht vorankommt.

Auf beide Aspekte gehen wir bei der näheren Betrachtung der vier Faktoren noch näher ein.

Lernen Sie nun diese vier Faktoren, ihre Bedeutung für die optimale Arbeitsfähigkeit eines KULT-Teams und die Konsequenzen für Sie als Moderator eines KULT-Teams kennen.

1. THEMA – der Auftrag

Zielsetzung – wohin soll es gehen?

Auftragsklärung und Verständigung auf die Vorgehensweise

Ein Faktor der auf den ersten Blick sehr einfach erscheint. Von zentraler Bedeutung ist, dass das KULT-Team weiß, welche Ziele und welche Aufgaben in welcher Zeit mit welchen Ressourcen es erreichen will. Auf den zweiten Blick wird deutlich, dass eine Vielzahl von Fragen durch den Teamleiter mit dem Auftraggeber und mit dem KULT-Team zu klären ist.

Problem – woran arbeiten wir?

Damit das Ziel bestimmt werden kann, ist vorab eine Klärung des Auftrags bzw. eine Beschreibung des Problems notwendig. Dafür nutzen Sie das Tool *Auftragsklärung*. Im weiteren Verlauf sorgen Sie dafür, dass diese Auftragsklärung jederzeit präsent ist.

Vorgehensweise – wie arbeiten wir?

Für Teams, die ein bestimmtes Ziel verfolgen oder Probleme lösen wollen, ist es wichtig sich auf eine oder mehrere Vorgehensweisen zu verständigen. Diese Schritte können formell (z.B. in einem Handbuch oder über Arbeitsanweisungen) geregelt sein oder sich informell (4-Augen-Prinzip bei wichtigen Schriftstücken, um Fehler zu vermeiden) ergeben.

Für ein KULT-Team können dies folgende Fragen sein:
- Wie häufig und wie lange trifft man sich zu welchen Themen als gesamtes Team?
- Wer arbeitet mit wem zusammen?
- Was wird in Einzelarbeit erledigt?
- Wie viel Personalkapazität steht zur Verfügung?

Als Vorgehensweise kann die KULT-Problemlösungsmoderation vereinbart werden. Dieser gemeinsam vereinbarte Rahmen gibt den einzelnen Teammitgliedern Sicherheit und sorgt für ein Fokussieren der Energie. Die Mitglieder stellen auch nicht die Frage nach der Methode.

Was bedeutet dies für Sie als Moderator?

Wenn Sie als Moderator ein Übergewicht in der Aufgaben-/Themen-Ecke wahrnehmen (z.B. nur eine Konzentration auf das Ziel und die Aufgaben), dann wissen Sie, dass die Teammitglieder mit ihren

Steuerung bei Defiziten auf der Beziehungsebene

Fähigkeiten oder Bedürfnissen vernachlässigt werden und auch die Beziehungen untereinander unter Spannung geraten können.

Sie können gegensteuern durch eine stärkere Gewichtung der ICH-WIR-Ecke:

- Veränderung in der Arbeitstruktur durch mehr Kleingruppen/Partnerarbeit. Dabei kommen die Teammitglieder mehr miteinander in Kontakt. Sie haben mehr Gelegenheit, sich zu entfalten.
- Stimulation des Gemeinschaftsgefühls durch gemeinsame Unternehmungen wie etwa essen gehen (mittags in der Kantine oder abends außerhalb des Arbeitskontextes).
- Zulassen und Fördern von Humor.
- Als Intervention nutzen Sie Meta-Kommunikation (vertiefende Informationen hierzu finden Sie im Abschnitt zentrale Interventionen zur Steuerung des Gruppenprozesses), beispielsweise in Form eines Blitzlichts (Näheres hierzu im Abschnitt Spezielle Aufgaben vor, während und nach der Moderation, S. 272 ff.): „Wie geht es mir momentan mit unserer Arbeit in der Gruppe?“

Steuerung bei Untergewicht in der Aufgaben-/Themenebene

Wenn Sie als Moderator feststellen, dass im Team die Klarheit bezüglich Zielsetzung, Auftrag und Vorgehensweise fehlt, ist es sinnvoll, mit der Gruppe das gemeinsame Verständnis zu überprüfen. Diese Störung des normalen Arbeitsprozesses macht es notwendig, innezuhalten und nicht weiter an der Sache zu arbeiten. Klären Sie zuerst folgende Fragen mit dem Team:

- Offizielle Ziele dieser Arbeitsgruppe:
  - „Was ist konkret unser Auftrag und was nicht?“ (Auftragsklärung prüfen)
- Inoffizielle (oder persönliche) Ziele in der Arbeitsgruppe:
  - „Worum geht es noch in diesem Projekt?“
  - „Was sind Eurer Meinung nach verdeckte Ziele dieses Auftrages?“
  - „Was möchte jeder von Euch mit diesem Projekt vorrangig erreichen?“
- Vorgehensweisen, die im Team Anwendung finden:
  - „Wie wollen wir vorgehen?“
- Zufriedenheit des Einzelnen mit der Vorgehensweise:
  - „Was läuft gut an unserer Vorgehensweise und womit seid Ihr unzufrieden?“

2. Ich – das Teammitglied

Selbst(er-)kenntnis

Berücksichtigung des Individuums in der Gruppe

Emotionale Aspekte wie Streben nach Macht oder Geborgenheit, verletzte Gefühle oder Egoismus bestimmen unser Verhalten genauso wie unsere Fähigkeiten, Fertigkeiten sowie die Absicht, bestimmte Probleme zu lösen und die Motivation, bestimmte Ziele zu erreichen. Um mit anderen interagieren zu können, ist es daher für den Einzelnen wichtig zu wissen, was er selber denkt, fühlt und wahrnimmt. Je besser er unterscheiden kann zwischen Empfindungen wie „ich sollte", „ich muss", „ich will", „ich darf" und „ich kann", desto offener kann der Einzelne anderen begegnen, mit ihnen kommunizieren, die Welt des anderen verstehen und annehmen. Ist sich der Einzelne der Unterschiedlichkeit anderer Teammitglieder bewusst, kann er entscheiden, inwieweit er sich einbringen will oder nicht.

Formelle und informelle Rollen

Das Individuum hat in der Gruppe zwei Arten von Rollen, nämlich formelle und informelle Rollen.

Auf die formellen Rollen sind wir bei der Betrachtung der Infrastruktur eines KULT-Teams schon näher eingegangen. Es sind Teamleiter, Moderator, Fachleute/Experten, Protokollführer und der Auftraggeber.

Die informellen Rollen spielen vor allem für das Verständnis der Gruppendynamik eine große Rolle. Die Kenntnis möglicher informellen Rollen und ihrer Funktionen ist sehr wichtig, da so bestimmte Verhaltensweisen erklärt werden können. Eine kurze Vorstellung:

Rolle	Funktionen
Anführer	▶ Ziele bestimmen, formulieren ▶ Gruppenzusammenhalt sichern ▶ Repräsentieren der Gruppe nach außen
Graue Eminenz	▶ Gibt der Gruppe Sicherheit bei Entscheidungen ▶ Königsmacher
Clown	▶ Soziale, unterstützende Aufgaben ▶ Interner Blitzableiter für Spannungen ▶ Repräsentant der menschlichen Bedürfnisse der Gruppe
Fachmann	▶ Repräsentant der sachlichen Bedürfnisse der Gruppe ▶ Fachkompetenz, beratende, kritisierende Funktion
Mitläufer	▶ Operatives Realisieren der Gruppenziele ▶ Wahrnehmen von Weisungen, Aufträgen ▶ Bestätigen von Führer und Zielen
Sündenbock	▶ Reibungsfläche für Gruppenaggression, Hygienefunktion ▶ Ausführen sehr unangenehmer Aufgaben
Außenseiter	▶ Reservekraft, ohne dauerhafte Funktionen ▶ Einsatz und Status wachsen ihm nur situationsgebunden zu
Opponent	▶ Ersatzführer, relativ starke Position ▶ erhält Wettbewerbsdruck und Dynamik in der Gruppe
Beobachter/ Abgesandter	▶ Passiver Widerstand, hat keine Lust mitzumachen ▶ Wurde geschickt ▶ Ist ein Energieräuber für das Team

Was bedeutet das für Sie als Moderator?

Die eigene Rolle klären

Welche Rollen haben Sie inne?

Wenn Sie als Moderator für eine Gruppe tätig sind, so kann es für Sie und andere ein Unterschied sein, ob Sie Moderator der eigenen Organisation oder extern von außerhalb der Organisation sind – oder aber Teammitglied oder gar der Teamleiter. Je nachdem sind Sie temporärer oder fester Bestandteil des Systems Gruppe, eingebettet in ein größeres System Unternehmen. An dieser Stelle ist es für Sie wichtig, sich Klarheit über Ihre Rollen zu verschaffen: Welche Rollen haben Sie aus Sicht der Teammitglieder noch inne (Mitarbeiter im selben Unternehmen, externer Berater, direkter Vorgesetzter, Führungskraft aus anderem Bereich), besonders, wenn Sie im Team außer der Moderatoren-Rolle noch weitere Rollen innehaben.

Die Rollen der anderen klären

Klären Sie die formellen Rollen im Team

Für Sie als Moderator ist es für die Steuerung der Arbeit im Team sehr wichtig zu wissen, dass das Teammitglied sowohl außerhalb des Teams im Unternehmen formelle (Funktion) und informelle Rollen einnimmt als auch im Team eine formelle und informelle Rolle besetzt, die häufig nicht identisch sind. Darüber hinaus hat der Einzelne noch jede Menge weitere Rollen inne, die unter Umständen berücksichtigt werden müssen (direkte Führungskraft einiger Teammitglieder, Führungskraft aus einem anderem Bereich, Geschäftsführung, Mitarbeiter aus Bereich X, Mann/Frau, Vater/Mutter). Es ist daher wichtig, zuerst Transparenz über formelle Rollen im Team und in der Organisation für alle Gruppenmitglieder herzustellen. Dies können strukturierte Vorstellungsrunden mit entsprechenden Fragen leisten. Transparenz über informelle Rollen im Team lässt sich nicht so leicht herstellen und ist auch erst einmal nicht notwendig. Bei Konflikten im Team können informelle Rollen eine wichtige Rolle spielen.

Name ▶ ▼ Rolle	Müller	Meier	Schulze	Schmidt
Im Team	Teamleiter	Moderator	Experte	Experte
In der Organisation	Gruppenleiter Chef von Meier	Referent	Bereichsleiter	Referent
Informell	Fachmann		Graue Eminenz	Mitläufer

Entweder in Einzelgesprächen durch den Teamleiter oder in den ersten Team-Meetings durch den Teamleiter und Moderator sollten Sie einen Kassensturz machen, um Beobachter-/Abgesandten-Rollen zu identifizieren. Gegebenfalls ist ein klärendes Gespräch mit der Führungskraft dieser Teammitglieder notwendig. Denn für diese Teammitglieder ist noch zu klären, inwieweit sie die richtigen Menschen am richtigen Platz sind.

Umgang mit Unterschiedlichkeit

Die Unterschiedlichkeiten der Individuen im Team ist sowohl Segen als auch Fluch. Ein Segen ist es, weil nur so eine erfolgreiche Bewältigung der Aufträge möglich ist. Ein Fluch ist die Unterschiedlichkeit, weil sie für die Teammitglieder auch Reibungs- und Konfliktpunkte bietet. Daher sind Sie als Moderator gefordert, als Modell für die anderen wertschätzend mit der Unterschiedlichkeit umzugehen und die Teammitglieder gemäß ihrer Bedürfnisse und Stärken einzusetzen.

Förderung der Selbsterkenntnis

Die Selbsterkenntnis zu fördern ist nicht der Auftrag des Moderators. Für die Steuerung des Gruppenprozesses ist es jedoch hilfreich, immer wieder Elemente der Selbstwahrnehmung und Selbstkundgabe in Form von Blitzlichtern (siehe Beispiele für Feedback-Verfahren, Seite 280) bei Störungen, zu Beginn oder am Ende einer Sitzung, zu integrieren. Diese sorgen auch dafür, dass die Gruppe nicht nur vor sich hin arbeitet, sondern auch immer wieder über verschiedene Aspekte reflektiert und der Einzelne sich als Individuum wahrnimmt. Nützlich sind dabei auch die Hilfsregeln der TZI (siehe S. 245). Sie fördern die Wahrnehmung der Selbstverantwortung.

3. WIR – das Team

Beziehungen

Verschaffen Sie sich einen Überblick über die Beziehungsstruktur im Team

Es gibt eine ganze Reihe von Kriterien zur Beschreibung der Beziehungsqualitäten. Die Beziehungen im Team können formell („Sie"), informell („Du") und auch gemischt sein. Die Beziehungen können über Unter- oder Überstellungen oder kollegiale Beziehungen beschrieben werden. Im Team gibt es enge oder distanzierte, freundlich-wohlwollende oder unfreundlich-kritische Beziehungen. Als Moderator kann es für Sie hilfreich sein, sich einen Überblick über die Beziehungsstruktur anhand der aufgeführten Kriterien zu verschaffen. Dies dient zum einen dazu, dass Sie selbst eine distanzierte Position einnehmen können und auch Ihre Beziehungen reflektieren können, wenn Sie Teammitglied in zeitweiliger Moderatorenrolle sind. Zum anderen fragen Sie sich als Moderator, was Sie aufgrund dieser Erkenntnisse für Ihre Moderation berücksichtigen sollten.

Regeln oder Spielregeln

Gestalten Sie die Regelbildung bewusst

Spielregeln oder Regeln spielen eine zentrale Rolle für das Geschehen in Teams und damit auch für die Steuerung von Teams. In jeder Gruppe bilden sich Regeln, ob diese bewusst vereinbart oder, wie meistens der Fall, einfach entstanden sind. Denken Sie beispielsweise an Ihre Familie. In jeder Familie gibt es Tischregeln. Sie könnten lauten: „Werktags essen wir alle gemeinsam um 19 Uhr zu Abend und die Runde löst sich um 20 Uhr mit Beginn der Tagesschau auf" – oder: „Bei uns isst jeder zu Abend, wie er gern mag. Wenn es sich ergibt, essen wir gemeinsam." Wahrscheinlich haben Sie diese Regeln nicht aufgeschrieben, vielleicht noch nicht einmal explizit vereinbart, dennoch existieren sie und geben dem Familienmitglied Orientierung.

Damit sich nicht ungewollte oder wenig hilfreiche Regeln etablieren, ist es sinnvoll, die Regelbildung bewusst zu gestalten und frühzeitig anzugehen.

Grundsätzlich gilt für Regeln:

- Sie entstehen von alleine, durch Tun und Dulden oder aber durch explizite Vereinbarung.
- Regeln sind notwendig. Sie geben Sicherheit im Verhalten innerhalb der Gruppe.
- Regeln sind generelle Handlungsanweisungen: „Verhalte Dich in Situation X wie folgt ...!"
- Die Nicht-Einhaltung von Regeln wird sanktioniert: „Wer das Handy nicht ausgemacht hat, ..."
- Regeln, deren Nicht-Einhaltung nicht sanktioniert wird, sind bald keine Regeln mehr.
- Regeln gelten für diese Gruppe, außerhalb der Gruppe müssen sie nicht gelten: „Bei uns ...!"

Als Moderator sollten Sie die wichtigsten Regeln zur Förderung einer gelungenen Kommunikation bzw. des Gruppenprozesses kennen. Ruth Cohn hat dazu 10 Regeln entwickelt. „... Regeln helfen, wenn sie helfen" sagt Ruth Cohn. Damit ist gemeint, dass ihre Vorschläge keine dogmatischen Gebote sind, die unbedingt einzuhalten sind. Sie sind aus Erfahrung entstandene Leitideen, deren Vereinbarung auf freiwilliger Basis einen wertvollen Beitrag für den Gruppenprozess und eine offene, direkte und effiziente Kommunikation leistet.

Vereinbaren Sie Regeln auf freiwilliger Basis

Wir stellen Ihnen nun „10 Regeln" vor, differenziert nach „Muss" und „Kann" – aufgrund der Bedeutung der Spielregeln zur Steuerung des Gruppenprozesses. „Muss" bedeutet, dass es sehr empfehlenswert ist, diese als Moderator mit dem Team im Kick-Off-Meeting in der Phase 1 (Klärung), die gleichzeitig auch die Orientierungsphase bezogen auf den Gruppenprozess ist, zu vereinbaren. Im Gegensatz führen Sie die „Kann"-Regeln bei Bedarf ein. Auf die Bedeutung und den Hintergrund der einzelnen Regel sowie Moderationshinweise wird im nächsten Abschnitt eingegangen.

10 Spielregeln	„Muss"	„Kann"
Jeder ist für den Erfolg (mit-)verantwortlich	X	
Störungen haben Vorrang/Störungen nehmen sich Vorrang	X	
Übernimm Verantwortung für Dich – Leite Dich selbst		X
Es spricht immer nur einer zur selben Zeit		X
Sprich von Dir per „Ich" statt „Man" oder „Wir"		X
Sprich für Dich und nicht für andere		X
Sprich zu Anwesenden, nicht über sie		X
Versuche, Deinen Gesprächspartner zu verstehen		X
Eigene Meinung statt Fragen		X
Fasse Dich kurz		X

Was bedeutet dies für Sie als Moderator?

Steuern Sie die Bildung der Regeln/Spielregeln

- Ein Grundsatz für Sie als Moderator lautet: „Sei Modell und verhalte Dich (von Anfang an) so, wie Du möchtest, dass sich die Teilnehmer verhalten."

- Sie können diese Regeln zu Beginn auf Flipchart visualisieren, sie erläutern und mit der Gruppe vereinbaren oder:
- Lassen Sie das Team im Kick-Off-Meeting ihre Regeln selbst vereinbaren. Sie als Moderator achten dabei darauf, dass sich die wichtigsten Regeln im Prinzip wiederfinden.
- Als Moderator achten Sie während der Arbeit mit dem Team auf die Einhaltung der Regeln und weisen bei Bedarf auf sie hin bzw. führen sie neu ein.

Die angesprochen Regeln möchten wir Ihnen nun kurz vorstellen, inhaltlich erläutern und mit Moderationshinweisen ergänzen.

Der eigene Beitrag für den Erfolg

- **Jeder ist für den Erfolg (mit-)verantwortlich:**
  „Die Verantwortung für die Ergebnisse hier und heute liegen bei Ihnen, meine Rolle als Moderator ist es, Ihnen als Prozessberater dabei zu helfen."

  Diese Regel sollte zu Beginn im Kick-Off-Meeting vereinbart werden. Sie schafft Klarheit über die Rollen und die damit verbundene Verantwortung. Auch wenn der Moderator die Doppelrolle als Moderator und Teamleiter innehat, ist er nicht alleinverantwortlich für das Ergebnis, sonst wäre das Team überflüssig.

Störungen

- **Störungen haben Vorrang/Störungen nehmen sich Vorrang:**
  „Wenn Sie feststellen, dass Sie dem Gespräch nicht mehr folgen können oder am Arbeitsprozess nicht mehr teilnehmen, weil Sie sich langweilen, ärgerlich oder unkonzentriert sind, dann teilen Sie dies mit."

  Teammitglieder nehmen häufig solch eine Störung gar nicht unbedingt als solche wahr, sie merken nur: „Irgendwas stimmt nicht." Daher achten Sie als Moderator auf mögliche Signale (weniger Beteiligung, gereizte Gesprächsatmosphäre etc.) für Störungen und sprechen diese als Ihre Wahrnehmung an, verbunden mit der Frage, wie es die anderen sehen. Oder Sie bitten das Team um ein kurzes Blitzlicht (Was beschäftigt mich gerade? Bin ich noch beim Thema? Wie geht es mir?). Grundsätzlich sollten Sie als Moderator mit dem Team im Kick-Off-Meeting als Regel vereinbaren, dass Störungen angesprochen werden sollen.

- **Übernimm Verantwortung für Dich – Leite Dich selbst:** „Sie sind für sich verantwortlich. Sie können schweigen oder sprechen, wann Sie wollen. Sie brauchen sich nicht zu fragen, ob das, was sie wollen den anderen gefällt oder nicht. Auch die anderen sind für sich verantwortlich und werden es Ihnen mitteilen.“

  Eigenverantwortung

  Diese Regel muss nicht explizit vereinbart werden, sie sollte aber über den Moderationsprozess und die Interventionen des Moderators mit Leben gefüllt werden. Dies können Sie tun, indem Sie die Spielregeln nicht etwa vorgeben, sondern mit dem Team entwickeln und vereinbaren. Denn so muss jedes Team für sich entscheiden, was ihm wichtig ist. Im Verlauf der Moderation kann dies bedeuten, den Dingen Platz einzuräumen, die sich gerade im Team entwickeln.

- **Es spricht immer nur einer zur selben Zeit:** „Es darf nie mehr als einer sprechen. Wenn hier mehrere Personen auf einmal sprechen wollen, müssen wir eine Lösung finden. ‚Seitengespräche‘ sind also unerwünscht. Wenn sie auftreten, sollten wir ihren Inhalt als Beitrag oder Störung für die Gruppe nutzen.“

  Reihenfolge der Redebeiträge

  Diese Regel können Sie als Moderator im Prozess bei Bedarf einführen. In der Situation selbst können Sie eine Reihenfolge festlegen, Sie können dies aber auch das Team untereinander regeln lassen und nur ordnende Aspekte wie Dringlichkeit oder Bezug zum gerade Gesagten einbringen, die dem Team helfen, über die Reihenfolge zu entscheiden.

- **Sprich von Dir per „Ich“ statt „Man“ oder „Wir“:** „Sprechen Sie von sich und sprechen Sie per „Ich“, anstatt sich hinter allgemeinen Formulierungen zu verstecken.“

  Sprachformulierungen

- **Sprich für Dich und nicht für andere:** „Jeder sollte ausschließlich in seinem Namen sprechen und auf Interpretationen, was andere gesehen, empfunden haben müssten, (weitgehend) verzichten.“

  Ihre Aufgabe als Moderator ist es hier, auf die Sprachformulierungen im Team zu achten. Wenn bei Themen persönliche Meinungen gefragt sind, sollten Sie Teammitglieder auf diese beiden Regeln ansprechen, verbunden mit dem Hinweis, dass diese für eine klare Kommunikation sorgen. Insofern werden diese Regeln bedarfsorientiert im Prozess eingeführt.

Wertschätzung

- **Sprich zu Anwesenden, nicht über sie:**
„Wenn jemand aus unserer Gruppe einem anderen etwas mitteilen oder antworten will, sollte er ihn direkt ansprechen und ansehen. Sprechen Sie nicht über einen Dritten zu einem anderen und sprechen Sie nicht zur Gruppe, wenn Sie eine bestimmte Person meinen."

- **Versuche, Deinen Gesprächspartner zu verstehen:**
„Gehen Sie nicht einfach über etwas hinweg, was jemand gesagt hat, sondern bemühen Sie sich, zu verstehen, was er gemeint hat. Stellen Sie Ihr Verständnis durch Nachfragen sicher. Wenn Ihnen ein Beitrag unverständlich ist, dann kann dies eine Störung sein, die Sie anmelden sollten."

Diese beiden eng zusammenhängenden Regeln sind auch bedarfsorientiert einzuführen. Als Moderator achten Sie darauf, inwieweit Diskussionsbeiträge aufgegriffen werden oder nicht. Wenn es häufig vorkommt, dass Beiträge bestimmter Personen übergangen werden oder die Gruppe grundsätzlich kaum Bezug aufeinander nimmt, sollten Sie dies Phänomen als Wahrnehmung benennen und zum Thema auf der Meta-Ebene in der Gruppe machen. Wenn dies nicht geschieht, ziehen sich einzelne Teammitglieder bis in die innere Immigration zurück, oder aber der gesamte Problemlösungsprozess kommt nicht voran, weil die Gruppe nicht miteinander arbeitet.

Offene Meinungsäußerung

- **Eigene Meinung statt Fragen:**
„Wenn Sie eine Frage stellen, dann erklären Sie, wieso Sie fragen. Wenn Sie eine eigene Meinung haben, dann äußern Sie diese. Es ist für die anderen dann viel leichter, Ihnen zu widersprechen oder zuzustimmen. Übernehmen Sie Verantwortung für Ihre Meinung, statt sie in Fragen zu verkleiden."

Als Moderator achten Sie darauf, ob die gestellten Fragen der Verständnisklärung dienen, sie den Diskussionsprozess voranbringen oder ob sie eine verdeckte Meinungsäußerung darstellen. Bei Letzterem kann es hilfreich sein, dem Fragenden seine Frage als Meinung widerzuspiegeln (Wenn ich Sie richtig verstanden habe, dann wollen Sie mit Ihrer Frage eigentlich sagen, dass ...) und um Bestätigung zu bitten, bevor mit anderen ein Frage-Antwort-Spiel entsteht.

- **Fasse Dich kurz:**
  „Damit andere Ihren Beiträgen folgen können (und wollen), versuchen Sie Ihre Meinung/Ihr Anliegen mit so wenig Worten wie möglich und so vielen wie nötig zu äußern."

  Effizienz

  Hier sind Sie als Moderator, außer bei reifen Gruppen, aus Sicht der anderen Gruppenmitglieder immer gefordert. In der Gruppe sitzen Experten mit viel Fachwissen, das gerne dargestellt werden will, und mit Engagement für die Sache. Wenn die Beiträge zu lang werden, so dass Einzelne nicht mehr folgen und sich abwenden, sollten Sie dies thematisieren und die Regel „Fasse dich kurz" vorschlagen.

4. GLOBE – das Umfeld

„Wer den Globe nicht beachtet, den frisst er." Diese Feststellung von Ruth Cohn macht deutlich, welche Bedeutung das Umfeld für ein Team hat. Der Begriff „Globe" hat verschiedene Dimensionen, die sich in ihrer Tragweite unterscheiden:

- **Großes Umfeld:** Universum, Weltall, Erde, Natur, Kontinent, Land, Stadt/Gemeinde, politische Verhältnisse, Konjunktur, Gesetze
- **Organisationale Rahmenbedingungen:** Unternehmen oder Organisation, Abteilung, wirtschaftliche Lage, finanzielle Möglichkeiten, berufliche Landschaft und die Hierarchien darin, Räumlichkeiten für die Arbeit des KULT-Teams, Ausstattung, Zeitbudget, Zusammensetzung des KULT-Teams
- **Individuelles Umfeld:** Alter, Geschlecht, Ausbildung, Qualifikation, Schichtzugehörigkeit der Menschen, gesundheitliche Verfassung, familiäre Lebensbedingungen

Was bedeutet dies für Sie als Moderator?

Der zu Beginn zitierte Satz von Ruth Cohn, in der KULT-Moderation umgesetzt, bedeutet für Sie, interessiert auf die Menschen im Team zuzugehen. Sie tun das, um einen Eindruck von der Arbeitsfähigkeit zu erhalten und diese sicherzustellen. Dies können Sie bereits

Fragen Sie den inneren Zustand ab

zu Beginn einer Sitzung in Form einer Einstiegsrunde machen: „Wie geht es mir heute Morgen? Was ist mir noch wichtig zu sagen, um voll arbeitsfähig zu sein?“ oder: „Mit welchen Ja- oder Nein-Stimmen bin ich heute hier?“

Die Erfahrung zeigt, dass es häufig ausreicht, solche Themen auszusprechen, damit sie dann die gemeinsame Arbeit nicht beeinträchtigen. Die Aufmerksamkeit wendet sich danach leichter wieder zu den Themen der Arbeitsgruppe, es konnte ausgesprochen werden und wurde durch den Rest des Teams gewürdigt.

Sorgen Sie für ein störungsfreies Arbeiten

Als Moderator haben Sie natürlich noch weitergehende Gestaltungsmöglichkeiten für das Umfeld, in dem die Arbeit stattfinden soll. So besteht eine wichtige Aufgabe darin, sicherzustellen, dass das „Miteinander-Arbeiten“ auch stattfinden kann:

- Sicherstellen, dass keine Störungen auftreten, etwa durch Auswahl geeigneter Räume
- Sicherstellen, dass die benötigen Materialien für die KULT-Moderation auch vorhanden sind
- Wahl eines realistischen Zeitrahmens

Weitere Informationen zur Gestaltung des Globe finden Sie im Abschnitt „Aufgaben vor, während und nach der Moderation“ (S. 272 ff.).

Phasen im Gruppenprozess

Das KULT-Phasenmodell zur Problemlösungsmoderation haben Sie in den ersten Kapiteln kennengelernt. Es fokussiert auf die erfolgreiche Bewältigung des Sachprozesses. In diesem Abschnitt finden Sie ein weiteres Phasenmodell zum Verständnis des parallel stattfindenden Gruppenprozesses. Ziel ist es, ein vertiefendes Verständnis für den Gruppenprozess zu ermöglichen und Ihnen konkrete Hinweise zu Aufgaben und Anforderungen für die Moderation zu geben. Während Sie mit den Faktoren der Gruppendynamik im vorigen Abschnitt einen Überblick über mögliche Hebel zur Steuerung des Gruppenprozesses erhalten haben, soll Ihnen die Kenntnis der Phasen im Gruppenprozess die Einordnung phasentypischer Phänomene und den Umgang damit erleichtern.

In Anlehnung an bekannte Phasenmodelle in der Literatur (vgl. Langmaack/Braune-Krickau, Vopel, Schaffer/Galinsky) nutzen wir ein 4-Phasen-Modell zur Beschreibung des Gruppenprozesses. Jeder dieser Phasen liegen gruppendynamische Themen zugrunde, die Sie an bestimmten Merkmalen erkennen können und aus denen sich spezifische Aufgaben für den Moderator ergeben.

Phase 1: Orientierung und Struktur
Phase 2: Gärung und Klärung
Phase 3: Vertrautheit und Produktivität
Phase 4: Trennung und Transfer

Leitfragen

Dieses 4-Phasen-Modell zur Beschreibung der Gruppenprozesse werden wir Ihnen anhand folgender Leitfragen näher vorstellen:
- Welche gruppendynamischen Themen kennzeichnen diese Phase?
- An welchen Merkmalen können Sie die Phase erkennen?
- Was bedeutet dies für Sie als Moderator?

Phase 1: Orientierung und Struktur

Welche gruppendynamischen Themen kennzeichnen diese Phase?

- Abhängigkeit von Autorität und Hierarchie.
- Suche nach Orientierung – was kommt wie auf mich zu?

- Distanz bewahren und Nähe suchen.
- Anleitung benötigen und Unabhängigkeit bewahren wollen.
- Suche nach Akzeptanz und Rolle, verbunden mit Ängsten: Wo ist mein Platz in der Gruppe? Was wird von mir erwartet?
- Widerstand/Passivität bei geschickten oder abgeordneten Teammitgliedern.

An welchen Merkmalen können Sie die Phase erkennen?

- Klima eher freundlich, kollegial, aber oberflächlich, wenig intensiv.
- Hohe Erwartung an Leitung und Moderation – Abhängigkeit von Autorität und Hierarchie.
- Vorsichtiges Beschnuppern und Kennenlernen.
- Gefühle und Meinungen werden zurückgehalten.
- Ressourcen der Teammitglieder noch nicht sichtbar.
- Zurückhaltung bei Mitarbeit.

Was bedeutet dies für Sie als Moderator?

Ihre Interventionen

- In der dynamischen Balance bewegt sich das Team vom ICH zum WIR zum THEMA: Gestalten Sie die Teambildung (aus den vielen ICHs entsteht ein WIR), indem insbesondere bei Teams mit mehr als acht Mitgliedern nicht nur nur im Plenum, sondern auch in Kleingruppen gearbeitet wird.
- Planen Sie diese Phase genau. Bieten Sie dem Team eine klare, duchaus enge Struktur, die sicherstellt, dass diese Phase zügig, aber ohne Hektik gestaltet wird.
- Leben Sie das Verhalten modellhaft vor („Verhalte Dich so, wie Du willst, dass sich die anderen verhalten").
- Ermöglichen Sie Kontakt zwischen den Teamgliedern.
- Gestalten Sie das Kennenlernen über eine mehr oder weniger ausführliche Vorstellungsrunde.
- Klären Sie die Rollen im Team.
- Vereinbaren Sie Regeln für die Zusammenarbeit.
- Klären Sie alle „Formalitäten" (Ziele, Arbeitsweise, Zeit).
- Schaffen Sie ein positives Arbeitsklima durch aktives Zuhören, nehmen Sie Blickkontakt zu allen auf.
- Holen Sie die Teammitglieder dort ab, wo sie gerade zu Thema und Zielsetzung dieser Moderation stehen. Thematisieren Sie auch, wie es um ihre Arbeitsfähigkeit bestellt ist.
- Machen Sie mit den Teammitgliedern einen Kassensturz (nach Klaus Doppler, siehe auch S. 265) mit folgenden Fragen, um den Widerstand zu identifizieren: „Wie bin ich in diese Arbeitsgrup-

pe gekommen?“; „Was ist mein Auftrag (offiziell/inoffiziell)?“; „Was weiß ich zum Thema?“

Praktische Beispiele zur Gestaltung der Phase Orientierung und Struktur finden Sie im Abschnitt: „Ablauf der KULT-Teammeetings – Vorbereitung und Durchführung einer Kick-Off-Veranstaltung“, (Seite 263 ff).

Phase 2: Gärung und Klärung

Welche gruppendynamischen Themen kennzeichnen diese Phase?

- Ausdifferenzierung der ICHs durch Rivalität und Konflikte.
- Kampf um Rollen, Status und Macht.
- Suche nach Verbündeten, Cliquenbildung.
- Wahrnehmen einer Diskrepanz zwischen Realität und Hoffnungen.
- Kontrolle versus Freiräume (Wie viel Kontrolle muss sein, wie viel Freiräume sind nötig?).
- Wunsch nach Emanzipation und Abgrenzung von der Leitung.

An welchen Merkmalen können Sie die Phase erkennen?

- Unmutsäußerungen.
- Entweder-oder-Diskussionen.
- Mühsames Vorwärtskommen, Stagnation, man dreht sich im Kreis.
- Gefühle von Verwirrung und Inkompetenz.
- Beobachten und Bewerten des Leiters oder Moderators (Akzeptanz oder Unterwanderung).
- Widerstand gegen Aufgabe und Methode; Inhalte, Ziele und Vorgehensweise werden in Frage gestellt.

Was bedeutet dies für Sie als Moderator?

Ihre Interventionen

- Zeigen Sie Klarheit in der Leitung und diskutieren Sie grundsätzlich nicht über die Methoden.
- Bleiben Sie gelassen: Was Sie beobachten, ist normal und wichtig für den Gruppenprozess.
- Lassen Sie Kontroversen und Konflikte zu, helfen Sie Positionskämpfe zu klären.
- Bearbeiten Sie die Konflikte, indem Sie
  - die Konfliktursachen identifizieren (verschiedene Zielvorstellungen, unklare Rollen, verschiedene Vorstellung zu Vorgehensweisen, Missverständnisse, Regelverstöße, ungünstiges Kommunikationsverhalten).

  - aktiv zuhören, um zu verstehen (siehe Abschnitt Zentrale Interventionen).
  - Unterschiede klarmachen und die subjektive Sichtweise der Gruppenmitglieder erarbeiten.
- Stellen Sie sicher, dass die einzelnen Teammitglieder vor offenem Schlagabtausch geschützt werden, etwa mit Hilfe der vereinbarten oder neu zu vereinbarender Spielregeln.

Phase 3: Vertrautheit und Produktivität

Welche gruppendynamischen Themen kennzeichnen diese Phase?

- Entwicklung eines WIR-Gefühls („Familie").
- Abgrenzung gegenüber anderen Gruppen in der Organisation.
- Harmonietendenz, Konfliktvermeidung.

An welchen Merkmalen können Sie die Phase erkennen?

- Das Team und einzelne Teammitglieder übernehmen zunehmend Verantwortung für sich:
  - Spielregeln für den Umgang miteinander werden entwickelt und gelebt.
  - Offene Klärung von Konflikten, Standpunkten und Informationen.
  - Flexible Arbeitsweise und hohe Selbstorganisation.
  - Wahrnehmbare Kooperation untereinander.
- Hohe Arbeitsfähigkeit des Teams: Ideenreichtum und Effizienz.
- Klären von Aufgabe, Bedeutung und Rolle der Gruppe in Gesamtorganisation.

Was bedeutet dies für Sie als Moderator?

Ihre Interventionen

- Nehmen Sie sich zurück in der Leitung und vertrauen Sie auf die Selbststeuerungskompetenz des Teams. Achten Sie auf mögliche Konflikte und seien Sie bereit, jederzeit wieder stärker zu intervenieren.
- Unterstützen Sie die Entwicklung neuer Umgangsformen und Verhaltensweisen.
- Lassen Sie Freiräume bei Aufgabenerledigungen zu.
- Achten Sie auf Zeit, Ziel und Vorgehensmodell, um sicherzugehen, dass das Team sich nicht verzettelt und führen Sie bei Bedarf eine Klärung herbei.

- Stellen Sie sicher, dass Ergebnisse und Maßnahmen dokumentiert werden („Früchte der Arbeit").

Phase 4: Trennung und Transfer

Welche gruppendynamischen Themen kennzeichnen diese Phase?

- Abschied und Trennung (Trennung nicht wahrhaben wollen, Traurigkeit, Gruppe entwerten).
- Rückblick, Auswertung, Bilanz.
- Abwenden vom Team oder Versuche, neue gemeinsame Aktivitäten zu entwickeln.

An welchen Merkmalen können Sie die Phase erkennen?

- Unter Umständen breitet sich Langeweile bei Routinetätigkeiten aus.
- Auseinandergehen der Gruppe (Einzelne sind häufiger nicht da).
- Weniger Begeisterung bei Aktivitäten.

Was bedeutet dies für Sie als Moderator?

Ihre Interventionen

- In der dynamischen Balance bewegt sich das Team über das THEMA zum WIR und zum ICH.
- Stellen Sie sicher, dass inhaltlich (*Maßnahmenplan* und *Ergebnisbericht*) nichts offen bleibt.
- Stellen Sie sicher, dass gruppendynamisch nichts offen bleibt, indem Sie
  - mit dem Team über die Zufriedenheit mit Ergebnissen und Zusammenarbeit reflektieren
  - mit Hilfe eines Blitzlichts einen Ausblick in die Zukunft durchführen, z.B. mit Blick auf individuelle Arbeitspakete (Was wird bei Umsetzung helfen?) .
  - aus der Zusammenarbeit „Lessons Learned – Worauf sollten wir/die Organsiation zukünftig achten?" Ergebnisse ableiten (Tool: *Ergebnisbewertung*).
  - den Gruppenmitgliedern für Mitarbeit und Engagement danken.
- Den Abschied voneinander (mit der Gruppe) planen, für einen positivien Abschied sorgen und dafür Zeit einplanen.

Zentrale Interventionen zur Steuerung des Gruppenprozesses

Nachdem in den Gruppenphasen spezifische Aufgaben und Interventionen des Moderators näher erläutert wurden, finden Sie jetzt noch einige zentrale Interventionen zur Steuerung des Gruppenprozesses. Sie sollten als Moderator folgende Techniken anwenden können:

1. Themen aktivierend formulieren
2. Aktives Zuhören
3. Fragetechnik
4. Meta-Kommunikation
5. Feedback

1. Themen aktivierend formulieren

- Leicht verständlich und einfach in der Formulierung – keine Verschlüsselungen, keine komplizierten Sätze, keine überfrachtete Symbolik.
- Provozierend, aktivierend, neugierig machend darf es sein: „Unsere Teambesprechung – eine lohnende Investition!? Was läuft gut – was sollten wir verbessern?"
- Persönliches Erleben ermöglichen oder an solches anknüpfen.
- Bei trockenen „Sachthemen" möglichst einen persönlichen Bezug herstellen.
- So persönlich wie möglich und so generell wie nötig – jeder sieht das Thema so, wie er will oder muss.
- Persönliche Formulierungen (Ich/Wir) in der Ansprache nutzen.
- Frageformen einsetzen, die zur Interaktion anregen: „Was brauche ich von ..., um gut machen zu können?"
- Positiv formulieren: „Wege, um unsere Zusammenarbeit zu verbessern ..." klingt besser als „Wir arbeiten nicht gut zusammen – was sollten wir besser machen?".
- Verben im Thema sind lebendiger als Substantive: „Was will ich verändern?" aktiviert zu realistischen Überlegungen. „Was sollte ich verändern?" macht das Thema vorsichtig besprechbar, der Realitätsbezug zum Wunschkonzert muss später hergestellt werden.
- Den zentralen Punkt/das Ziel benennen: Worum geht es?

2. Aktives Zuhören

Aktives Zuhören auf der Sachebene/Zusammenfassen/Paraphrase

Kernaussagen zusammenfassen

Beim Aktiven Zuhören auf der Sachebene geht es darum, die Kernaussagen zusammenzufassen und dadurch das inhaltliche Verständnis zu überprüfen. Es ist die einfachste Möglichkeit, um Missverständnisse zu vermeiden. Dabei ist es wichtig, eigene Meinungen, Ansichten, Ratschläge, Fragen oder Bewertungen zurückzuhalten.

- „Ich habe Sie so verstanden, dass ..."
- „Verstehe ich Sie richtig, dass ...?"
- „Sie stellen sich das also so vor ...?

Aktives Zuhören auf der Gefühlsebene/Spiegeln

Gefühle in Worte fassen

Beim Aktiven Zuhören auf der emotionalen Ebene geht es darum, Gefühle, die der Sprecher (verbal oder nonverbal) ausdrückt, in Worte zu fassen. Wichtig ist hierbei nicht das, was er sagt, sondern wie er es sagt. Sie sollten als Moderator dem anderen „aus dem Herzen sprechen". Als Moderator sind Sie eine Art Spiegel für den Gesprächspartner, durch den er mehr Klarheit über sich selbst gewinnen kann. Beim Zuhören können Sie sich innerlich von folgenden Fragen leiten lassen: Wie ist ihm zumute? Was empfindet mein Gesprächspartner? Was ist ihm an dem, was er gerade sagt, so wichtig?

- „Wenn ich Ihnen so zuhöre, habe ich den Eindruck Sie sind sehr erregt über ..."
- „Und Sie sind darüber ziemlich ärgerlich ...",
- „Ich höre den Wunsch heraus ..."
- „Sie sind unzufrieden mit der Art und Weise ..."

3. Fragetechnik

Formulierung von Fragen

Fragen geben Impulse in die Gruppe, lösen Klärungsprozesse aus, finden Antworten und Lösungen, schaffen Transparenz. Bei der Formulierung der Fragestellung sind einige Aspekte zu beachten:

Offene Fragen

- Stellen Sie offene Fragen (W-Fragen):

Im Gegensatz zur geschlossenen Frage, die nur mit Ja/Nein beantwortet wird, regt die offene Frage zum Nachdenken an und erlaubt differenzierte Antworten. Sie beginnen gewöhnlich mit folgenden Fragewörtern: „wann", „wer", „wie", „wieso", „wodurch", „was".

Meinungen, Erfahrungen, Ideen

▶ Fragen Sie nach Meinungen, Erfahrungen, Ideen:
Mit Fragen wie „Wie viele Service-Niederlassungen hat unser Unternehmen?" prüfen Sie vor allem Wissen ab. Die Antworten sind entweder richtig oder falsch, der Befragte fühlt sich ausgefragt. In der Moderation fragen Sie nach Erfahrungen, Ideen der Teammitglieder, um so eine Vielfalt von Antworten zu erhalten.

- „Was ist aus Ihrer Erfahrung in der Zusammenarbeit mit Bereich X problematisch?"
- „Wie läuft bei Ihnen die Arbeit mit dem neuen System?"

▶ Formulieren Sie die Fragen kurz und verständlich.

▶ Vermeiden Sie Fachausdrücke und Fremdworte.

▶ Stellen Sie nur eine Frage – vermeiden Sie Doppelfragen:
Doppelfragen mit „und" oder „oder" bergen die Gefahr, dass die Teammitglieder in unterschiedliche Richtungen denken

▶ Nutzen Sie geschlossene Fragen (Ja/Nein-Fragen):
Sie sind sinnvoll einzusetzen, wenn Diskussionen ausufern und/oder wenn Sie eine Bestätigung für eine Zusammenfassung oder für eine Entscheidung haben wollen.

Visualisierte Fragen

Einstiegs- oder Impulsfrage

Die Arbeit an den Problemlösungen auf der Sachebene beginnen fast immer mit einer visualisierten Frage, auch einer so genannten „Einstiegs- oder Impulsfrage". Diese Frage sollte grundsätzlich visualisiert und nicht nur verbal gestellt werden. Sie bildet die Grundlage für eine längere Arbeitsphase und schafft so auch die Voraussetzung für die Sammlung, Dokumentation und weitere Arbeit mit den Antworten (siehe Beispiel auf der folgenden Seite).

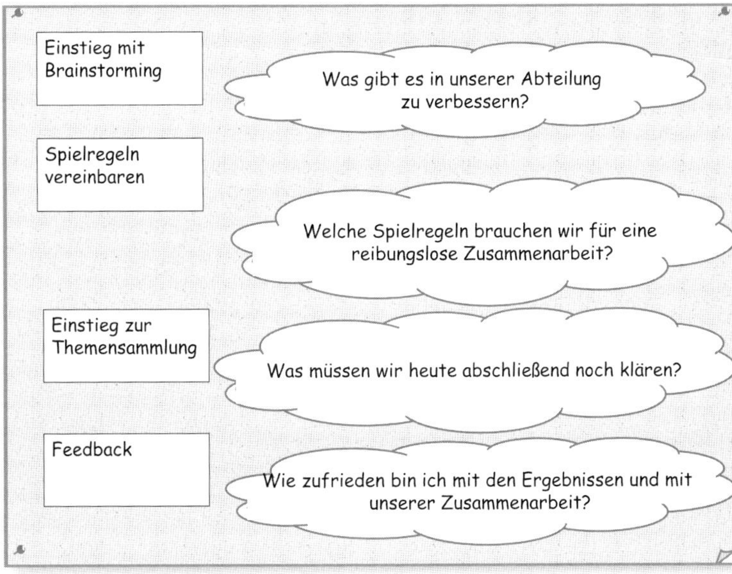

Abb.: Beispiel für visualisierte Fragen

Weitergeleitete Frage

Geben Sie Fragen sofort wieder an die Gruppe zurück

Im laufenden Moderationsprozess ist die „weitergeleitete Frage" an die Gruppe ein zentrales Steuerungsinstrument des Moderators. Wann immer aus der Gruppe eine Frage zur Sache an den Moderator/Sie gerichtet wird, dann wird diese Frage sofort wieder an die Gruppe zurückgegeben. Beispiel:

- Teammitglied (zum Moderator): „Sollten wir uns zu diesem Punkt nicht mit dem Auftraggeber besprechen?"
  Moderator (zur Gruppe): „Was meinen die anderen: Sollten wir uns zu diesem Punkt mit dem Auftraggeber besprechen?"

In der Rolle als Moderator sollten Sie sich hüten, inhaltliche Fragen zu beantworten, um nicht in eine Rollenkonfusion zu geraten. Durch das Weiterleiten der Frage bewahren Sie Ihre Allparteilichkeit.

Nachfragen

Nachfragetechniken helfen aus schwierigen Situationen

Die Nachfragetechniken helfen Ihnen, auch schwierige Gesprächssituationen zu bewältigen. Dies sind insbesondere „Killerphrasen", die im Kern wenig hilfreiche Aussagen darstellen und das Team in seiner Denke, Diskussion und Arbeitsweise blockieren. Als Moderator erkennen und hinterfragen Sie solche „Killerphrasen".

- **Verallgemeinerungen relativieren**
  Aussagen wie „Das haben wir schon immer so gemacht“ oder „Das sehen alle anderen genauso“ unterstellen, dass es nur den einen, vom Sprecher genannten Weg gibt und sonst keinen. Andere Ansätze geraten so aus der Wahrnehmung.
  - Teammitglied: „Das haben wir schon immer so gemacht.“
    Moderator (zum Teammitglied oder zum Team): „Wirklich immer? Wann gab es mal Ausnahmen?“
  - Teammitglied: „Das sehen alle anderen genauso.“
    Moderator: „Wen meinen Sie mit ‚alle‘?“ oder „Wie könnte man es sonst noch sehen?“

- **Unspezifische Begriffe konkretisieren**
  Unspezifische Begriffe in Aussagen wie „Das halte ich für unvernünftig“ oder „Dies Vorgehen finde ich nicht gut“ sind üblicherweise bei einer Fortführung der Diskussion zu klären, damit alle Beteiligten verstehen, was der jeweilige Begriff aus Sicht des Sprechers bedeutet.
  - Teammitglied: „Das halte ich für unvernünftig.“
    Moderator: „Was meinen Sie mit unvernünftig?“
  - Teammitglied: „So vorzugehen finde ich nicht gut.“
    Moderator: „Was bedeutet für Sie ‚so vorzugehen‘?“ und/oder: „Was finden Sie daran nicht gut?“

- **Implizite Annahmen überprüfen**
  Aussagen, wie „Da stimmt unser Chef nie zu!“ oder „Da macht der nie mit!“ oder „Das sehen alle anderen genauso.“ spiegeln Wissen vor, das häufig gar keins ist. Daher kann es sinnvoll sein, die Wissensbasis zu hinterfragen, bevor die weitere Arbeit auf dieser impliziten Annahme stattfindet.
  - Teammitglied: „Da stimmt unser Chef nie zu!“
    Moderator: „Woher wissen Sie, dass der Chef nicht zustimmt?“ oder: „Was müssten wir anders machen, damit der Chef zustimmt?“
  - Teammitglied: „Da macht der Meyer nie mit!“
    Moderator: „Was macht Sie so sicher, dass der Meyer nicht mitmacht?“
  - Teammitglied: „Das sehen alle anderen genauso.“
    Moderator: „Was macht Sie so sicher, dass dies alle anderen auch so sehen?“

4. Meta-Kommunikation

Moderationssituationen besprechbar machen

Die Technik der Meta-Kommunikation dient dazu, Moderationssituationen besprechbar zu machen. Meta-Kommunikation meint eine Kommunikation über die Kommunikation, also ein Gespräch über die Art und Weise, wie wir miteinander arbeiten, umgehen und kommunizieren. Aus einer distanzierten Position findet eine Betrachtung der Kommunikationssituation statt. Im Rahmen einer Moderation wird hierfür häufig die Blitzlicht-Technik (siehe nächstes Kapitel) verwendet.

5. Feedback

Rückmeldung bei Störungen geben

Feedback ist eine Rückmeldung an ein Gruppenmitglied oder die gesamte Gruppe und enthält eine Wirk-Information über ein bestimmtes momentanes Verhalten. Es wird eingesetzt, wenn das Verhalten die Arbeitsfähigkeit Einzelner (auch des Moderators) oder der gesamten Gruppe beeinträchtigt. Dies ist meist der Fall, wenn ein Gruppenmitglied anderen ins Wort fällt, den Raum wiederholt verlässt, Beiträge anderer abwertet, Nebengespräche führt, abschaltet, das Handy nicht abgestellt hat. Sein Verhalten stellt also eine klassische Störung dar. Ziel ist es, dieses störende Verhalten bewusst zu machen, es abzustellen oder zumindest zu mildern. Hierzu ist es notwendig, dass das Feedback zeitnah, aufs Verhalten bezogen und konkret beschreibend gegeben wird. Das Feedback kann demnach eine massive Intervention sein. Für Sie als Moderator empfiehlt sich eine mehrstufige Herangehensweise.

„Eskalationsstufen" des Feedbacks

- **Ignorieren**
  Nicht auf alle Störungen sollten Sie sofort reagieren. Manche Störung kann im nächsten Moment schon wieder vorbei sein und es lohnt sich nicht, sie zum Thema zu machen.

  Es gibt aber durchaus Verhaltensweisen, die schon nach ein- bis zweimaligem Auftreten zu thematisieren sind. Hierzu gehören heftigere verbale Attacken auf andere Gruppenmitglieder (Angriffe unter der Gürtellinie, abwertende Aussagen, unterbrechen ...). Wenn Sie sich als Moderator hier nicht schützend vor andere Teammitglieder stellen und solch ein Verhalten sanktionieren, indem Sie es ansprechen, erleben die anderen Teammitglieder dies als massive Störung oder gar informelle Regel („So gehen wir also miteinander um"). Je nachdem wie reif das Team ist, sprechen dies möglicherwiese auch andere Teammitglieder an.

▶ **Indirektes Feedback geben**

- durch Gestik oder fragenden, ernsten oder „strafenden" Blickkontakt zu konstruktivem Verhalten einladen.
- in der Pause das Teammitglied im Vieraugengespräch ansprechen.

▶ **Direktes Feedback geben**

Das störende Verhalten können Sie in folgenden fünf Schritten ansprechen:

- *Die Störung anmelden:* „Bevor wir weitermachen, will ich kurz etwas klären ..."
- *Das Verhalten beschreiben:* „Herr Müller, Sie haben wiederholt den Raum verlassen ..."
- *Die Wirkung beschreiben:* „Dieses wiederholte Kommen und Gehen lenkt (mich) sehr ab, und Sie fehlen der Gruppe mit Ihrem Know-how ..."
- *Einen Wunsch äußern oder Angebot machen:* „... meine Bitte an Sie, können Sie dies zu einem späteren Zeitpunkt erledigen oder was brauchen Sie, um wieder hier mitmachen zu können?"
- *Eine Vereinbarung treffen und für Einverständnis danken:* „Ist das für Sie möglich, ja?" – „Danke."

Ablauf der KULT-Teammeetings

Der Moderator moderiert das Team unter der Verwendung der Tools in den KULT-Phasen. Da jede Moderation ihre eigene Note hat, ist ein situatives Konzept erforderlich ist. Die wesentlichen Strukturelemente für ein solches Konzept werden in diesem Abschnitt behandelt.

Selten wird in einem einzigen Treffen der gesamte KULT-Zyklus durchlaufen, in der Regel nur einzelne Phasen. Ein KULT-Team trifft sich in der Regel zu einer Kick-off-Veranstaltung und mehreren Folgemeetings.

Vorbereitung und Durchführung einer Kick-off-Veranstaltung

In einem Kick-off wird Orientierung für alle Beteiligten geschaffen. Deshalb ist es wichtig, sich hierfür Zeit zu nehmen, um alles zu klären, was Sie als Moderator und das Team anfangs wissen müssen. Die Teammitglieder versuchen sich zunächst zu orientieren (siehe Phasen im Gruppenprozess). Gelingt diese Orientierung nicht, kommt es sehr schnell zu Konflikten und Motivationsverlust. Das Kick-off umfasst in aller Regel folgende Punkte:

Ablauf

- Agenda, Zeitplan und Ziel/e vorstellen
- Das Vorgehen nach dem KULT-Problemlösungsprozess kurz erläutern
- Mit einer Vorstellungsrunde das Kennenlernen sicherstellen

- Die Erwartungen und die Bedenken klären, sowohl in Bezug auf die Zusammenarbeit als auch auf das Thema.
- Gemeinsame Spielregeln vereinbaren, nach denen hier miteinander gearbeitet wird
- Klärung der Rollen bezüglich Aufgaben und Befugnisse
- Die Auftragsdefinition verstehen/verhandeln
- Feedback

Pinwand mit Schlüsselpunkten zum Ablauf des ersten Treffens:

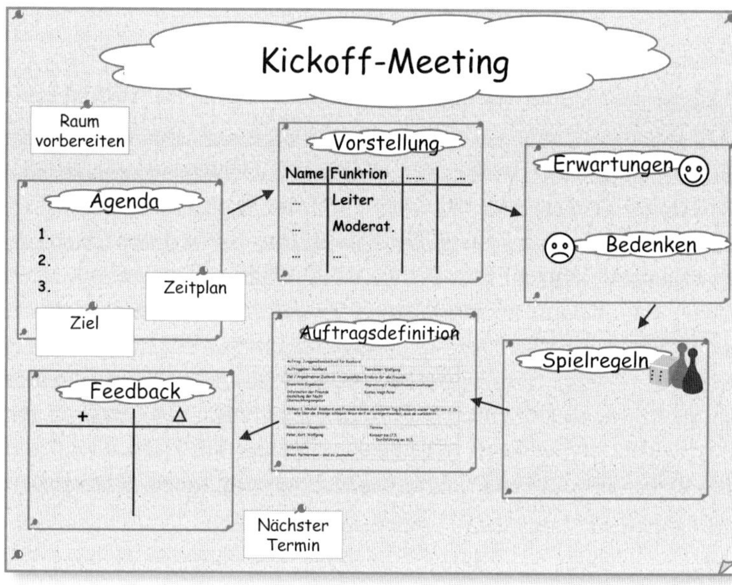

Abb.: Ablauf des ersten Treffens

Agenda und Zeitplan

Zeitliche Zuordnung

Agenda und Zeitplan umfassen die Schlüsselpunkte einer Sitzung mit der zeitlichen Zuordnung. In einer Kick-Off-Veranstaltung wären es demnach alle oben genannten Punkte.

Abb.: Agenda

Das Vorgehen nach dem KULT-Problemlösungsprozess kurz erläutern

Methode klären

Wenn Sie sich entschieden haben, nach der KULT-Methode vorzugehen, stellen Sie dem Team den KULT-Problemlösungsprozess und seine vier Phasen vor. Dies kann eher theoretisch mit Phasen, Schritten und Ergebnissen oder an einem Beispiel durchgeführt werden. Somit weiß das KULT-Team, in welcher Form es „geleitet" wird und kann sich auf die Inhalte konzentrieren.

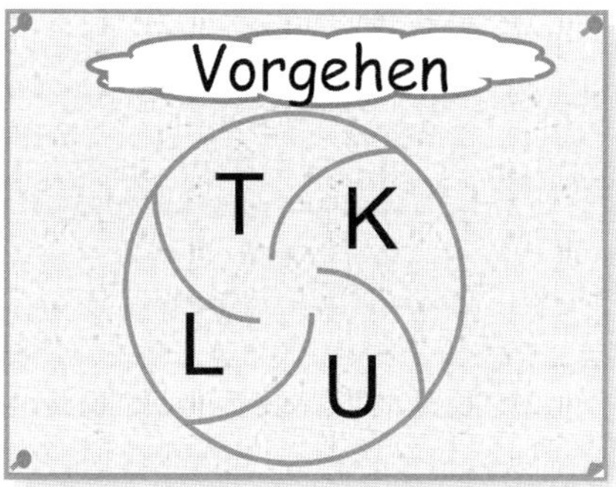

Abb.: Vorgehen

Mit einer Vorstellungsrunde das Kennenlernen sicherstellen

Rollen klären

Neben der persönlichen Vorstellung werden die verschiedenen Rollen im Team (Moderator, Teamleiter, Auftraggeber und Mitglieder) in diesem Moderationskontext erläutert. Es wird klar, wer welche Aufgabe und Entscheidungsbefugnis hat.

Klären Sie insbesondere auch Ihre eigene Rolle als Moderator. Mögliche Aspekte sind:

- Was erwartet der Auftraggeber von mir?
- Wie definiere ich selbst meine Rolle: Was sehe ich als meine Aufgabe, was nicht?
- Welche Unterstützung erwarte ich?

Verbinden Sie die Vorstellungsrunde im Team mit einem Kassensturz (nach Klaus Doppler). Ziel ist es, den möglichen Widerstand Einzelner, die nur abgeordnet wurden und keine eigene Motivation haben, zu identifizieren und aufzuweichen. Dies geschieht über einen Austausch in der Gruppe zu folgenden Fragen:

- Wie bin ich in diese Arbeitsgruppe gekommen?
- Was ist mein Auftrag (offiziell/inoffiziell)?
- Was weiß ich zum Thema?

Mit der offenen Ansprache in der Gruppe nutzen Sie Gruppendynamik zur Klärung. Denn sobald sich der Erste positioniert und mitmacht, fallen die Widerstände bei den anderen wie Dominosteine und sie sind auch bereit, mitzumachen. Schließlich wollen sie nicht als Einziger in der Verweigerungshaltung bleiben.

Wenn sich die Mitglieder nicht oder nicht gut kennen, nehmen Sie sich Zeit, sich im Rahmen einer Vorstellungsrunde miteinander bekannt zu machen. Folgende Punkte können hilfreich sein:

Beispiel: Leitfragen für die Vorstellung des Moderators/des Teams

Abb.: Leitfaden für den Moderator

Abb.: Leitfaden für das Team

Wichtige Punkte aus der Vorstellung der einzelnen Mitglieder können Sie an einer Pinwand dokumentieren lassen. Bitten Sie die Mitglieder, nach ihrer persönlichen Vorstellung Karten mit Antworten zu ausgewählten Fragen anzupinnen.

Beispiele für Vorstellungsrunden

Erstellen Sie ein Team-Profil

Sind sich die Teammitglieder noch unbekannt, empfiehlt sich die Erstellung eines Team-Profils. Die Fragen werden situativ nach Auftrag, Kultur des Unternehmens, Vorerfahrungen der Teammitglieder etc. formuliert.

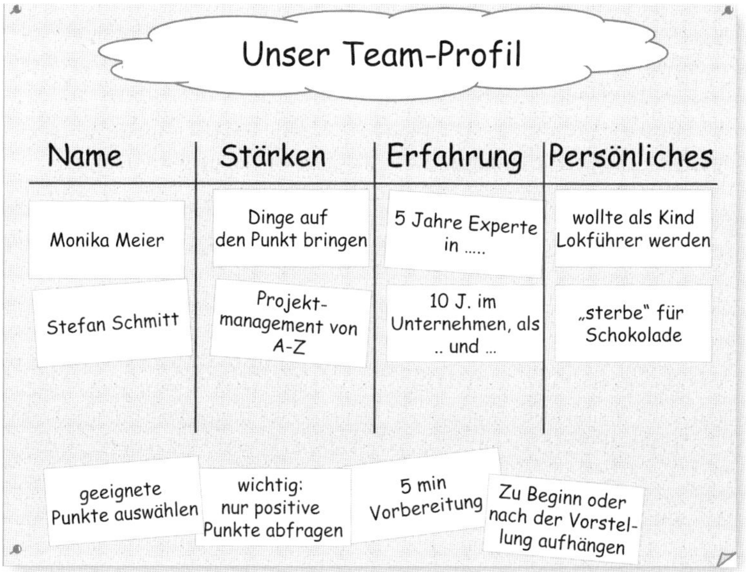

Abb.: Team-Profil

Auch wenn sich die Teammitglieder nicht unbekannt sind, schaffen Vorstellungsrunden Vertrautheit und geben Raum „anzukommen". Verzichten Sie in diesem Fall auf eine formelle Vorstellung, stellen Sie stattdessen eine bis zwei Fragen, die es den Mitgliedern erlauben, sich auf andere Art kennenzulernen.

Raterunde

In einer Variante stellen Sie diese Fragen in einer Art „Raterunde", in der die Antworten verdeckt gegeben werden und die Mitglieder raten, von wem wohl welche Antwort stammen könnte.

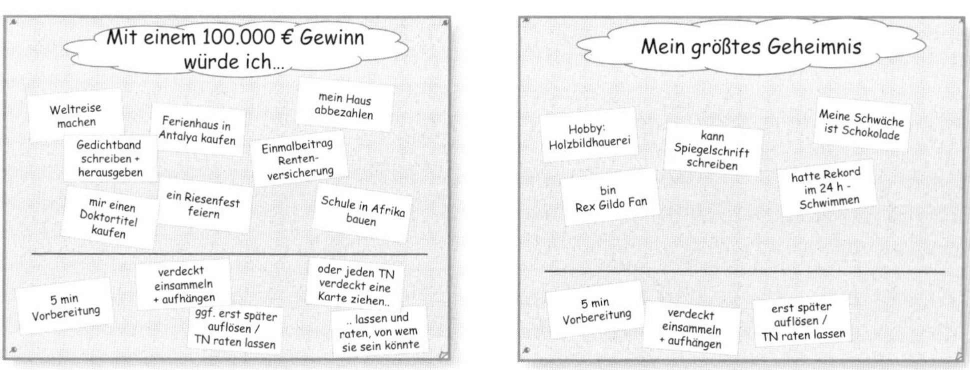

Abb.: Raterunden

Wahr oder falsch?

Eine weitere Variante, etwa für Gruppen, die sich bereits kennen, ist die Frage nach einer wahren und einer erfundenen Aussage über die eigene Person. Die Auflösung bringt meist viel Spaß mit sich, insbesondere wenn Sie „abstimmen" lassen, welche Teammitglieder welche Aussage für wahr und welche für erfunden halten.

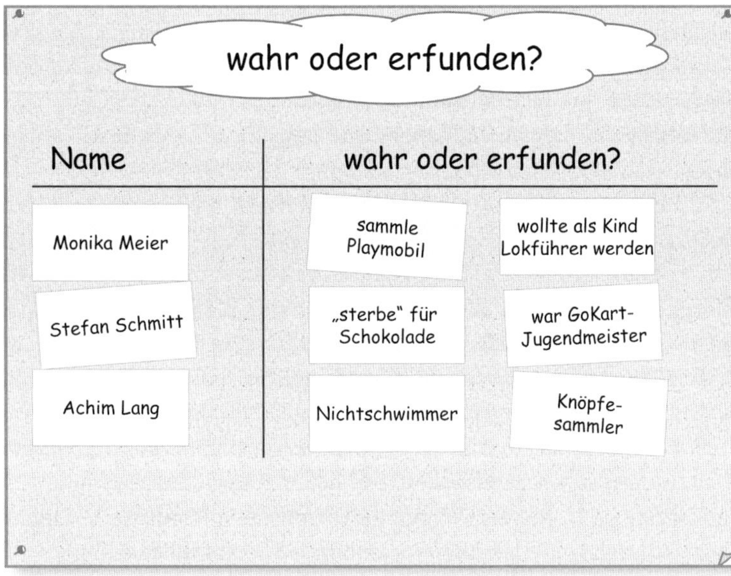

Abb.: Wahre und erfundene Aussagen

Die Erwartungen und die Bedenken klären

Basis für die Erstellung der Spielregeln

Welche Erwartungen, Wünsche oder Hoffnungen einerseits und Bedenken oder Befürchtungen andererseits bringen die Teammitglieder mit? Das Aussprechen und ggf. Dokumentieren der Erwartungen und Bedenken ist eine gute Basis für die Erstellung der Spielregeln.

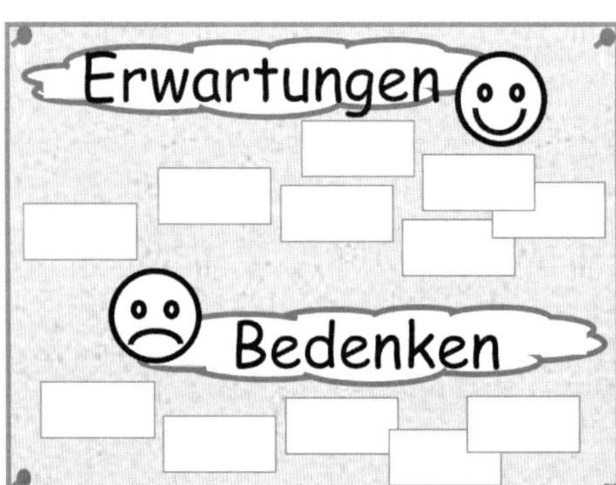

Abb.: Erwartungen und Bedenken sammeln

Nach welchen Spielregeln/Vereinbarungen soll hier miteinander gearbeitet werden?

Jedes Team braucht Regeln, nach denen die Mitglieder ihr Verhalten ausrichten können. Der Moderator unterstützt die Gruppe, indem diese gemeinsam festgelegt und schriftlich vereinbart werden (siehe auch Abschnitt: „Faktoren der Gruppendynamik – die dynamische Balance", S. 236 ff).

Diese sollten gut sichtbar im Raum aufgehängt werden. Für die Einhaltung der Regeln tragen alle Beteiligten die Verantwortung. Deshalb ist es erforderlich, dass sie ausreichend erörtert werden und die Zustimmung aller Gruppenmitglieder erfahren, denn nur dann ist ihre Effektivität gewährleistet.

Fragen zum Bestimmen der Spielregeln

Hier einige Fragen, auf die sich die Spielregeln beziehen können:

- Welche Kommunikationsformen werden gefördert oder unterbunden (z.B. Gespräche, Zwischenrufe, Unterbrechungen)?
- Wie wollen wir angesprochen werden (z.B. mit Nachnamen, Vornamen oder Titeln)?
- In welcher Form sollten Gruppenmitglieder mit anderen Mitarbeitern des Unternehmens über ihre Aktivitäten sprechen? Sollen bestimmte Informationen innerhalb der Gruppe zurückgehalten werden?
- Wird ein pünktliches Erscheinen und vollständige Anwesenheit bei Gruppentreffen erwartet?
- Welche Erwartungen werden an das Ausführen von Aufträgen (*Maßnahmenplan*) geknüpft?
- In welcher Form werden kontroverse Diskussionen geführt, damit Vorschläge kritisiert werden können, ohne die betreffende Person dadurch zu verletzen?
- In welcher Form werden die Ergebnisse dokumentiert?

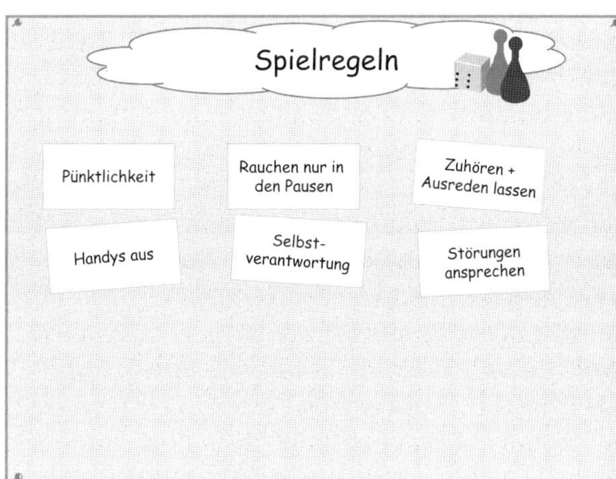

Abb.: Spielregeln vereinbaren

Die Auftragsklärung abstimmen/verstehen

Die *Auftragsklärung* umfasst die Rahmenbedingungen für die gesamte Moderation. Aus diesem Grund ist es wichtig, diese gemeinsam miteinander zu besprechen, zu verstehen und somit Klarheit über das anzustrebende Ergebnis zu erhalten. Details zur Auftragsklärung finden Sie in der Toolbox (S. 66 ff.).

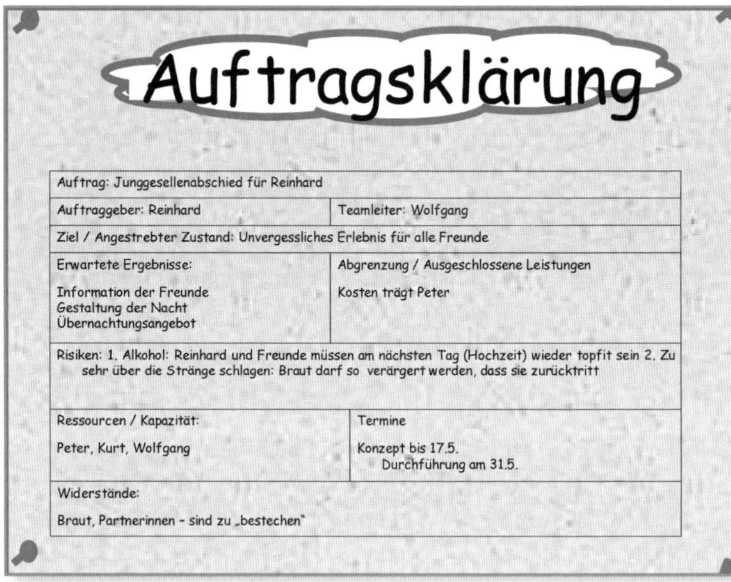

Abb.: Auftragsklärung abstimmen

Vorbereitung und Durchführung eines Folgemeetings

In den Folgemeetings geht es darum, Schritt für Schritt die einzelnen Phasen zu bearbeiten. Zur Orientierung der Teammitglieder sind folgende Punkte besonders wichtig:

- Ergebnisse der vorangegangen Phasen, z.B. *Auftragsklärung*, Problemdefinition, Hauptursachen sichtbar im Raum platzieren (z.B. auf Pinwand oder als Handout) und zu Beginn kurz wiederholen.
  Achten Sie als Moderator immer darauf, dass sich das Team im Rahmen des Auftrags bewegt.
- Auf andere Vereinbarungen (z.B. Spielregeln) verweisen.

Ablauf

Folgemeetings haben in etwa folgenden Ablauf:

- Agenda, Zeitplan und Ziel/e vorstellen
- Zusammenfassung des aktuellen Stands/der abgeschlossenen Phasen
- Bericht der Mitglieder über erledigte „Hausaufgaben"
- Bearbeitung der nächsten Schritte/Phasen und Dokumentation der Ergebnisse
- Ergänzen des Maßnahmenplans
- Zusammenfassung und Planung des nächsten Meetings.
- Feedback

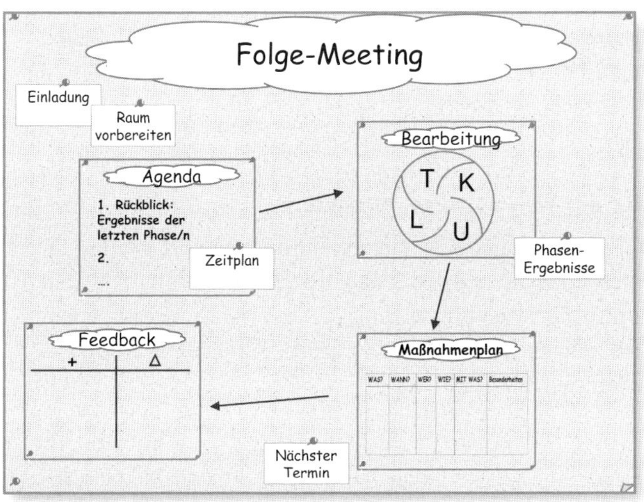

Abb.: Ablauf des Folgetreffens

Spezielle Aufgaben vor, während und nach der Moderation

In diesem Abschnitt beschreiben wir eine Reihe von Überlegungen, die einem Treffen zu einem reibungslosen und produktiven Verlauf verhelfen. Diese Aufgaben sind wichtig, als Moderator sind Sie zum Teil selbst gefordert, zum Teil sind Sie verantwortlich, dafür zu sorgen, dass die Aufgabe übernommen wird (z.B. Protokoll schreiben durch Protokollant).

Vor der Moderation

Was ist das Ziel der Sitzung?

Was soll erreicht werden?

Eine Moderation verläuft nur dann reibungslos, wenn der Arbeitsgruppe ein klares Ziel oder eine Reihe klarer Zielsetzungen vorliegt. Sie als Moderator müssen wissen, was erreicht werden soll. Geht es um Informationsaustausch, Problembewusstsein, Lösungsideen, Entscheidungsfindungen und/oder konkrete Aktivitäten. Das Ziel steht gut sichtbar auf der jeweiligen Tagesordnung.

Was ist das Thema der Sitzung?

Thema strukturieren

In welchem Gesamtzusammenhang steht das Thema, was geschah bisher, welche Bedeutung hat das Thema und welcher Aspekt soll heute behandelt werden? Welche zentralen Fragen müssen behandelt werden, was sind Folgeprobleme, Randthemen, sachliche und emotionale Aspekte des Problems? Diese und ähnliche Überlegungen helfen, das Thema zu strukturieren. Hier stehen Sie als Moderator in enger Abstimmung mit dem Teamleiter und dem Auftraggeber.

Wie könnte der Weg zum Ziel aussehen?

Tool-Auswahl

Sie planen, wie Sie das Ziel erreichen können. Hierbei wählen Sie in einem ersten Schritt die Tools aus, die Ihnen geeignet erscheinen, den optimalen Weg einzuschlagen. Im zweiten Schritt legen Sie die Struktur des Treffens fest: Präsentationen, Diskussionen, Erarbeitungen und/oder Vorträge.

Erstellung eines Drehbuches

Ablaufplan

Der Ablaufplan ist das Drehbuch für den Moderator. Sie erstellen ihn, damit ein Treffen reibungslos abläuft. Der Plan ist so strukturiert, dass er alle wichtigen Fragen, Zeichnungen, Aktivitäten und Zielsetzungen beinhaltet.

Diese Strukturierung gelingt Ihnen, indem Sie für jedes Teammeeting eine Tagesordnung vorbereiten. Das folgende Beispiel zeigt den Beginn einer möglichen Tagesordnung für ein moderiertes Treffen.

Phase	Baustein/ Funktion/Wozu	Medien	Wer	Zeit
Einstieg	Ziel der Moderation präsentieren ...	Flipchart	Moderator	5 Minuten
K (ult)	1-Punkt-Frage (in das Thema kommen) „Wenn ich an ... denke ...“ ++ + 0 - --	Flipchart Punkte Dicke Stifte	Moderator	15 Minuten
K (ult)	Problemliste erstellen mit Brainstorming: „Welche Probleme haben wir mit ...“	Flipchart Stifte Post-its	Moderator	15 Minuten

- **Das Drehbuch ist die Grundlage für die Tagesordnung:** Das Drehbuch wird von Treffen zu Treffen etwas unterschiedlich sein, abhängig von Faktoren wie etwa vom Thema, der Gruppe, ob Gäste dabei sind, was die Zielsetzung ist. Die Tagesordnungspunkte für die Moderation ergeben sich meistens aus diesem Ablauf. Diese können als Kopien an die Gruppenmitglieder verteilt werden, damit Zeitbegrenzungen und Abläufe klar werden.

- **Abweichungen vom Drehbuch:** Der Ablauf muss sich in der Realität unvorhersehbaren Umständen anpassen. Dies kann etwa erforderlich werden, wenn sich die Gruppe an einem Punkt festgebissen hat. Bei solchen Gelegenheiten müssen Sie die Frage auf eine andere Art und Weise neu formulieren. Für diesen Fall ist es sinnvoll, Alternativen vorzudenken.

Wer nimmt teil?

Wer ist Experte zu dem Themenabschnitt? Wer ist entscheidungsbefugt? Wer muss dabei sein oder darf nicht dabei sein und wer wird als Gast eingeladen? Inwieweit ein Experte außer der Reihe oder ein Gast bei der nächsten Sitzung teilnimmt, entscheidet der Teamleiter gegebenenfalls in Abstimmung mit der Gruppe.

Ist die Agenda allen bekannt?

Die Agenda ist ein „Muss" in der Vorbereitung. Sie schafft Orientierung und Sicherheit. Empfehlenswert ist es auch, diese schon mit der Einladung zu verschicken. Dadurch werden die Erwartungen der Teammitglieder dem Treffen gegenüber gefestigt, und es wird verhindert, dass die Gruppe in irrelevante Themen abgleitet. Die Einladung kann ebenfalls vom Teamleiter oder einer Assistenz in Rolle des Organisators verschickt werden.

Mit welchen Hilfsmitteln wird die Besprechung unterstützt?

Die Medien sind der Methode und dem Thema angepasst. Sie werden von Ihnen geordert. Fast immer lohnt es sich, ein Flipchart und Moderationsmaterial verfügbar zu haben. Selbst bei Gruppen, die gerne mit Laptop und Beamer arbeiten, empfiehlt sich klassisches Moderationsmaterial als Ergänzung.

Ist der Raum – von den Nadeln bis zum Kaffee – eingerichtet?

Stimmt das „Drum und Dran"?

Als Moderator richten Sie frühzeitig den Raum ein. Betrachten Sie als Moderator nichts als selbstverständlich. Es kann immer wieder passieren, dass andere Gruppen den Raum benutzt und umgestaltet haben. Verschwenden Sie nicht die Zeit der Gruppe mit technischen Vorbereitungen oder der Suche nach Material, sondern erledigen Sie dies vor Beginn des Meetings. Die Arbeitsatmosphäre für die Gruppe soll möglichst komfortabel und angenehm sein.

Zu Beginn der Moderation

Pünktlichkeit ist Regel Nr. 1

Soweit Pünktlichkeit vereinbart wurde, halten Sie diese Regel immer ein. Beginnen Sie, selbst wenn einige Gruppenmitglieder noch nicht erschienen sind. Das KULT-Team merkt dadurch, dass Spielregeln keine Augenwischerei sind, sondern gelebt werden.

Umgang mit Absagen/Entschuldigungen

Es ist eine Form der Höflichkeit, dass verhinderte Teammitglieder absagen. Informieren Sie zu Beginn des Treffens kurz die Anwesenden.

Das zu erreichende Ziel wird besprochen und vereinbart

Zielsetzung

In der Regel wurden die Zielsetzungen für das Treffen bereits beim letzten Treffen festgelegt und liegen dem KULT-Team schriftlich vor. Dennoch lohnt es sich, diese zu Beginn nochmals zu besprechen. Damit ist sichergestellt, dass alle Anwesenden die Zielsetzungen verstehen und sich auf diese konzentrieren. Taucht ein weiterer Punkt auf, so muss dieser diskutiert werden, damit kurzfristig entschieden werden kann, ob er heute oder bei einem späteren Treffen behandelt wird.

Zeitkorridor für dieses Treffen

Zeitkorridor

Zeit ist kostbar. Deshalb stellen Sie die Agenda und die zur Verfügung stehende Zeit zu Beginn vor. Eventuell vereinbaren Sie zu Beginn mit dem Team auch die Zeitdauer für einzelne Punkte der Agenda. Ziel ist ein verantwortlicher Umgang mit der Zeit durch alle Beteiligten.

Das Protokoll als Informations- und Rechtfertigungsmittel

Dokumentation

Neben der Festlegung einer Tagesordnung empfehlen wir, bei jedem Treffen ein Protokoll zu erstellen. Der Protokollführer sollte ständig wechseln, damit jeder an die Reihe kommt. Der Protokollant ist auch für die Vervielfältigung und Verteilung verantwortlich. Diese Protokolle haben ihren Sinn darin, die Gruppe an ihren Fortschritt, an positive Ergebnisse und an die zu erfüllenden Aufgaben zu erinnern. Außenstehende, wie zum Beispiel der Auftraggeber, werden über die Aktivitäten der Gruppe informiert, so dass deren Beiträge rechtzeitig eingebracht und böse Überraschungen vermieden werden können. Die Protokolle sind Ergebnisprotokolle und so klar und präzise wie eine Tagesordnung.

Muster Protokoll

Besprechung		Ort	
Protokollführer		Datum	
Teamleiter		Uhrzeit	
Moderator		Externe/Besucher	
Auftraggeber		zur Kenntnis	
Teammitglieder			

Punkt	Ergebnis/verabredete Aktivitäten	Art*	wer	(bis) wann
1	Wer hat abgesagt?	I		
2	Ziel des Treffens	B		
3	Zeitkorridor festlegen	B		
4	Präsentation der letzten Hausaufgaben	I		
5				
usw.				
n	Nächstes Treffen vereinbaren	B		
n	Protokollant bestimmen	B		
n	Organisationsleiter bestimmen	A		
n	Moderator bestimmen	A		

*A = Auftrag, B = Beschluss, F = Feststellung, I = Information

„Hausaufgaben" besprechen

Wurden vereinbarte Maßnahmen durchgeführt?

Häufig haben sich Gruppenmitglieder verpflichtet, bestimmte Aufgaben zwischen den Treffen zu erledigen. Überprüfen Sie jeweils zu Beginn eines Treffens, ob diese Maßnahmen durchgeführt wurden und besprechen Sie die Ergebnisse.

Im Verlauf der Moderation

Das Team bei der Stange halten

Achten Sie darauf, dass das Team auf das Ziel und das betreffende Thema konzentriert bleibt. Gelegentlich kann es vorkommen, dass das Team etwas vom Thema abschweift. Hier liegt es jetzt in Ihrem Geschick, es wieder auf den richtigen Kurs zurückzuholen oder einen eventuellen Kurswechsel zu thematisieren. Nutzen Sie hierfür die zentralen Interventionen zur Steuerung und klären Sie die eventuellen Störungen in der Arbeitsfähigkeit.

Achten Sie darauf, dass das Team beim Thema bleibt

Auf den Einsatz weiterer/alternativer Tools vorbereiten

Seien Sie darauf vorbereitet, alternative Tools bereitzuhalten, wenn eines nicht funktioniert. Sie können hierfür die Kartenvorlagen aus diesem Buch nutzen. Das Konzept der KULT-Teams basiert auf dem Einsatz spezieller Werkzeuge. Es kann durchaus vorkommen, dass ein Treffen schiefgeht, weil das gewählte Werkzeug für die betreffende Aufgabe ungeeignet war.

Nebenthemen werden gesammelt

Es gibt immer Nebenthemen. Sammeln Sie diese auf dem Flipchart. Vor dem Besprechungsende wird entschieden, ob sie heute oder in einer anderen Besprechung behandelt werden sollen.

Zum Ende der Moderation

Kein Ende ohne Maßnahmenplan

Am Ende gibt es immer einen *Maßnahmenplan*, in dem Maßnahmen und Verantwortlichkeiten festgelegt werden. Jeder sollte Klarheit haben, wer was bis wann erledigen muss. Die Aufgaben sollten vernünftig verteilt und vorzugsweise von den Teammitgliedern erfüllt werden, die am besten dazu geeignet sind. Gehen Sie hier mit freundlicher Hartnäckigkeit vor und beenden den Punkt erst, wenn alle Spalten ausgefüllt sind.

Legen Sie Maßnahmen und Verantwortlichkeiten fest

Zusammenfassung und Ausblick auf das nächste Treffen

Fassen Sie das Ergebnis nochmals zusammen. Das Team vereinbart Datum, Ort und Zielsetzungen für das nächste Treffen. Stellen Sie sicher, dass das Team weiß, wo und wann mit welcher Zielrichtung das nächste Treffen stattfinden wird. Diese Entscheidungen sind meist einfach und unkompliziert und ergeben sich direkt aus den Aktivitäten des aktuellen Treffens.

Feedback zu der Sitzung

Ein Soll-Ist-Abgleich, in welchem Maße die Zielsetzung erreicht wurde

Eine Moderation sollte immer mit einem kurzen Rückblick im Sinne eines Soll-Ist-Abgleichs beendet werden. Fordern Sie das Team auf, Feedback zu geben: „In welchem Maße haben wir unsere Zielsetzungen erreicht?“ Hier geht es nicht um lange Diskussionen, sondern eher um ein sachliches und persönliches Blitzlicht auf der Meta-Ebene. Auch eine Frage zum Thema Zusammenarbeit ist häufig angemessen. Die Teammitglieder erhalten die Möglichkeit, sich zu äußern, wie das Team funktioniert hat, was erfolgreich und was weniger erfolgreich verlief. Teammitglieder sollen das Gefühl haben, dass sie etwas abgeschlossen haben und dass das Treffen ihre Erwartung erfüllt hat oder – sofern dies nicht der Fall ist – sie die Gelegenheit hatten, ihre Unzufriedenheit auszudrücken. Wenn Sie auch die Beziehungsebene oder den Gruppenprozess als wiederkehrendes Thema auf der Agenda haben wollen, dann sorgen Sie dafür, dass das Feedback ins Protokoll aufgenommen wird. Wenn das Feedback zu bestimmten Punkten schlecht oder zunehmend schlechter ausfällt, dann hat das Team automatisch dies als Thema für das nächste Treffen auf der Agenda.

Feedback hat also mehrere Funktionen:

- Rückmeldung für den Moderator und Teamleiter über den Stand der Mitglieder/Gruppe
- Möglichkeit der Mitglieder, Lob, Kritik und „Befindlichkeiten“ auszudrücken
- Neben der Sach- auch die Beziehungsebene ins Spiel zu bringen und damit den Teamprozess zu fördern

Einige Beispiele für Feedback-Verfahren stellen wir Ihnen nun vor:

Stimmungsabfragen

Zeichnen Sie eine Skala auf ein Flipchart oder eine Pinwand. Jedes Teammitglied klebt einen Punkt oder macht ein Kreuz. Bedanken Sie sich für die Offenheit. Sie können die Ergebnisse unkommentiert im Raum stehen lassen. Wenn Zeit und/oder Anlass ist, die Stimmung in der Gruppe zu thematisieren, bitten Sie alle Mitglieder um eine kurze Erläuterung, was sie dazu veranlasst hat, sich an dieser Stelle zu positionieren.

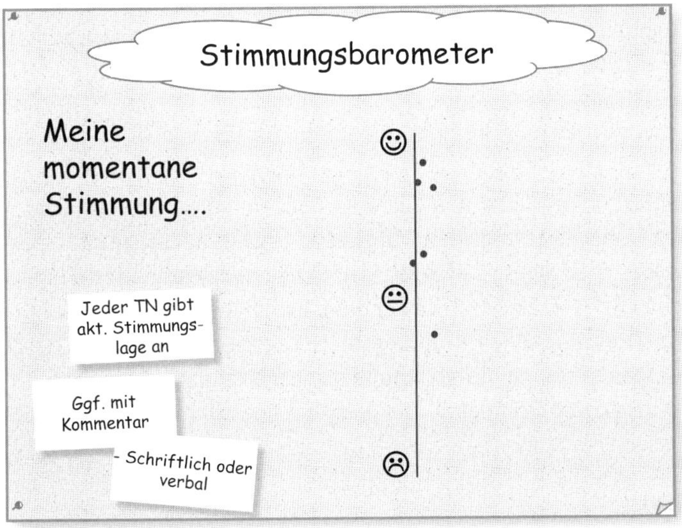

Abb.: Einfache Stimmungsabfrage

Eine Variante ist die zweidimensionale Abfrage, in der Sie Aussagen zu zwei Fragen gleichzeitig treffen lassen. Das Vorgehen ist wie oben beschrieben.

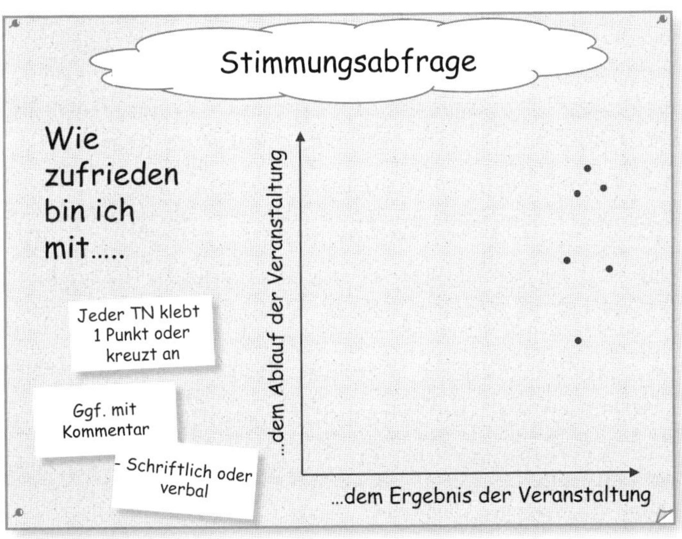

Abb.: Aussagen einholen zu zwei Fragen gleichzeitig

Eine sehr schnelle Variante ist die Abfrage über Karten. Jedes Teammitglied beantwortet auf einer Skala von 1-10 (1 = sehr negativ; 10 = sehr positiv) mit Hilfe einer Karte, die in die Luft gehalten wird folgende Fragen:

- Wie zufrieden bin ich mit dem Ergebnis?
- Wie zufrieden bin ich mit dem Verlauf?
- Wie geht es mir?

Die Antworten werden im Protokoll aufgenommen.

Eine weitere Variante ist das Abfragen der Stimmung über die Anzahl der Finger. Bitten Sie die Mitglieder, (erst!) auf Ihr Zeichen die Hand auszustrecken und über die Anzahl der ausgestreckten Finger (1 = schlecht; 3 = mittel; 5 = gut) die persönliche Stimmung/Empfindung auszudrücken. Vorteil der letzten beiden Varianten ist, dass weniger Beeinflussung durch Meinungsmacher/informelle Führer oder Gruppendruck erfolgt.

Blitzlicht

Eine verbale Feedback-Variante

Eine rein verbale Feedback-Variante ist das Blitzlicht als ein kurzes Statement jedes Gruppenmitglieds zu einer vom Moderator gestellten Frage. Es kann zum Einstieg, als Zwischenbilanz oder zum Abschluss eingesetzt werden. Hier geht es darum, die Gruppenmitglieder dort abzuholen, wo sie stehen, sie miteinander in Kontakt zu bringen, die Standpunkte, Meinungen und Wünsche transparent und somit besprechbar zu machen und Stimmungen auszudrücken. Das Blitzlicht wird grundsätzlich angeleitet. Jeder sagt so viel oder so wenig er mag und es gibt keine Diskussion oder Bewertung der Beiträge, auch nicht durch den Moderator. Ein Blitzlicht ist wie ein „Flitzlicht".

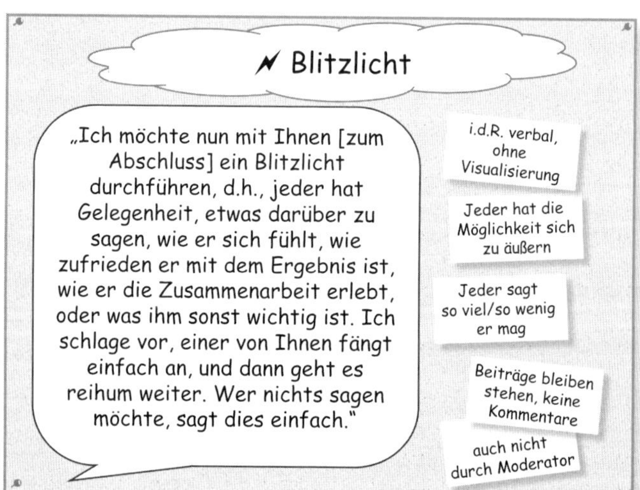

Abb.: Abfrage per Blitzlicht

Feedback-Dreieck

Feedback mit Hilfe der TZI

Eine Möglichkeit, ganzheitlich Feedback einzuholen, ist die Orientierung der Fragen am Modell der dynamischen Balance der TZI. Das KULT-Team wird gebeten, etwas zu sich (ICH), zur Gruppe und zur Zusammenarbeit (WIR), zur Sache oder Auftrag (Thema/Ergebnis) und zum Umfeld (Rahmenbedingungen) zu sagen. Entscheiden Sie als Moderator je nach Kontext, welche Fragen Sie zu diesen vier Punkten einbringen wollen.

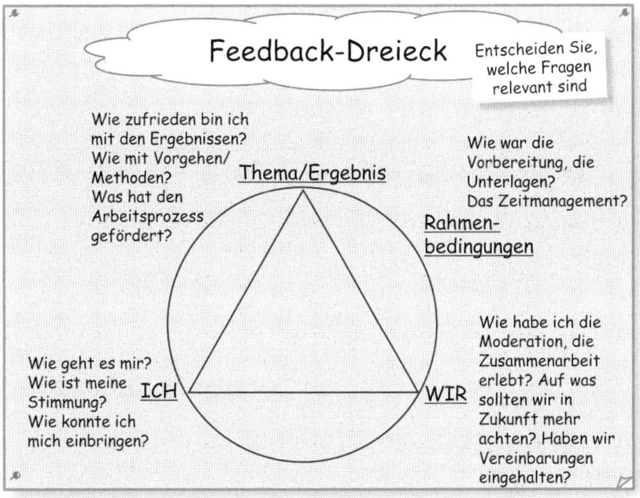

Abb.: Abfrage per Feedback-Dreieck

5-Finger-Feedback

Diese einfache Art des Feedbacks können Sie ohne Visualisierung anmoderieren, indem Sie Finger für Finger die Fragen vorstellen.

Abb.: Feedback über die fünf Finger

Plus/Delta-Feedback

Der Klassiker

Last but not least der „Klassiker" der Feedbacks. Unterteilen Sie ein Flipchart oder eine Pinwand in zwei Hälften und sammeln Sie per Zuruf, was gut gelaufen (+) und was beim nächsten Treffen zu verbessern (△) wäre. Unter Umständen ist hier ein Abgleich mit den Spielregeln hilfreich.

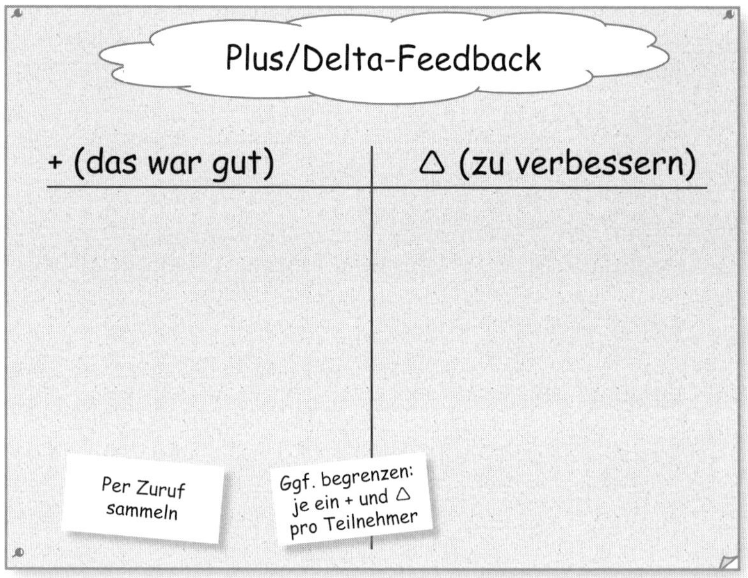

Abb.: Vorlage für Plus/Delta-Feedback

Abschluss und Vereinbarung eines neuen Termins

Vereinbaren Sie als Moderator mit der Gruppe den nächsten Termin und schließen Sie das Treffen lebendig, positiv und pünktlich ab. Es ist sehr wichtig, das Treffen in einer guten Atmosphäre zu beenden. Stellen Sie niemals am Ende eines Treffens eine Frage. Sagen Sie einfach, was für das nächste Mal geplant ist, danken Sie dem KULT-Team für die Mitarbeit und verkünden Sie, dass das Treffen vorüber ist.

Nach der Moderation

Raum aufräumen

Der Moderator räumt den Raum auf. Versuchen Sie, die Teammitglieder für diese Tätigkeiten mit zu gewinnen. Viele interessante Gespräche finden im inoffiziellen Teil statt.

„Hausaufgaben" erledigen

Teamleiter und das Team erledigen die Aufgaben, die sich aus dem letzten Treffen für das nächste Treffen ergeben.

Bericht an Auftraggeber

Der Teamleiter berichtet an den Auftraggeber über das Ergebnis des Treffens.

Leitfaden: Aufgaben und Verantwortung vor, während und nach der Moderation

In dieser Zusammenfassung befinden sich die Hauptaspekte einer Moderation, die von den entsprechenden Rollenträgern gelebt werden müssen.

To-do vor der Moderation	Moderator	Teamleiter	Team	Organisator	Auftraggeber
Was ist das Ziel der Sitzung?	x	x			x
Was ist das Thema der Sitzung?	x	x			x
Wie könnte der Weg zum Ziel aussehen?	x				
Wer nimmt teil?		x	x		
Ist die Agenda allen bekannt?		x		x	
Mit welchen Hilfsmitteln wird die Besprechung unterstützt?	x				
Ist der Raum – von den Nadeln bis zum Kaffee – eingerichtet?	x				
To-do zu Beginn der Moderation	**Moderator**	**Teamleiter**	**Team**	**Organisator**	**Auftraggeber**
Pünktlichkeit ist Regel Nr. 1	x				
Umgang mit TN-Absagen/Entschuldigungen	x				
Das zu erreichende Ziel wird besprochen und vereinbart	x				
Zeitkorridor für dieses Treffen	x				
„Hausaufgaben" besprechen	x				

To-do im Verlauf der Moderation	Moderator	Teamleiter	Team	Organisator	Auftraggeber
Das Team bei der Stange halten	x				
Auf den Einsatz weiterer/alternativer Tools vorbereiten	x				
Nebenthemen werden gesammelt	x				
To-do zum Ende der Moderation	**Moderator**	**Teamleiter**	**Team**	**Organisator**	**Auftraggeber**
Kein Ende ohne Maßnahmenplan	x				
Zusammenfassung und Ausblick auf das nächste Treffen	x				
Feedback zu der Sitzung	x				
Abschluss und Vereinbarung eines neuen Termins	x				
To-do nach der Moderation	**Moderator**	**Teamleiter**	**Team**	**Organisator**	**Auftraggeber**
Raum aufräumen	x	x	x		
„Hausaufgaben" erledigen		x	x		
Bericht an Auftraggeber		x			

27 Moderationskarten

„Brillante Ideen sind organisierbar."

Julius Robert Oppenheimer

Leser-Service

Statt Ausschneiden oder Kopieren: Die Moderationskarten erhalten Sie kostenfrei im Internet als PDF-Download (2,8 MB): ***www.managerseminare.de/pdf/problemloesung_tools.pdf***

Auf einen Blick

Affinitätendiagramm

Zeit

10-20 Minuten

Weiter mit ...

Mehrfachabstimmung, Selektionsmatrix, Nutzwertanalyse, Paarvergleich, Papiercomputer.

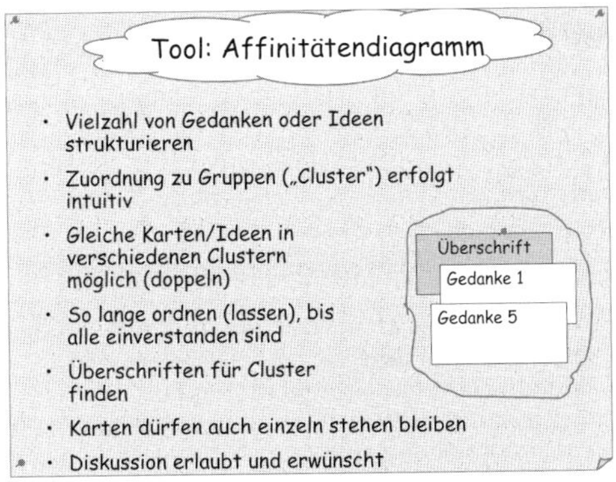

Steps

1. Schreiben Sie pro Idee eine Karte.
2. Das Team clustert die Karten intuitiv, doppeln Sie ggf. die Karten.
3. Finden Sie Überschriften für die Cluster.

Praktische Hinweise

- Bei kleineren Gruppen lassen Sie das Team selbst an der Pinwand sortieren, bei größeren tun Sie dies nur auf Zuruf.
- Nutzen Sie bei einer größeren Anzahl Karten eine zweiten Pinwand.
- Entfernen Sie doppelte Karten nur nach Zustimmung des Teams.
- Binden Sie das gesamte Team ein – alle müssen mit dem Ergebnis einverstanden sein.
- Stellen Sie die unsicheren, schwer zuzuordnenden Karten ans Ende, weil dann die Ordnungsstruktur deutlicher erkennbar ist und die Zuordnung leichter wird.

Analogietransfer

Zeit

20-40 Minuten

Weiter mit ...

Alle denkbaren Auswahlverfahren, z.B. Mehrfachabstimmung, Paarvergleich, Selektionsmatrix, Nutzwertanalyse.

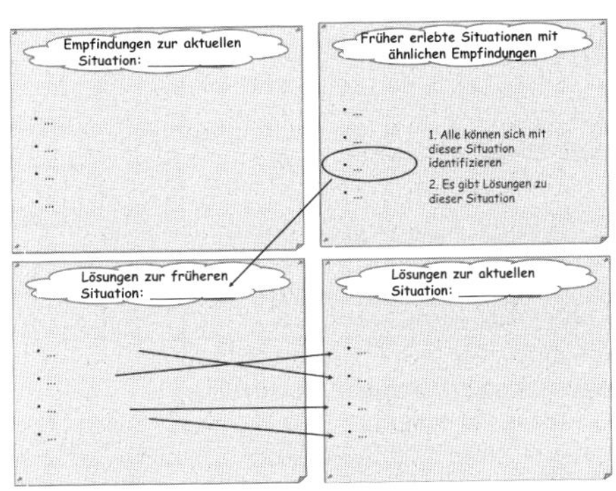

Steps

1. Sammeln Sie Empfindungen zur aktuellen Situation bzw. Ursache per Brainstorming.
2. Sammeln Sie frühere Situationen, in denen Sie dieselben Empfindungen hatten und (wichtig!) für die es eine erfolgreiche Lösung gab.
3. Wählen Sie eine frühere Situation aus.
4. Sammeln Sie per Brainstorming Maßnahmen zur Behebung der früheren Situation.
5. Der eigentliche Analogietransfer: Übertragen Sie jede Lösung auf die aktuelle Situation.

Praktische Hinweise

Der Analogietransfer ist ein spannendes und zugleich theoretisch schwierig zu vermittelndes Werkzeug. Fragen Sie das Team, ob es Lust hat, sich auf ein „ungewöhnliches" Vorgehen einzulassen.

Auftragsklärung

Zeit

20-60 Minuten

Weiter mit ...

Beginn der Phase 2 (Ursache)

Steps

1. Erstellen Sie ein Formular zur Auftragsdefinition, Bestandteile siehe nebenstehende Liste.
2. Füllen Sie die Felder per Zuruf aus. In größeren Gruppen findet eine Vorbereitung durch den Teamleiter statt.
3. Stimmen Sie nicht geklärte Punkte mit dem Auftraggeber ab und lassen Sie sich den Auftrag bestätigen.

Praktische Hinweise

- Nehmen Sie Widerstände gegen eine genaue Auftragsdefinition ernst, lassen Sie sich jedoch nicht von der Klärung abhalten, unklare Aufträge führen oft zu falschen/ungewollten Lösungen.
- „Auswirkungen der Problemkorrektur" sind ein wichtiger Punkt. Hier geht es um „Nebenwirkungen", die entstehen, wenn Sie das Problem gelöst haben. Berücksichtigen Sie, dass es häufig gute Gründe gibt, an vermeintlichen Problemen nichts zu ändern.

Auswirkungsanalyse

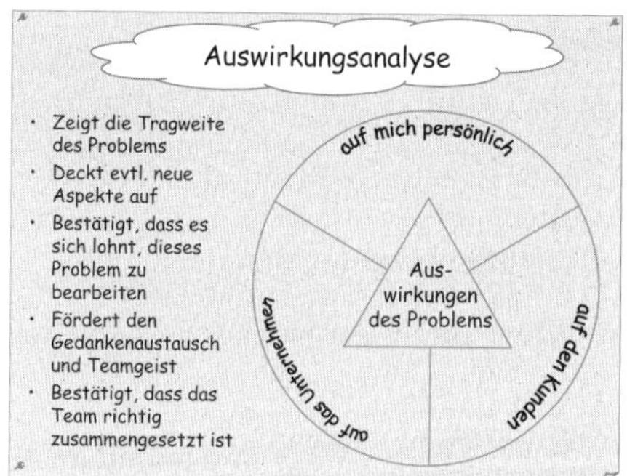

Zeit

15-30 Minuten

Weiter mit ...

Auftragsklärung

Steps

1. Bereiten Sie eine Pinwand vor:
   - Auswirkungen auf mich persönlich
   - Auswirkungen auf das Unternehmen
   - Auswirkungen auf die Kunden
2. Erheben Sie Themen per Zuruf oder per Kartenabfrage.
3. Diskutieren Sie Beiträge im Team, z.B Gemeinsamkeiten bzw. Unterschiede.
4. Auswertung:
   - Wie ist die Tragweite des Problems?
   - Gibt es neue Aspekte?
   - Lohnt es sich, dieses Problem zu bearbeiten?
   - Ist das Team richtig zusammengesetzt?

Praktische Hinweise

- Ziel ist es nicht, Konsens herzustellen, sondern die Betroffenheit des Einzelnen, den Sinn des Auftrags und die Frage der Teamzusammensetzung zu prüfen. Damit vermeiden Sie, Zeit, Geld und Energie in nicht Erfolg versprechende Projekte zu verschwenden.

Brainstorming

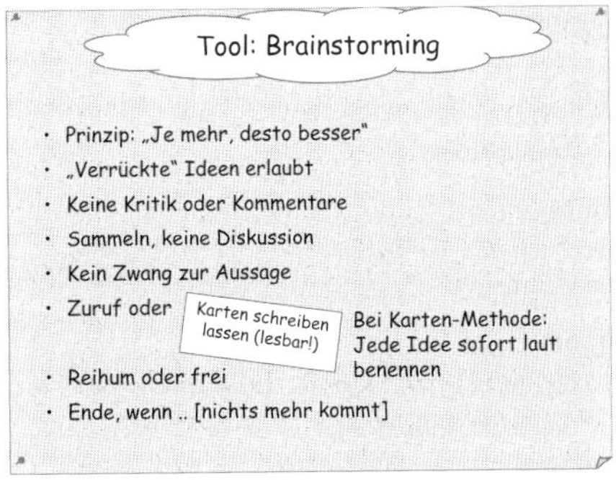

Zeit

15 Minuten

Weiter mit ...

Z.B. Affinitätendiagramm, Mehrfachabstimmung, Checkliste, Maßnahmenplan.

Steps

1. Definieren Sie das Thema des Brainstormings und erläutern Sie es, stellen Sie sicher, dass jedes Teammitglied die Fragestellung verstanden hat und schreiben Sie diese auf eine Pinwand.
2. Bitten Sie die Teammitglieder, ihre Gedanken und Ideen zum Thema zu nennen – per Zuruf oder auf Karten (3-7 Wörter pro Karte).
3. Stellen Sie sicher, dass allen Teammitgliedern klar ist, was mit den einzelnen Ideen gesagt werden soll, bitten Sie ggf. das Teammitglied, das die Idee eingebracht hat, diese für die anderen zu erläutern.

Praktische Hinweise

- Formulieren Sie die Brainstorming-Frage sehr sorgfältig – ungenaue Fragestellungen führen unter Umständen ungewollt vom Thema weg.
- „Zettelflut" ist durch Zuruf-Methode vermeidbar.
- Arbeiten Sie ohne Zeitdruck – halten Sie die erste Ruhephase aus.
- Nehmen Sie unbedingt alle Vorschläge auf.
- Absolutes Kritik- und Kommentierungsverbot.

Checkliste

Zeit

15-30 Minuten

Weiter mit ...

Z.B. Datenerfassungsplan, Kommunikationsplan oder Maßnahmenplan.

Steps

1. Sammeln Sie die wichtigen Punkte für die Checkliste, z.B. per Brainstorming oder indem Sie den Prozess durchspielen.
2. Stellen Sie aus den Punkten, die Sie für wichtig erachten, ggf. nach Kategorien sortiert, eine Liste zusammen.
3. Prüfen Sie die einzelnen Punkte bzw. arbeiten Sie diese ab.

Praktische Hinweise

- Diskussionen, ob ein Punkt auf die Liste gehört oder nicht, sind hier ausgesprochen wichtig.
- Prüfen Sie die Vollständigkeit.

Datenerfassungsplan

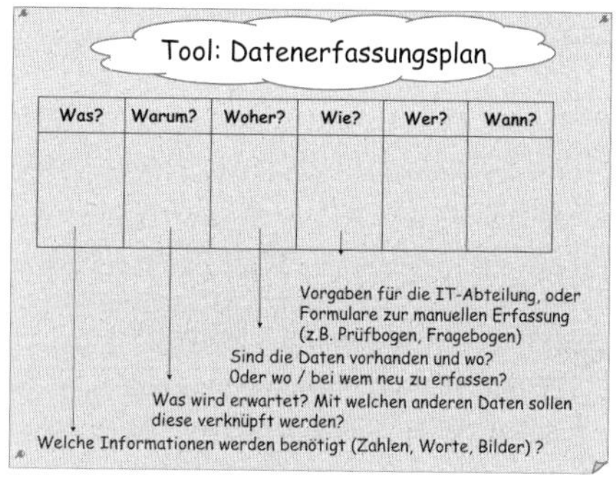

Zeit

15-60 Minuten

Weiter mit ...

Ursachen mit Pareto-Analyse oder Papiercomputer herausarbeiten.

Steps

1. Was: Welche Informationen benötigen Sie?
2. Warum: Zu welchem Zweck benötigen Sie diese Daten?
3. Woher bekommen Sie die benötigten Daten, arbeiten Sie so viel wie möglich mit Daten, die bereits erfasst worden sind?
4. Wie: Entwerfen Sie entsprechende Formulare zur manuellen Erfassung (z.B. Prüfbogen, Fragebogen) oder Vorgaben für den DV-Bereich.
5. Wer und wann: Vereinbaren Sie Termine und benennen Verantwortliche aus dem Team für die einzelnen Aufgaben.

Praktische Hinweise

Denken Sie bei der Erfassung von Daten (Was?) nicht nur an quantitative Größen (Umsatzzahlen, Durchlaufzeiten), sondern auch an:

- Worte: Beschreibungen von Prozessen, Beschlüsse, Anleitungen, Protokolle etc.
- Bilder: können Abläufe, Strukturen und Beziehungen oft besser darstellen

Ergebnisbewertung

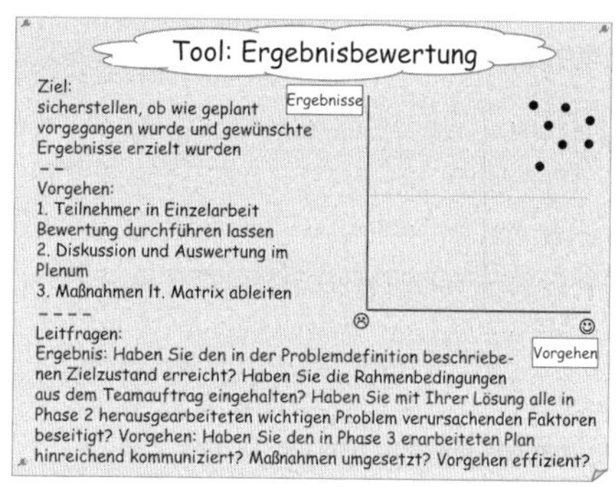

Zeit

15-30 Minuten

Weiter mit ...

Abschluss oder ggf. neuer KULT-Prozess.

Steps

1. Bitten Sie jedes Teammitglied, hierzu zunächst in Einzelarbeit die Leitfragen mit Stichpunkten zu beantworten und die Ergebnisse zu bewerten (z.B. J/N oder 1-10).
2. Sammeln Sie die Bewertungen auf einer Pinwand (Werte und Stichworte) und interpretieren Sie diese.
3. Leiten Sie die nächsten Schritte ab, ggf. mit Hilfe der Matrix zur Ergebnisbewertung.
4. Fassen Sie in einem Ergebnisbericht zusammen, welche Ergebnisse Sie erreicht und welche Erkenntnisse Sie für das nächste Projekt gewonnen haben („Lessons Learned").

Praktische Hinweise

- Leitfragen zum Ergebnis: Wurde der in der Auftragsklärung beschriebene Zielzustand erreicht? Rahmenbedingungen aus der Auftragsklärung eingehalten? Wichtige Problem verursachende Faktoren beseitigt?
- Leitfragen zum Vorgehen: Wurde der in Phase 3 (Lösung) erarbeitete Plan hinreichend kommuniziert? Alle Maßnahmen umgesetzt? War die Vorgehensweise effizient?

Flowchart

Zeit

15-60 Minuten

Weiter mit ...

Je nach Phase z.B. Mehrfachabstimmung zur Auswahl des Problems (Klärung), Datenerfassungsplan (Ursachen), Kraftfeldanalyse (Lösung).

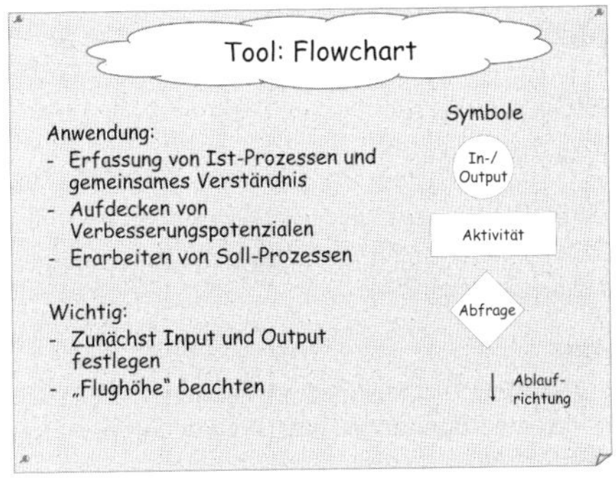

Steps

1. Definieren Sie Input und Output.
2. Sammeln Sie Aktivitäten und Entscheidungspunkte ohne Reihenfolge.
3. Ordnen Sie nach Reihenfolge, markieren Sie die Ablaufrichtung mit Pfeilen, prüfen Sie auf Vollständigkeit und Richtigkeit.
4. Interpretieren Sie (ineffiziente Strukturen, nichtwertschöpfende Schritte etc.).

Praktische Hinweise

- Teammitglieder kennen den Prozess genau.
- Wichtig: einheitliche „Flughöhe" der Aktivitäten.
- Flowcharts haben eine klare Laufrichtung von oben nach unten: „Ja" nach unten, „Nein" nach rechts.
- Notieren Sie die Aktivitäten und Entscheidungspunkte auf Moderationskarten oder Klebezetteln, dies erlaubt einfache nachträgliche Änderungen; die Linien erst am Schluss ziehen, wenn der Ablauf klar ist.

Ishikawa-Diagramm

Zeit

15-30 Minuten

Weiter mit ...

Datenerfassungsplan, Mehrfachabstimmung.

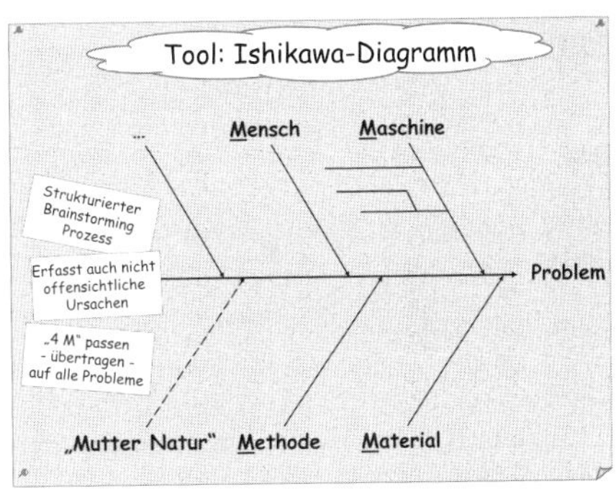

Steps

1. Zeichnen Sie das Diagramm auf eine Pinwand.
2. Definieren Sie die Ursachenkategorien: „4M" oder erarbeiten Sie mit der Gruppe andere/ weitere Hauptkategorien.
3. Sammeln Sie per Brainstorming einzelne Ursachen und ordnen sie zu, ergänzen Sie weitere Gräten.
4. Ergebnis: Identifizieren Sie die Ursachen (Diskussion, Mehrfachabstimmung) oder nehmen Sie ggf. Datenerhebungen/Messungen vor (Datenerfassungsplan).

Praktische Hinweise

- Die gängigsten Ursachenkategorien sind die „4Ms" – Menschen, Maschinen, Methoden und Materialien. Sie passen im übertragenen Sinn auf die meisten Probleme. Weitere Ms sind z.B. „Mutter Natur" (Umfeld) oder „Management".
- In den meisten Fällen ist es nicht wichtig, welcher Kategorie eine bestimmte Ursache zugeordnet wird, sondern, dass sie erfasst wird.

Kommunikation

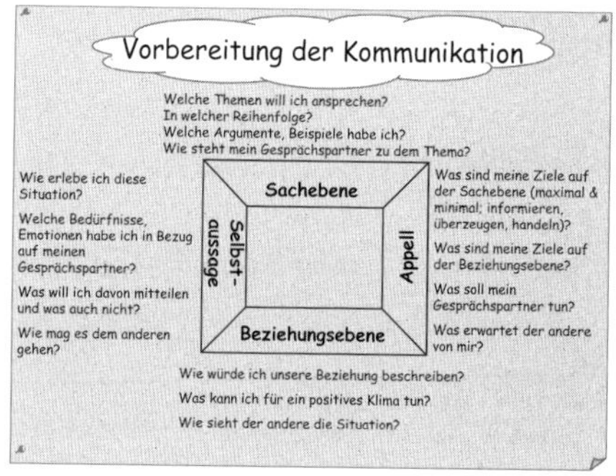

Zeit

40-100 Minuten

Weiter mit ...

Kommunikationsplan, Präsentation, Umsetzung des Maßnahmenplans.

Steps

1. Klären Sie, mit wem Sie mit welchem Ziel in welcher Reihenfolge kommunizieren wollen (Stakeholderanalyse, Kommunikationsplan).
2. Nutzen Sie die nebenstehenden Leitfragen zur Gesprächsvorbereitung.
3. Führen Sie das Gespräch.
   Einstieg: Begrüßung, Small Talk, Rahmen, Gesprächsdauer, Sachthemen und Ziele
   Hauptteil: Eigene Standpunkte/Themen, Aktives Zuhören
   Abschluss: Offene Punkte, Vereinbarungen, Gesprächsergebnis, Danke
4. Werten Sie das Gespräch aus nach den 4 Seiten einer Nachricht.

Praktische Hinweise

▶ Perspektivenwechsel in der Gesprächsvorbereitung.
▶ Im Gespräch Sachverhalte kurz und knapp darstellen, aufmerksam zuhören, viel (nach-)fragen, zusammenfassen, Hintergründe darstellen.

Kommunikationsplan

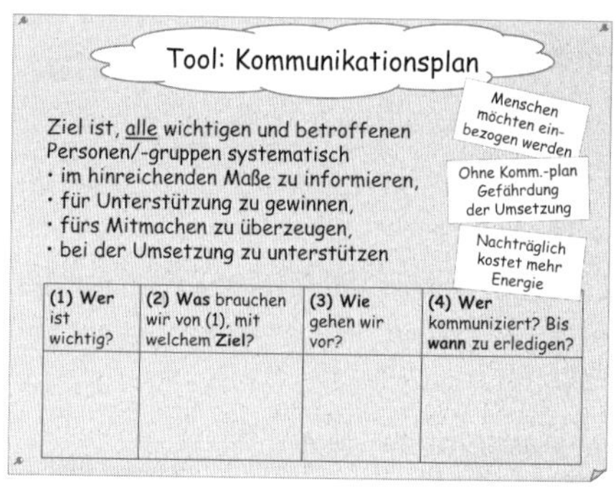

Zeit

15-60 Minuten

Weiter mit ...

Kommunikation, Präsentation.

Steps

1. Wer: Legen Sie fest, wer informiert wird, Anregungen hierzu gewinnen Sie aus der Kraftfeldanalyse, der Stakeholderanalyse und einem Brainstorming.
2. Was: Über was und mit welchem Ziel informieren Sie?
3. Wie: Legen Sie fest, wie Sie informieren wollen, z.B. über E-Mail/Intranet/ Rundschreiben/Informationsveranstaltung/schriftliche Unterlagen/Aufsteller/Give-aways.
4. Durch wen/bis wann: Legen Sie fest, wer bis wann informiert.

Praktische Hinweise

▶ Menschen möchten mitreden/mitdenken, einbezogen werden, sonst kann Ihre Lösung unter Umständen scheitern oder Sie benötigen noch mehr Energie, um im Nachhinein mit den Betroffenen zu sprechen.
▶ Machen Sie sich klar, mit welchen Personen Sie es zu tun haben, Sie sollten wissen, was den Einzelnen oder das Team bewegt, nutzen Sie hierfür auch Ihre Erkenntnisse aus der Kraftfeldanalyse und der Stakeholderanalyse.

Kraftfeldanalyse

Zeit

20-30 Minuten

Weiter mit ...

Maßnahmenplan, Kommunikationsplan.

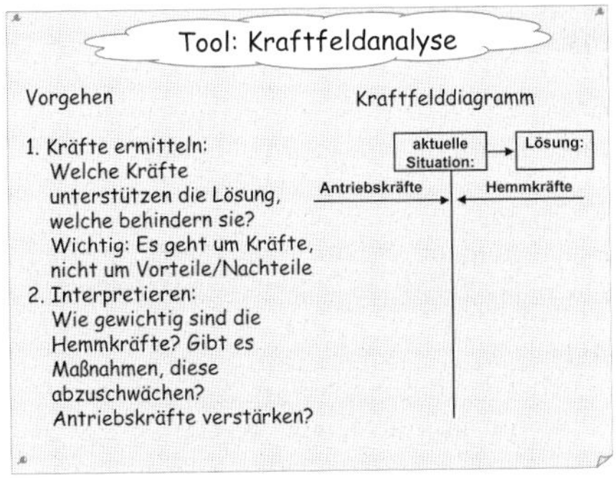

Steps

1. Erstellen Sie ein Kraftfelddiagramm (Abb.).
2. Sammeln Sie per Brainstorming Antriebskräfte und schreiben diese links in das Diagramm, sowie Hemmkräfte und schreiben diese rechts in das Diagramm.
3. Besprechen Sie das Diagramm hinsichtlich der Erfolgswahrscheinlichkeit der Erreichung Ihrer Lösung.
4. Erstellen Sie einen Maßnahmenplan, mit dem Sie insbesondere die befürchteten Hemmkräfte minimieren, aber auch die gefundenen Antriebskräfte maximieren können.

Praktische Hinweise

- Eine Kraftfeldanalyse sollte immer mit der Erstellung eines Maßnahmenplans abgeschlossen werden, oft reicht es aus, sich auf das Beseitigen von hemmenden Faktoren zu konzentrieren.
- Wenn die Hemmkräfte zu überwältigend sind, sollten Sie eine andere Lösung alternativ erarbeiten.

Maßnahmenplan

Zeit

20-90 Minuten

Weiter mit ...

Überwachungsplan, Regelkarte, Ergebnisbewertung.

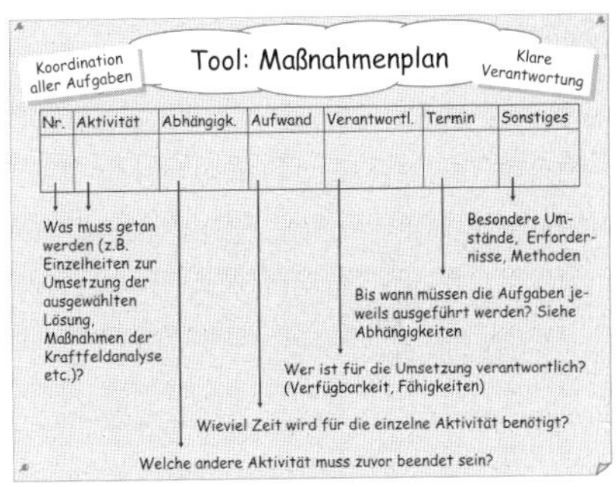

Steps

1. Aktivität: Was muss alles getan werden? – Vollständigkeit beachten.
2. Abhängigkeit: Welche Aktivität hängt mit welcher zusammen? – Reihenfolge feststellen.
3. Aufwand: Welche Ressourcen und welcher Zeitaufwand sind mit den einzelnen Aktivitäten verbunden?
4. Verantwortung: Wer ist für was verantwortlich? – Dabei Fähigkeiten und Verfügbarkeit berücksichtigen.
5. Termin: Was soll bis wann erledigt sein? – Abhängigkeiten beachten.
6. Sonstiges: Was muss noch berücksichtigt werden? – Methoden, besondere Umstände etc.

Praktische Hinweise

- Der Maßnahmenplan ist ein permanent genutztes Tool, das ständig aktualisiert und nachgehalten wird.
- Bei geringer Komplexität kann ein vereinfachter Maßnahmenplan genutzt werden (ohne Abhängigkeit und Aufwandsschätzung).
- Schätzkonferenz zur Aufwandschätzung.

Mehrfachabstimmung

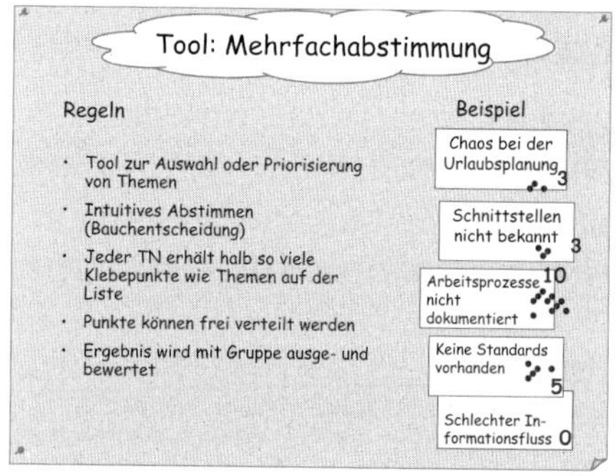

Zeit

10-15 Minuten

Weiter mit ...

Selektionsmatrix, Papiercomputer, Paarvergleich, ggf. Maßnahmenplan.

Steps

1. Liste auf Pinwand schreiben oder erstellen (z.B. per Brainstorming).
2. (Klebe-) Punkte verteilen. Faustregel: Halb so viele Klebepunkte wie Themen oder Gedanken auf der Pinwand.
3. Bitten Sie die Teammitglieder, ihre Punkte auf die einzelnen Themen zu verteilen. Punkte dürfen kumuliert werden (ggf. begrenzen: max. 3 Punkte pro Thema). Alternativ können Sie sich als Moderator die Punktverteilung zurufen lassen und notieren.
4. Fassen Sie die Punktzahl für jede Idee zusammen und entscheiden anhand der Punktwerte, welche Themen Sie weiterbearbeiten werden.

Praktische Hinweise

- „Das-Zünglein-an-der-Waage-Spiel" vermeiden durch Begrenzung der erlaubten Punkte pro Thema oder Reduktion der Anzahl Punkte pro Teammitglied oder Sie lassen Mitglieder noch am Platz Punkte notieren.
- Die Mehrfachabstimmung kann sowohl auf einzelne Themen (z.B. direkt nach einem Brainstorming) oder auf Gruppierungen von Themen (z.B. nach dem Affinitätendiagramm) angewendet werden.

Mind Map

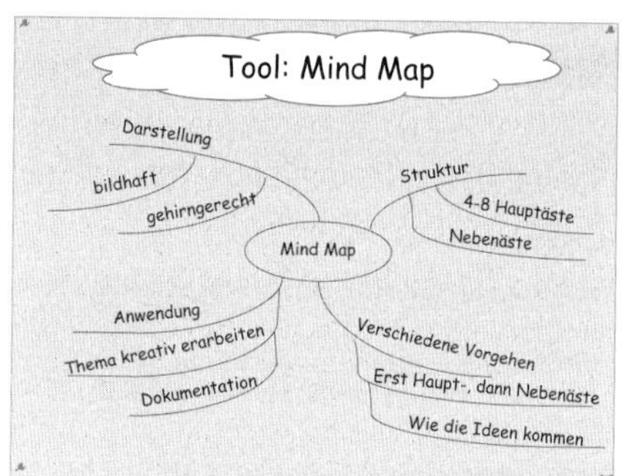

Zeit

10-15 Minuten

Weiter mit ...

Auftragsklärung, Mehrfachabstimmung, Checkliste, ggf. Maßnahmenplan.

Steps

1. Schreiben Sie das Thema oder Problem in das Zentrum der Pinwand.
2. Erarbeiten Sie mit der Gruppe zunächst stichwortartig zwei oder drei wichtige Aspekte und platzieren diese als Hauptäste auf Linien.
3. Notieren Sie die Gedanken, wie sie kommen, in Stichworten. Wenn der Gedanke schon zu einem Hauptast gehört, hängen Sie ihn dort an. Wenn nicht, wird er zu einem neuen Hauptast.
4. Visualisieren Sie Gruppierungen oder Zusammenhänge (z.B. mit verschiedenen Farben, Symbolen, Verbindungslinien).

Praktische Hinweise

- Legen Sie Linien möglichst horizontal an, Äste nach außen.
- Verwenden Sie Schlagwörter, ggf. kurze Sätze, keine Abkürzungen.
- Vorgehen: a) zunächst die Hauptaspekte („Hauptstraßen") erarbeiten; b) eine Hauptstraße auswählen und zunächst die zugehörigen Nebenaspekte („Nebenstraßen") verfolgen, wichtiger sind Thema und Gedankenfluss und weniger die Frage, was wohin gehört.

Nutzwertanalyse

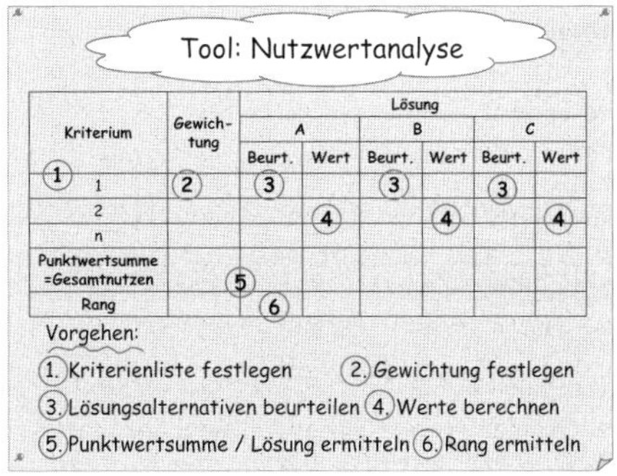

Zeit

40-120 Minuten

Weiter mit ...

Kraftfeldanalyse, Stakeholderanalyse, Maßnahmenplan, Kommunikationsplan.

Steps

1. Vorbereitung: Bereiten Sie den Plan für die Nutzwertanalyse vor.
2. Legen Sie die Liste der wichtigsten Kriterien mittels Mehrfachabstimmung oder Diskussion fest.
3. Gewichten Sie die Kriterien mittels Paarvergleich oder Diskussion.
4. Beurteilen Sie die Lösungsalternativen anhand der Kriterien (ggf. vorab verbale Beschreibung der Bewertungsstufen einzelner Kriterien).
5. Ermitteln Sie das Ergebnis durch Ausrechnen.

Praktische Hinweise

- Viele Gestaltungsmöglichkeiten durch die freie Wahl der Kriterien und durch die Einteilung der Skala.
- Relative Ergebnisse, da die Werte aus einem Vergleich entstanden sind. Die Nutzwerte bieten daher keine absolute Aussagefähigkeit, ob die Entscheidung wirklich von Vorteil ist.
- Die Ergebnisse sind immer nur so gut wie die zugrunde liegenden Entscheidungen (z.B. Auswahl der Kriterien, Einteilung der Stufenskala).

Paarvergleich

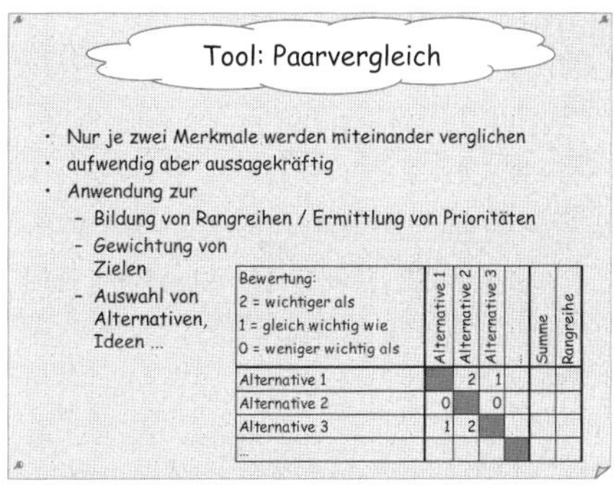

Zeit

15-120 Minuten

Weiter mit ...

In Phase 1: Auswirkungsanalyse, Stakeholderanalyse, Auftragsklärung, in Phase 3: z.B. Mind Map, Kraftfeldanalyse oder Maßnahmenplan.

Steps

1. Erstellen Sie eine Matrix, tragen Sie die Parameter (z.B. Probleme, Lösungen, Ziele) ein.
2. Waagerecht beginnend: Ist das 1. waagerechte Merkmal (Altern. 1), verglichen mit dem 1. senkrechten Merkmal (Alternative 2) wichtiger, dann 2 eintragen; gleich wichtig, dann 1 eintragen; unwichtiger, dann eine 0 eintragen; fahren Sie so für alle Merkmale rechts über der Diagonalen fort.
3. Für die Felder links unter der Diagonalen spiegeln Sie die Zahlen „invers": 2 wird 0, 1 bleibt 1, 0 wird 2.
4. Werten Sie die Matrix aus: waagerecht Quersummen über die gesamte Zeile bilden – links und rechts der Diagonalen. Je nach Zielsetzung einzelne Themen auswählen oder Rangreihen erstellen.

Praktische Hinweise

- Greifen Sie im Konfliktfall nicht zu schnell auf die neutrale 1 (gleich wichtig) zurück.
- Bei Diskussionen und schwierigen Entscheidungen: Sachfragen klären (klare Parameter?), Thema kontrovers diskutieren und Teammitglieder bitten, ihre Entscheidung auf eine Karte zu schreiben. Danach erneut diskutieren, notfalls einen Durchschnittswert bilden.

Papiercomputer

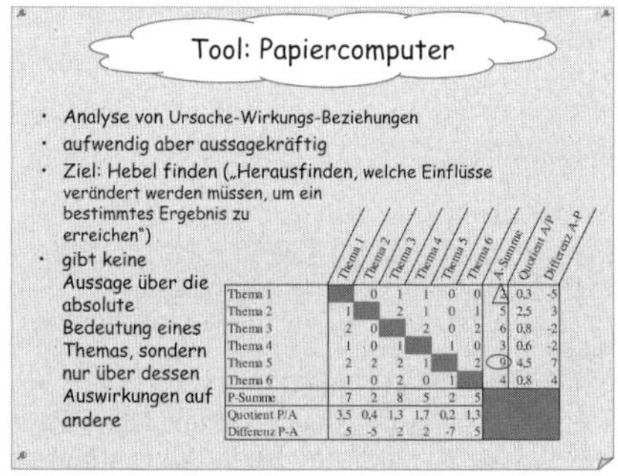

Zeit

60-180 Minuten

Weiter mit ...

In Phase 1 mit der Auftragsklärung, in Phase 2 mit Abschluss und Beginn der Phase 3, z.B. mit Analogietransfer, Flowchart oder Brainstorming.

Steps

1. Erstellen Sie eine Liste mit Themen.
2. Tragen Sie senkrecht und waagerecht die Themen in gleicher Reihenfolge in die Matrix ein.
3. Waagerecht beginnend: Welchen Einfluss (hohen, leichten, keinen) hat Thema 1 auf Thema 2? Zeilenweise fortfahren, bis Sie den Einfluss jedes Themas auf die anderen analysiert haben.
4. Zeilen- und Spartenwerte addieren: Hohe Zeilensumme (Aktivwert) = hoher Einfluss auf andere Themen; Hohe Spaltensumme (Passivwert) = wird stark beeinflusst; ggf. durch Quotient bzw. Differenz ergänzen.
5. Wählen Sie das Thema mit dem hohen Aktivwert zur Weiterarbeit aus.

Praktische Hinweise

▶ Das Ergebnis ist keine Aussage über die absolute Bedeutung eines Themas, sondern nur über dessen Auswirkungen auf andere. Nicht verwechseln: Paarvergleich ermittelt Prioritäten und Rangreihen. Papiercomputer sucht nach Ursache-Wirkungs-Beziehungen und -Hebeln.

▶ Ein hoher Aktivwert ist meist „das Mittel zum Zweck".

Pareto-Analyse

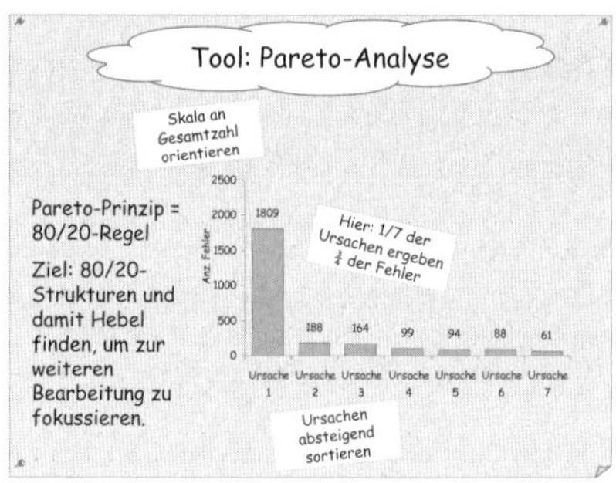

Zeit

10-120 Minuten

Weiter mit ...

Phasenabschluss oder andere Tools zur Ursachenermittlung wie Ishikawa-Diagramm oder Papiercomputer.

Steps

1. Erheben Sie die Daten (Häufigkeiten und Kategorien).
2. Zeichnen Sie ein Balkendiagramm. Kategorien in absteigender Reihenfolge auf der horizontalen Linie (x-Achse), die Häufigkeiten auf der vertikalen Linie (y-Achse). Wichtig: Die Höhe der vertikalen Achse richtet sich nach der Gesamtsumme.
3. Auswerten: Das Pareto-Prinzip greift, wenn eine oder wenige Kategorien oder Faktoren hauptsächlich für das Problem verantwortlich sind. Ggf. Daten nach anderen Kriterien auswerten.
4. Richten Sie Ihre Maßnahmen oder weitere Analysen anhand des Pareto-Diagramms aus.

Praktische Hinweise

▶ Bedeutend ist die Qualität der erhobenen Daten. Die Planung sollte sorgfältig mittels Datenerfassungsplan erfolgen. Merkmale, die Sie nicht erhoben haben, können Sie logischerweise nicht als Ursache ermitteln.

▶ Der 80%-Wert ist nur als Hilfsgröße und nicht als absoluter Wert zu sehen. Es geht nicht darum, nur die Ursache mit dem größten Anteil zu ermitteln. Der Anteil sollte zumindest nah an 80% liegen.

Präsentation

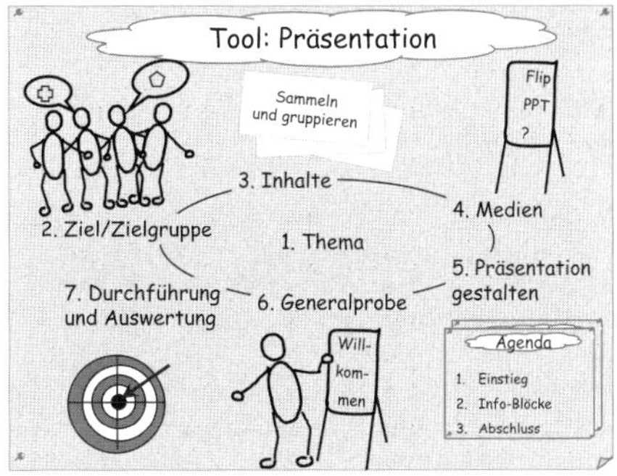

Zeit

Faktor 10-50 pro Minute Präsentation

Weiter mit ...

Z.B. Ergänzungen im Kommunikationsplan oder Maßnahmenplan.

Steps

1. Definieren Sie das Thema.
2. Analysieren Sie die Zielgruppe und legen Sie die Ziele fest: Was möchten Sie in Bezug auf diese Gruppe erreichen?
3. Erarbeiten Sie die Inhalte: Sammeln der Infos (Brainstorming), Gruppieren der Infos zu Blöcken (Affinitätendiagramm), Auswählen (Mehrfachabstimmung).
4. Wählen Sie die Medien aus.
5. Gestalten Sie die Präsentation.
6. Führen Sie die Generalprobe durch.
7. Durchführung und Auswertung: Haben Sie Ihr Ziel(e) erreicht? Welche Anregungen kamen aus dem Team?

Praktische Hinweise

- Planen Sie genügend Zeit ein, um flexibel auf die Erfordernisse der Zuhörer eingehen zu können.
- Verschaffen Sie sich selbst Sicherheit, indem Sie die Präsentation in einer Generalprobe durchgehen.
- Bei einer geringen Anzahl von Einzubindenden (zu Informierenden etc.) ziehen Sie das persönliche Gespräch (siehe Werkzeug „Kommunikation“) vor.

Prüfbogen

Zeit

15-60 Minuten

Weiter mit ...

Z.B. Pareto-Analyse, Ishikawa-Diagramm, Papiercomputer.

Steps

1. Stellen Sie fest, welche Ereignisse Sie nach welchen Kriterien erfassen wollen.
2. Erarbeiten Sie ein leicht verständliches Formular, in das die Daten eingetragen werden.
3. Legen Sie fest, wer, wann, wie oft und wie lange die Daten erfassen soll. Bitten Sie diese Person, den Prüfbogen zunächst zu testen und anschließend im verabredeten Umfang anzuwenden.
4. Analysieren und interpretieren Sie die Ergebnisse.

Praktische Hinweise

Vermeiden Sie Fehler bei der Erarbeitung von Prüfbogen:

- Felder klar definieren (was ist „pünktlich“?).
- Alle relevanten Informationen erfassen.
- Eindeutige Formulierungen.

Definieren Sie, wer den Bogen wie oft/lange ausfüllen soll.

Regelkarte

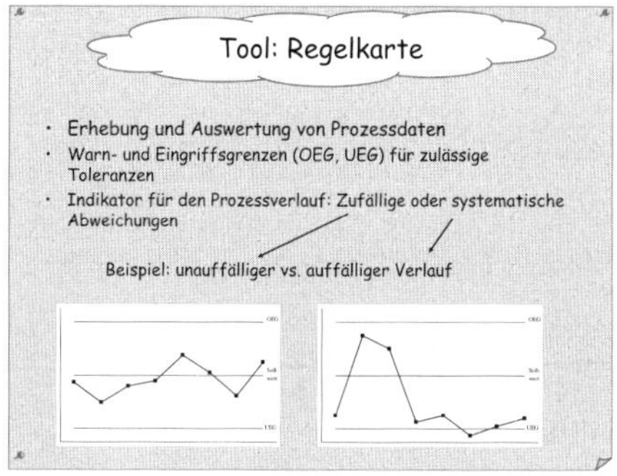

Zeit

15-30 Minuten

Weiter mit ...

Ergebnisbewertung, Abschluss.

Steps

1. Wählen Sie den darzustellenden Prozess und ein Verfahren zur Erfassung der entsprechenden Daten, z.B. per Prüfbogen.
2. Fertigen Sie ein Liniendiagramm an und zeichnen Sie die erhobenen Daten im Zeitverlauf ein, ermitteln Sie den oberen und den unteren Eingriffspunkt (OEG/UEG) und den Mittelwert, prüfen Sie den Verlauf der Datenpunkte.
3. Stellen Sie fest, ob sich der Prozess normal oder ob er sich ungewöhnlich verhält.
4. Starten Sie einen neuen KULT-Problemlösungsprozess oder Abschluss.

Praktische Hinweise

- Beachten Sie folgende Verläufe: Trend; Run; außerhalb der Eingriffsgrenzen; zu nah an den Eingriffsgrenzen; zu nah am Mittelwert; unauffälliger Verlauf.

Selektionsmatrix

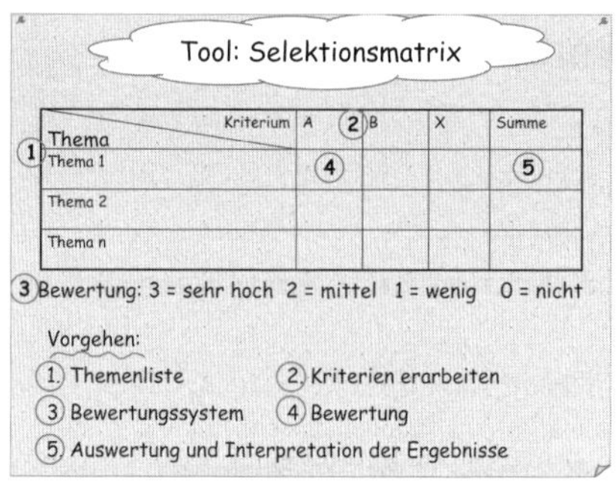

Zeit

10-30 Minuten

Weiter mit ...

Z.B. Auftragsklärung, Kraftfeldanalyse, Maßnahmenplan.

Steps

1. Fertigen Sie eine kurze Liste möglicher Themen an (3-5 Ideen, Probleme).
2. Erarbeiten Sie Bewertungskriterien, z.B. „lohnend", „dringlich", „machbar", „kostengünstig", „kundenfreundlich".
3. Legen Sie das Bewertungssystem fest, z.B. „Trifft zu/Trifft nicht zu"; 10 = sehr viel bis 0 = gar nicht.
4. Erstellen Sie die Matrix:
   a) alle Teilnehmer punkten lassen
   b) Bewertung diskutieren, Gruppenentscheid
5. Interpretieren Sie das Ergebnis, wählen Sie das bestgeeignete Thema (Idee, Problem) zur Weiterbearbeitung aus.

Praktische Hinweise

- Die Selektionsmatrix stellt keine absolute Entscheidungshilfe dar. Sie gibt Ihnen nur eine Basis für die Auswahl des Themas. Durch die Mathematisierung entsteht eine Scheinrationalität, die der Qualität der Entscheidung nicht immer entspricht. Die endgültige Entscheidung liegt immer beim Team. Kein Instrument kann Ihren gesunden Menschenverstand und Ihr Urteilsvermögen ersetzen.

Stakeholderanalyse

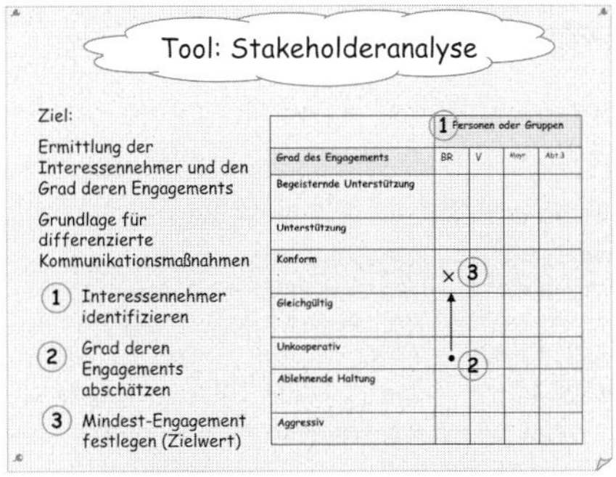

Zeit

30-60 Minuten

Weiter mit ...

Kommunikationsplan, Auftragsklärung.

Steps

1. Sammeln Sie „Personen oder Gruppen" (Interessenvertreter) und tragen diese in die Matrix ein.
2. Nehmen Sie die Perspektiven jedes Interessenvertreters ein:
   a) Zeit b) Erwartung c) Bezug d) Verständnis
3. Kennzeichnen Sie den aktuellen Grad des Engagements mit einem Punkt.
4. Kennzeichnen Sie das Soll-Engagement mit einem Kreuz. Der „Weg" zwischen dem Kreuz und dem Punkt zeigt Ihnen den Umfang der erforderlichen Änderung an.

Praktische Hinweise

- Bei Step 4 neigen Teilnehmer häufig dazu, zu hohes Engagement zu erwarten. Betonen Sie, dass es hier um das mindestens nötige Engagement geht, um das Projekt umsetzen zu können.
- Wer ist der Treiber dieses Themas? Wenn niemand bereits heute „begeisternde Unterstützung" zeigt oder zumindest „Unterstützung" signalisiert, liegen hohe Hürden vor der Umsetzung Ihres Themas.

Überwachungsplan

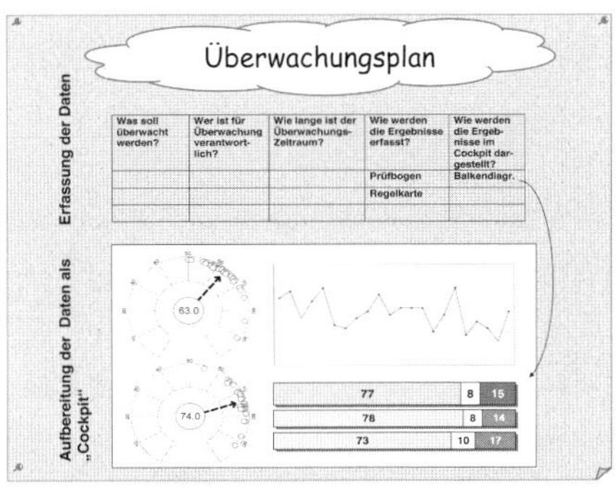

Zeit

10-20 Minuten

Weiter mit ...

Ergebnisbericht oder schrittweise zurückgehen.

Steps

1. Was soll überwacht werden?
2. Wer ist für die Überwachung verantwortlich?
3. Wie lange ist der Überwachungszeitraum?
4. Wie werden die Ergebnisse erfasst?
5. Wie werden die Ergebnisse im Cockpit dargestellt?
6. Vergleichen Sie die erfassten Daten mit Zielwerten (aus der Auftragsdefinition oder der Lösungsphase) in einem Cockpit-Bericht.

Praktische Hinweise

- Weniger ist mehr. Konzentrieren Sie sich auf die wirklich relevanten Steuerungsgrößen. Stützen Sie sich dazu auch auf die in Phase 2 (Ursache) erhobenen Daten, mit denen die Problem verursachenden Faktoren identifiziert wurden.

Umkehrdiagramm

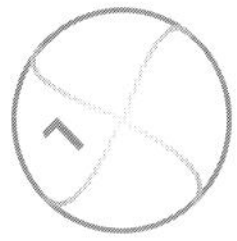

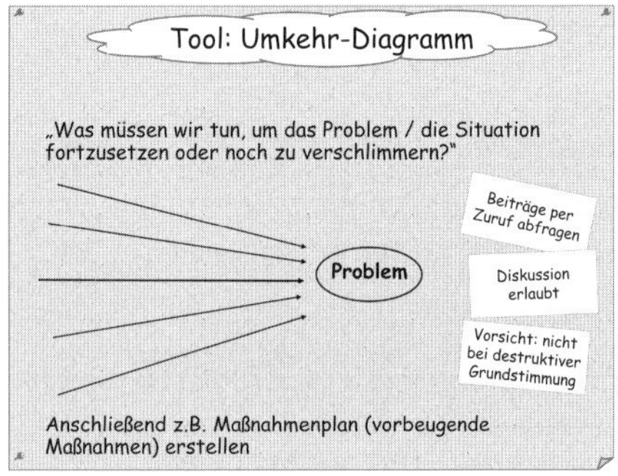

Zeit

15-20 Minuten

Weiter mit ...

Mehrfachabstimmung, Selektionsmatrix, Nutzwertanalyse, Paarvergleich, Papiercomputer.

Steps

1. Wählen Sie ein/e Problem/Situation aus, welches Sie ändern/beeinflussen möchten.
2. Zeichnen Sie das Diagramm.
3. Suchen Sie nach Ideen, wie sich diese Situation fortsetzen oder verschärfen ließe. Beachten Sie dabei die Brainstorming-Regeln.
4. Denken Sie darüber nach, welche Maßnahmen verhindern könnten, dass sich das Problem fortsetzt oder verschlimmert. Erstellen Sie einen Maßnahmenplan oder eine Vorbeugungs-Checkliste, auf der diese Maßnahmen beschrieben werden.

Praktische Hinweise

▶ Wenden Sie dieses Tool dann an, wenn im Team eine positive Grundstimmung herrscht. Bei schwelenden Konflikten kann dieses Tool die destruktive Stimmung fördern.

Literatur

„Der Zauber steckt immer im Detail."

Theodor Fontane

Literatur

Altrogge, G.: Netzplantechnik. Oldenbourg: München, 3. Aufl. 1996.
Antons, K.: Praxis der Gruppendynamik. Übungen und Techniken. Hogrefe-Verlag: Göttingen, 8. Aufl. 2000.

Behrens-Schneider, C./ **Rehbein**, R.: Die 80 besten Checklisten für Sekretariat und Office-Management. Moderne Industrie: Landsberg, 2001.
Bergbauer, A.K.: Fachbeitrag zu Six Sigma – Renaissance einer vergessenen Qualitätsmethode oder neuer Qualitätsstandard, Teil 6, ZfP Zeitung 85, Nomo 2003.
Berndt, C.: In Besprechungen Themen gut formuliert einbringen. Newsletter TZI in Unternehmen, Juni 2008.
Böning, W.: Moderieren mit System. Gabler: Wiesbaden, 2. Aufl. 1992.
Brandes, B.: Alles unter Kontrolle? Campus: Frankfurt/M., 2004.
Brauchlin, E./ **Heene**, R.: Problemlösungs- und Entscheidungsmethodik. UTB Uni-Taschenbücher: Bern, 4. Aufl. 1995.
Buzan, T./ **Buzan**, B.: Das Mind-Map-Buch – Die beste Methode zur Steigerung Ihres geistigen Potenzials. mvg: Landsberg am Lech, 5. Aufl. 2005.
Buzan, T./ **North**, V.: Business Mind Mapping. Ueberreuter Wirtschaft: Wien, 2002.

Cohn, R.: Von der Psychoanalyse zur themenzentrierten Interaktion. Von der Behandlung Einzelner zu einer Pädagogik für alle. Klett-Cotta: Stuttgart, 15. Aufl. 2004.
Czichos, R.: That's entertrainment. ctn: München, 1992.

Dauscher, U.: Moderationsmethode und Zukunftswerkstatt. Luchterhand: Neuwied, 3. Aufl. 2006.
Decker, F.: Teamworking. Lexika: München, 3. Aufl. 1998.
Dembski, M./ **Scale**, S.: Entscheidungstechniken, die weiterhelfen. Expert: Renningen, 2004.
Doppler, K.: Change Management. Den Unternehmenswandel gestalten. Campus: Frankfurt, 11. Aufl. 2005.

Eberhardt, O.: Gefährdungsanalyse mit FMEA. Expert: Renningen, 2002.

Gomez, P./ **Probst**, G.: Die Praxis des ganzheitlichen Problemlösens. Haupt: Bern/Stuttgart/Wien, 2. Aufl. 1997.
Große Boes, S./ **Kaseric**, T.: Trainer-Kit. managerSeminare: Bonn, 3. Aufl. 2008.
Grünig, R./ **Kühn**, R.: Methodik der strategischen Planung. Haupt: Bern, 2. Aufl. 2006.

Harry, M./ **Schroeder**, R.: Six Sigma. Campus: Frankfurt, 3. Aufl. 2000.
Hartmann, M./ **Funk**, R./ **Nietmann**, H.: Präsentieren. Beltz: Weinheim, 7. Aufl. 2003.
Hartmann, M./ **Rieger**, M./ **Auert**, A.: Zielgerichtet moderieren. Beltz: Weinheim, Basel, Berlin, 4. Aufl. 2003.
Heuser, R./ **Günther**, F./ **Hatzfeld**, O.: Integrierte Planung mit SAP. Galileo Press: Bonn, 2. Aufl. 2002.
Hierhold, E.: Sicher präsentieren – wirksamer vortragen. Redline Wirtschaftsverlag: Wien, Frankfurt, 7. Aufl. 2005.
Higgins, J./ **Wiese**, G: Innovationsmanagement – Kreativitätstechniken für den unternehmerischen Erfolg. Springer: Berlin, 1996.
Horvath, P.: Controlling. Vahlen: München, 10. Aufl. 2006.

Ishikawa, K.: Guide to Quality Control. Asian Productivity Organization: Tokyo/Japan, 2. Aufl. 1986.
Kamiske, G.F./ **Brauer** J.-P.: Qualitätsmanagement von A-Z. Hanser: München, Wien, 5. Aufl. 2005.
Kamiske, G.F.(Hrsg.): Bausteine des innovativen Qualitätsmanagements. Hanser: München, Wien, 4. Aufl. 1997.
Kepner, C.H./ **Tregoe**, B.B.: Entscheidungen vorbereiten und richtig treffen. Moderne Industrie: Landsberg/Lech, 6. Aufl. 1998.
Kiefer, B./ **Rudert**, B.: Qualitätsmanagement. Mit Mind Maps einfach und effektiv. Vincentz Network: Hannover, 2006.

Klebert, K.: Moderations-Methode. Windmühle: Hamburg, 3. Aufl. 2006.
Klein, R./ **Scholl**, A.: Planung und Entscheidung. Vahlen: München, 2004.
Koch, R.: Das 80/20-Prinzip. Mehr Erfolg mit weniger Aufwand. Campus: Frankfurt, 2004.
Külpmann, B.: Grundlagen Controlling. Cornelsen: Berlin, 2005.

Langer, I./ **Schulz von Thun**, F./ **Tausch**, R.: Sich verständlich ausdrücken. Reinhardt: München, 8. Aufl. 2002.
Langmaack, B./ **Braune-Krickau**, M: Wie die Gruppe laufen lernt. Beltz PVU: Weinheim, Basel, 7. Aufl. 2000.
Langmaack, B.: Einführung in die Themenzentrierte Interaktion TZI. Leben rund ums Dreieck. Beltz: Weinheim, Basel, 3. Aufl. 2004.
Leao, A./ **Hofmann**, M.: Fit for Change. managerSeminare: Bonn, 2007.
Lehmann, G.: Führungs- und Entscheidungstechniken für das Team. Expert: Renningen, 2002.
Lipp, U./ **Will**, H.: Das große Workshop-Buch. Beltz: Weinheim, Basel, 7. Aufl. 2004.
Lorenz, M./ **Rohrschneider**, U.: Mitarbeiter professionell führen. Haufe: Freiburg, 2003.

Malorny, C.: Moderationstechniken. Hanser: München, 2. Aufl. 2002.
Masing, W. (Hrsg.): Handbuch Qualitätsmanagement. Hanser: München, Wien, 3. Aufl. 1994.
Michel, R.M./ **Reschke**, D.F.: Effizienzsteigerung durch Moderation. Sauer: Heidelberg, 2. Aufl. 2000.
Miles, M.B.: Learning to Work in Groups. Teachers College: New York, 2. Aufl. 1981.
Mittag, H.-J.: Qualitätsregelkarten. Hanser: München, 1993.
Mizuno, S.: Management for Quality Improvement: The 7 New QC Tools. Productivity Press: Cambridge/Mass./USA, 1995.

Nayatani, Y./ **Eiga**, T./ **Futami**, R./ **Miyagawa**, H.: The Seven New QC Tools: Practical Applications for Managers. Quality Resources: White Plains/NY/USA, 1994.
Neuland, M.: Neuland-Moderation. managerSeminare: Bonn, 5. Aufl. 2003.

Niklas, C.: Mehr Entscheidungssicherheit mit der Nutzwertanalyse. Projektmagazin.de, No. 23, 2002.
Nöllke, M.: Entscheidungen treffen. Haufe: Freiburg, 3. Aufl. 2005.

Ossola-Haring, C. (u.a.): Die 499 besten Checklisten für Ihr Unternehmen. Moderne Industrie: Landsberg/Lech, 4. Aufl. 2004.
Ozeki, K./ **Tesuichi**, A.: Handbook of Quality Tools. Productivity Press: Cambridge/Mass./USA, 1996.

Pande, P.S./ **Neuman**, R.P./ **Cavanagh** R.R.: Six Sigma erfolgreich einsetzen. Moderne Industrie: Landsberg /Lech, 2001.
Pfeifer, T.: Praxishandbuch Qualitätsmanagement. Hanser: München, 1996.
Probst, H.J./ **Haunerdinger**, M.: Kosten senken. Haufe: Freiburg, 2005.

Rachow, A.: Sichtbar. Die besten Visualisierungs-Tipps für Präsentation und Training. managerSeminare: Bonn, 2. Aufl. 2007.
Rath/ **Strong**: Rath and Strong's Six Sigma Advanced Tools Pocket Guide. Mc Graw-Hill Publishing Co: Köln, 2004.
Rehbehn, R./ **Yurdakul**, Z.: Mit Six Sigma zu Business Excellence. Publicis Corporate Publishing: Erlangen, 2. Aufl. 2005.
Rohm, A. (Hrsg.): Change-Tools. managerSeminare: Bonn, 3. Aufl. 2008.
Runzheimer, B.: Operations Research. Gabler: Wiesbaden, 7. Aufl. 2005.

Sattes, I./ **Brodbek**, H./ **Bichsel**, A./ **Spinas**, P.: Praxis in kleinen und mittleren Unternehmen. Checklisten für die Führung und Organisation in KMU. Vdf Hochschulverlag AG an der ETH: Zürich, 2001.
Schmidt, T.: Kommunikationstrainings erfolgreich leiten. managerSeminare: Bonn, 4. Aufl. 2008.
Schnelle-Cölln, T.: Visualisieren in der Moderation. Windmühle: Hamburg, 2001.
Schubert, U./ **Riesenkönig**, H.: Flow Charting. dtv: Stuttgart, 1984.
Schulz von Thun, F.: Miteinander reden. Rowohlt: Reinbek, 1981.
Schwarze, J.: Übungen zur Netzplantechnik. Neue Wirtschafts-Briefe: Herne, 2. Aufl. 2006.
Schwarze, J.: Projektmanagement mit Netzplantechnik. Neue Wirtschafts-Briefe: Herne, 7. Aufl. 2006.
Schweizer, P.: Systematisch Lösungen finden. vdf: Zürich, 2. Aufl. 2002.
Schwetje, G./ **Vaseghi**, S.: Der Businessplan. Springer: Berlin, 2. Aufl. 2005.

Schwiers, J./ **Kurzweg**, V.: Seminar-Moderation. Windmühle: Hamburg, 2003.
Seifert, J.W.: Visualisieren Präsentieren Moderieren. Gabal: Offenbach, 21. Aufl. 2005.
Seifert, J.W./ **Kraus**, R.: Mitarbeiter-Gruppen. Gabal: Offenbach, 3. Aufl. 2002.
Seifert, J.W.: Besprechungen erfolgreich moderieren. Gabal: Offenbach, 8. Aufl. 2006.
Seifert, J.W.: Gruppenprozesse steuern. Gabal: Offenbach, 3. Aufl. 1997.
Senge, P./ **Kleiner**, A./ **Smith**, B./ **Roberts**, C./ **Ross**, R: Das Fieldbook zur fünften Disziplin. Klett-Cotta: Stuttgart, 5. Aufl. 2004.
Shaffer, J.B./ **Galinsky**, H.D.: Handbuch der Gruppenmodelle I/ II. Burckhardths.-Laetare, 1982.
Simon, W.: Die neue Qualität der Qualität. Gabal: Offenbach, 2. Aufl. 1996.
Simon, W.: GABALs großer Methodenkoffer Managementtechniken. Gabal: Offenbach, 2005.
Simon, W.: GABALs großer Methodenkoffer. Grundlagen der Arbeitsorganisation. Gabal: Offenbach, 2. Aufl. 2004.
Simon, W.: GABALs großer Methodenkoffer. Grundlagen der Kommunikation. Gabal: Offenbach, 2004.
Simon, W.: Die neue Qualität der Qualität. Gabal: Offenbach, 2. Aufl. 1996.
Smith, J.: 30 Minuten für die richtige Entscheidung. Gabal: Offenbach, 2005.
Spitzer, Q./ **Evans**, R./ **Tregoe**, T.: Denken macht den Unterschied. Campus: Frankfurt/M., 1998.
Stahl, E.: Dynamik in Gruppen. Beltz: Weinheim, Basel, Berlin, 2002.
Steinbuch/ **Pitter** (Hrsg.): Projektorganisation und Projektmanagement. Kiehl Verlag: Ludwigshafen, 4. Aufl. 2002.

Theden, P./ **Colsman**, H.: Qualitätstechniken. Hanser: München, Wien, 4. Aufl. 2005.
Thomann, H.J. (Hrsg.): Der Qualitätsmanagement-Berater. Aktueller Ratgeber für den Qualitätsmanager in der betrieblichen Praxis. TÜV: Köln, 2000.
Tietjen, T./ **Müller**, D.H.: FMEA-Praxis. Hanser: München, 2003.
Töpfer, A./ **Mehdorn**, H.: Total Qualitäty Management. Luchterhand: Berlin, 3. Aufl. 1994.

Umland, R.: Den Schreibtisch im Griff. Checklisten fürs Büro von Ablage bis Zeitplanung. Bertelsmann: Bielefeld, 2. Aufl. 2005.

Vester, F.: Die Kunst vernetzt zu denken. dtv: München, 3. Aufl. 2003.
Vester, F.: Ballungsgebiete in der Krise. dtv: München, 1994.
Vopel, K.: Anfangsphase 1/2. Experimente für Lern- und Arbeitsgruppen. Iskopress: Salzhausen, 2. Aufl. 2002.
Vopel, K.: Handbuch für Gruppenleiter/innen. Zur Theorie und Praxis der Interaktionsspiele. Iskopress: Salzhausen, 9. Aufl. 2006.

Waltermann, A./ **Sailer**, E. / **Speth**, H.: Kaufmännische Steuerung und Kontrolle. Merkur: Rinteln, 3. Aufl. 2004.
Watzlawick/ **Beavin**/ **Jackson**: Menschliche Kommunikation. Huber: Bern, Stuttgart, Torronto, 8. Aufl. 1990.
Wheeler/ **Chambers**: Understanding Statistical Process Control. SPC-Press, Inc.
Wiegand, J.: Handbuch Planungserfolg. VDF Hochschulverlag: Zürich, 2005.
Will, H.: Mini Handbuch Vortrag und Präsentation. Beltz: Weinheim, 6. Aufl. 2006.

Zangemeister, Ch.: Nutzwertanalysen von Projektalternativen. Expert: Greifenau, 4. Aufl. 1976.

Aus der Reihe: Praxishandbuch Coaching

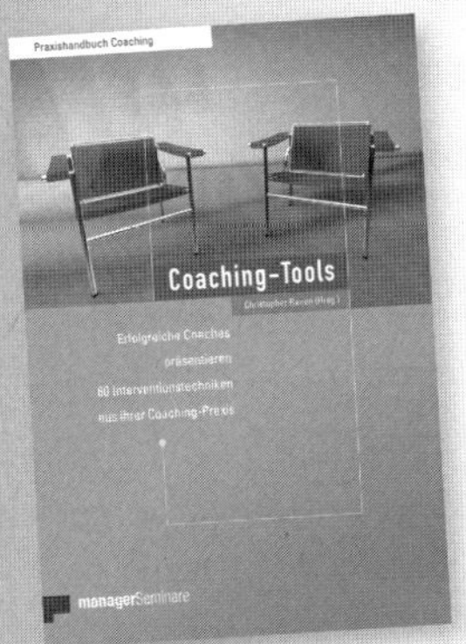

Christopher Rauen (Hrsg.)
Coaching-Tools
ISBN 978-3-936075-18-2
6. Aufl. 2008, 368 S., 49,90 EUR
www.managerseminare.de/tb/tb-5353

Christopher Rauen (Hrsg.)
Coaching-Tools II
ISBN 978-3-936075-65-6
2007, 352 S., 49,90 EUR
www.managerseminare.de/tb/tb-6803

Rainer Alf-Jähnig, Thoma Hanke,
Birgit Preuß-Scheuerle
Teamcoaching
Konzeption, Methoden und Praxisbeispiele
für den Teamcoach
ISBN 978-3-936075-67-0
2008, 264 S., 49,90 EUR
www.managerseminare.de/tb/tb-6823

R. Schlieper-Damrich, Petra Kipfelsberger
und CoachPro
Wertecoaching
Beruflich brisante Situationen sinnvoll meistern
ISBN 978-3-936075-72-4
2008, 304 S., 49,90 EUR
www.managerseminare.de/tb/tb-7062